建筑节能基础教程

主　编　孙林柱
副主编　谢子令　杨　芳
参　编　蔡　瑛　曾　理

科学出版社
北京

内 容 简 介

　　本书第 1 章是概论；第 2 章和第 3 章介绍建筑传热的基本原理和建筑节能规划；第 4 章和第 5 章分别介绍建筑热工计算、建筑节能材料；第 6~8 章主要介绍围护结构建筑节能设计、建筑节能保温体系施工、可再生能源的应用等。

　　本书可作为土木工程以及相关专业本科生的教材，也可作为土木工程领域科研人员的参考用书。

图书在版编目(CIP)数据

建筑节能基础教程/孙林柱主编. —北京：科学出版社，2014.2
ISBN 978-7-03-039264-0

I. ①建… II. ①孙… III. ①建筑–节能–教材 IV. ①TU111.4

中国版本图书馆 CIP 数据核字(2013) 第 290728 号

责任编辑：刘凤娟 / 责任校对：张凤琴
责任印制：徐晓晨 / 封面设计：耕者设计

科学出版社出版
北京东黄城根北街 16 号
邮政编码：100717
http://www.sciencep.com

北京捷迅佳彩印刷有限公司 印刷
科学出版社发行　　各地新华书店经销

*

2014 年 2 月第 一 版　　开本：720 × 1000 1/16
2020 年 2 月第五次印刷　　印张：16 3/4
字数：325 000

定价：**98.00元**
(如有印装质量问题，我社负责调换)

目　录

第1章 概　　论

1.1　建筑节能的概念

1973 年的国际能源危机以后，节约能源成为世界各国特别是发达国家极为重视的事情。建筑领域是能耗大户，建筑能耗约占全国能源消耗的 30%。建筑能耗一般是指建筑物使用过程中的能耗，包括采暖、空调、生活热水、照明、家用电器、炊事等方面的能耗，其中采暖和空调能耗占 60% 以上。

1974 年，法国率先制定了建筑节能标准，在保证和提高居住舒适度的同时，提高能源利用效率，降低能源消耗；发达国家相继开展了建筑节能工作。后来，又认识到能源消耗产生的烟尘和温室气体不仅污染环境，而且会造成生态破坏，世界各国更加重视建筑节能，使建筑节能形成了世界性潮流，也推动了建筑节能技术和相关产业的发展。

我国的建筑节能于 1986 年起步，以 1980 年普通住宅采暖能耗为基准，提出节能率 30% 的要求；1996 年进入第二步，提出节能率 50% 的要求。建设部 (现称中华人民共和国住房和城乡建设部) 先后发布了不同建筑热工分区 (严寒地区、寒冷地区、夏热冬冷地区) 的《居住建筑节能设计标准》；2005 年又发布了《公共建筑节能设计标准》。建筑节能工作已在全国范围内开展起来。

建筑节能是指在建筑材料生产、房屋建筑施工及使用过程中，合理地使用和有效地利用能源，以便在满足同等需要或达到相同目的的条件下，尽可能降低能耗，以达到提高建筑舒适性和节省能源的目标。

自 1973 年发生世界性石油危机以来的几十年间，在发达国家，建筑节能的含义经历了 3 个阶段：第一阶段称为在建筑中节约能源 (energy saving in buildings)，我国称为建筑节能；第二阶段称为建筑中保持能源 (energy conservation in buildings)，意思是减少建筑中能量的散失；第三阶段近年来普遍称为提高建筑中的能源利用效率 (energy efficiency in buildings)，它不是指消极意义上的节省，而是从积极意义上提高能源的利用效率。

在我国，现在通称的建筑节能的含义应为第三阶段的内涵，即在建筑中合理地使用和有效地利用能源，不断提高能源利用效率。

1.2 建筑物中各部分能耗

在现代建筑中，除了建筑物本体之外的其他设施都是为实现建筑功能所必需的。在英文中将这些设施统称为 building services，中文翻译成"建筑设备"。建筑能耗最终是由建筑设备来体现的。保障建筑室内声、光、热和空气环境的建筑设备 (采暖、通风、空调、照明、音响等) 称为建筑环境系统；而建筑的基础设施 (供电、通信、消防、给排水、电梯等) 称为建筑公用设施。为了对这些建筑设备进行协调、有效、优化的管理，在智能建筑中构筑了建筑自动化(building automation, BA) 平台。BA 系统的重要职能之一就是实现建筑设备系统的合理用能 (或称能效) 管理。

建筑物功能不同，实现功能的各系统的能耗比例也不同。建筑物所处的地区 (气候带) 不同，建筑设备各系统能耗的比例也会有差别。一般而言，建筑物中占能耗比例最大的是采暖、通风、空调 (HVAC) 系统和照明系统，有时还要加上热水供应系统。

图 1-1～ 图 1-5 是日本建筑环境与节能机构统计得到的各类建筑的分项能耗比例，即把各种能源的全年消耗统一按热当量或低热值换算成一次能源。可以看出，空调能耗比例在各类建筑中以办公楼为最大 (49.7%)，医院为最小 (30.3%)。

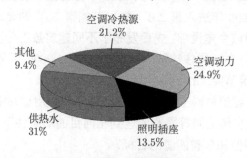

图 1-1   旅馆、酒店能耗比例

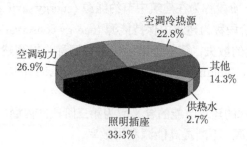

图 1-2   办公楼能耗比例

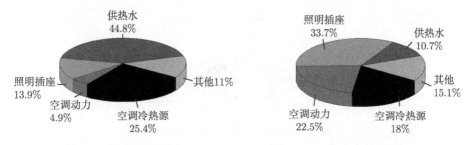

图 1-3 医院能耗比例   图 1-4 百货商店能耗比例

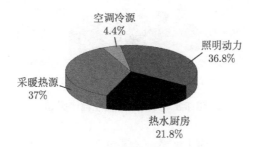

图 1-5 学校能耗比例

表 1-1 是美国能源部统计得到的各类建筑的分项电耗比例。图 1-6～图 1-12 是美国能源部统计的商用建筑和住宅建筑的分项能耗比例。可以发现,HVAC 是各类建筑中电力消耗最大的部分,平均为 45.6%。而由于美国广泛采用电炊具,所以用于炊事的电耗比例也很高。这种情况与中国是很不一样的。

表 1-1 美国各类建筑分项电力消耗比例

	照明/%	冷藏/%	炊事/%	热水/%	采暖/%	空调/%	通风/%	其他/%
学校	19	7	7	14	26	18	6	3
医院	18	3	4	8	26	25	10	6
餐饮	13	16	21	11	11	18	5	5
食品杂货店	23	38	5	2	13	11	4	4
多功能综合建筑	13	20	3	4	29	19	7	5

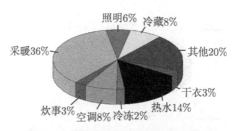

图 1-6 美国住宅建筑分项能耗比例

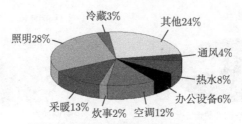

图 1-7 美国商用建筑分项能耗比例

图 1-8 美国办公楼能耗比例

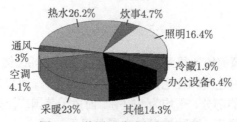

图 1-9 美国医院建筑能耗比例

图 1-10 美国学校建筑能耗比例

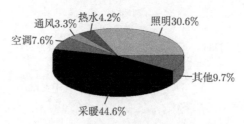

图 1-11 美国零售商店能耗比例

从能耗比例来看 (图 1-8~ 图 1-12, 资料来源: 美国 EIA), HVAC 也是最大的。而在 HVAC 中, 采暖能耗最大。在建筑节能中, 节能的重点在 HVAC、供热水和照明。

我国的建筑能耗统计调查工作开展得不尽如人意, 这方面的数据比较缺乏。图 1-12 给出的是上海某超高层建筑全年分项能耗分布比例。这一超高层建筑中有高级酒店和办公楼。

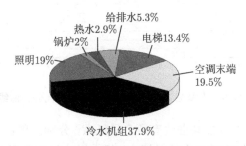

给排水5.3%
热水2.9%
锅炉2%
电梯13.4%
照明19%
空调末端 19.5%
冷水机组37.9%

图 1-12 上海某超高层建筑全年分项能耗比例

从图 1-12 可以看出, 在上海这样冬冷夏热的地区, 在大型商用建筑中, 空调能耗是最大的。即使在冬季, 采暖需求也不大, 却仍然有供冷的需求。

而在美国南部地区统计显示, 空调耗能只占总耗能的 11.9%, 相反, 采暖耗能占了 19.3%。这说明, 地区之间的建筑能耗不具可比性。美国南部虽然夏季炎热, 但很少出现像上海那样常有的高温 (35°C 以上) 天气。而且大陆性气候昼夜温差 (日较差) 很大, 全天空调负荷较小。另外, 即使在同一地区, 不同功能和不同服务对象的建筑能耗的绝对量也不具可比性。例如, 一间五星级豪华酒店与一间汽车旅馆比较, 虽然都是旅馆类建筑, 但它们的能耗量没有可比性。同一地区同一类型的建筑, 其各部分能耗的比例可以作为相互比较的参考。如果某楼宇有哪一部分能耗的比例明显高于其他同类建筑, 那就需要找找原因, 需要对这一部分耗能设施进行诊断, 对症下药。

在美国, 上述能耗统计是由政府进行的, 在日本则是由专业学会和学术团体完成的。而在中国, 还没有像美国、日本等发达国家那样大规模地进行建筑能耗调查。所以, 大多数技能政策制定者和从事建筑节能的研究者都不像发达国家那样, 对全国或一个城市的建筑节能了如指掌。由于缺乏必要的检测计量手段, 许多建筑楼宇的物业管理人员对自己所管理的建筑各部分能耗情况也是心中无数。所以, 尽管我国有了建筑节能的规划和标准, 却无法实施和评判。建筑节能也要提倡 "从我做起, 从计量做起"。

在暂时不可能配置分项的能耗计量仪表的条件下, 物业管理人员可以采用下面的方法对主要耗能项目进行粗略判断。

根据某大楼全年各月的能源费账单计算出每月的能耗。注意，需将各种能耗的单位均换算成相同的能量单位 (例如，kW·h 或 GJ)，然后将每个月的能耗总量标在一张坐标图上，坐标图的横坐标是月份，纵坐标是能量单位，再将每月的能耗量值连成一条平滑曲线，就得到本建筑物的全年总能耗曲线。图 1-13 是上海某高层办公楼全年的总能耗分布曲线。

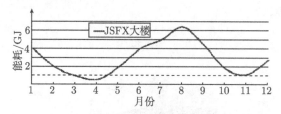

图 1-13　上海某高层办公室大楼全年能耗分布曲线

可以发现，图 1-13 的能耗曲线有两个最低点，分别出现在 4 月和 11 月。在上海地区，这两个月是气候最宜人的时期，一般来说建筑物既不需要采暖，也不需要供冷。取这两个月能耗量的平均值，在曲线图上画一道水平线 (图 1-13 中的虚线)。可以认为，这道水平线以上由曲线所围成的面积就是该大楼采暖空调所消耗的能量；水平线以下的矩形面积是照明和其他动力设备 (如电梯) 所消耗的能量。

假定该大楼全年总能耗为 E_T，能耗最小的两个月的平均值是 E_{min}，则有

$$照明动力能耗：E_{light} = E_{min} \times 12$$
$$采暖空调能耗：E_{HVAC} = E_T - E_{light}$$

综上所述，在各类建筑中占能耗比例最大的是暖通空调系统，其次是照明 (包括楼内低压供电，有时也可能把这一项称为照明和插座)。在有些类型的建筑物中还要加上热水供应。

从对图 1-13 的处理可以看出，把照明、插座、电梯等设备能耗当成稳定能耗，尽管冬季昼短夜长，夏季则相反，人们使用照明的时间有一些差别，但在现代商用建筑中从全年的能耗角度来看，这种差别并不明显。而采暖和空调的能耗是变动的、不稳定的能耗，它不但随气候变化，而且随建筑类型、形状、结构和使用情况变化，甚至今天和明天都会有所不同。这就使建筑节能工作具备复杂性和多样性，同时也是节能潜力最大的部分。建筑节能的重点是暖通空调和照明。

1.3　我国的建筑能耗与发达国家的对比

1.3.1　我国的建筑能耗状况

发达国家从 1973 年能源危机时就开始关注建筑节能，之后由于减排温室气体、

缓解地球变暖的需要, 更加重视建筑节能。在生活舒适性不断提高的条件下, 新建建筑单位面积已减少到原来的 1/5~1/3, 对既有建筑也早已组织了大规模的节能改造, 而我国建筑节能工作起步较晚, 至今城镇建成的节能建筑仅占城镇建筑总面积的 2%。

我国建筑能耗的现状是能耗大、能效低, 其中建筑围护结构保温隔热性能普遍较差, 外墙和窗户的传热系数为经济发达国家的 3~4 倍。

据我国住房和城乡建设部总工程师王铁宏讲, 建筑的能耗 (包括建造能耗、生活能耗、采暖、空调等) 约占全社会总能耗的 30%, 其中最主要的是采暖和空调能耗, 约占 20%。而这 30%仅仅是建筑物在建造和使用过程中消耗的能源比例, 如果再加上建材生产过程中消耗的能源 (占全社会总能耗的 16.7%), 和建筑相关的能耗将占到社会总能耗的 46.7%。

目前, 我国每年建成的房屋达 16 亿 ~20 亿 m², 这些建筑中 95%以上属于高能耗建筑, 单位建筑面积采暖能耗为发达国家新建建筑的 3 倍以上。

随着我国城市化进程的加速, 在 2020 年前我国每年城镇竣工建筑面积的总量将持续保持在 10 亿 m² 左右。在今后 15 年间, 新增城镇民用建筑面积总量达 150 亿 m², 其中将新增约 10 亿 m² 大型公共建筑。预计到 2020 年, 全国 56%以上的人口将生活在城市里, 第三产业在全国 GDP 中的比例将超过 40%。相应的建筑物和设施也将成倍增加, 包括长江流域已有部分建筑, 我国将新增加约 110 亿 m² 以上需要采暖的民用建筑, 建筑能耗不可避免地会大幅度增加。那时, 我国建筑能耗将达到 10.89 亿 tce(吨标准煤), 超过 2000 年的 3 倍, 空调高峰负荷将相当于 10个三峡水电站满负荷供电量。我国建筑能耗构成情况如表 1-2 所示。

表 1-2　我国建筑能耗构成

能耗构成		1998 年	1999 年	2000 年	2001 年	2002 年	2003 年
建筑运行能耗	能耗/万 tce	25107	25658	26334	27318	30054	34141
	比例/%	19.0	19.7	20.2	20.2	20.3	20.0
建筑材料能耗	能耗/万 tce	20859	20141	19310	19527	21318	25864
	比例/%	15.8	15.5	14.8	14.5	14.4	15.1
建筑间接能耗	能耗/万 tce	13814	13590	13906	14466	16021	18190
	比例/%	10.4	10.4	10.7	10.7	10.8	10.6
建筑总能耗	能耗/万 tce	59780	59389	59551	61311	67392	78194
	比例/%	45.2	45.6	45.7	45.4	45.5	45.7

注: 表中的各项能耗比例为该项能耗与全国总能耗之比, 表中单位 tce 为吨标准煤

1.3.2　我国的建筑能耗特点

从总体上看, 我国的建筑能耗有如下特点。

(1) 耗能方式在不同地区有所不同。北方以供暖耗能为主, 而且以集中采暖方

式为主,而南方以空调、照明耗能为主。

(2) 建筑能耗中采暖能耗所占比例最大。就北方城镇供暖而言,所消耗的能源折合 1.3 亿 tce/年,占我国总的城镇建筑耗能的 52%。

(3) 办公建筑能耗以电力消耗为主。

(4) 建筑系统绝大部分时间处于部分负荷的运行状态,能效比较低。

(5) 部分经济发达城市的能耗总量已接近发达国家水平,其中空调能耗呈上升趋势。

1.3.3　建筑能耗增长的原因分析

我国在全国建设小康社会进程中,建筑能耗必然增长较快,原因如下。

(1) 既有建筑多达 420 亿 m²,其中 98% 为高能耗建筑。

(2) 房屋建筑量快速增加。我国城镇化进程不断加快,近几年每年新增房屋面积多达 15 亿 ~20 亿 m²。

(3) 人们对建筑热舒适性的要求越来越高。冬天室温由 12℃、16℃ 提高到 18℃,甚至 20℃;夏天的室温由 32℃、30℃,降至 28℃、26℃,甚至 24℃、22℃。对应的采暖、制冷耗能不断增加。

(4) 采暖区大大向南扩展,空调制冷范围已从公共建筑扩展到住宅,越来越多的建筑采用空调和采暖设备,使用时间也在逐步延长。

(5) 家用电器品种、数量增加,许多电器成为一般家庭的必备用品,建筑的照明条件也日益改善。

1.3.4　建筑能耗与发达国家对比

欧美发达国家能耗量往往按工业、农业、交通运输、商业等行业及住宅领域分别统计。建筑用能多归于住宅和商业范围,而工业建筑、农业建筑中的能耗分别纳入工农业生产范围。各发达国家在其经济增长较快的发展阶段,随着人民生活水平的提高,住宅能耗所占的比例也逐步增长。近期,其住宅能耗占全国能源消耗总量的比例都相当高,欧洲一些国家的情况见图 1-14。在居住生活能耗中,各种用途能耗的比例由于各国国情的不同,也有相当大的差别。对于天气寒冷时间较长的一些国家和地区,如西北欧国家、加拿大,采暖及供热水能耗均占住宅能耗的大部分。

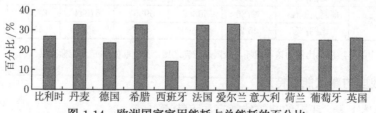

图 1-14　欧洲国家家用能耗占总能耗的百分比

数据来源:欧洲联盟统计局

发达国家城市及乡村建筑到了冷天普遍采暖，在气温低于舒适温度时就开启采暖设备。采暖系统也颇有不同，有的是自家安设小型锅炉的独户系统，有的是一个小区、一个城市的区域系统，还有的是一个很大区域的联合系统。采暖系统所用的能源主要不是煤，而是煤气、燃料油或者电，采用固体燃料的很少。其采暖室温一般为 20~22°C，多设恒温控制，室温低 (高) 于所要求的温度时即自行启动 (停止) 采暖 (制冷)。与我国相比，在相近的气候条件下，发达国家一年内采暖时间较长，并常年供应家用热水；炎热地区建筑则安装有空调设备。

发达国家认为，已有建筑比每年新建建筑要多得多，要使建筑节能取得大的成效，就必须大力推进既有建筑的改造工作。北欧和中欧国家和地区的旧房按照新的节能要求进行改造的工作，在 1980 年前已形成高潮，到 20 世纪 80 年代中期已基本完成。在西欧、北美房屋也早已逐步组织节能改造，到现在仍在大规模地成区成片地进行。因此，有些国家尽管建筑面积逐年增加，但整个国家建筑能耗却大幅度下降。如丹麦 1992 年比 1972 年的采暖建筑面积增加了 39%，同时采暖总能耗却由 1992 年的 322PJ 减少到 222PJ，即减少了 31.1%；采暖能耗占全国总能耗的比例也由 39%下降为 27%；每平方米建筑面积采暖能耗由 1.29GJ 减少到 0.64GJ，即减少了 50%。

多年以来，我国按照规定只有采暖区中的城镇才可设采暖设施。所谓采暖区，是指一年内日平均气温稳定低于 5°C 的时间超过 90 天的地区。这条采暖区与非采暖区间的界线大体上与陇海线东中段接近，但略靠南，至西安附近后斜向西南。也就是说，尽管非采暖区很多地方冬天寒冷的时间也比较长。实际上采暖区南部的一些建筑有的也无采暖设施，更何况广大北方农村。过去，供应非采暖区及北方、南方农村的采暖用商品能源甚少，其结果一是亿万人们受寒冬折磨，二是广大山林田野的柴草被焚烧用于取暖。总之，我国采暖地区所占比例还较小。当然，在市场经济条件下，所谓采暖区的界线是限制不了的，也不应该进行限制。还应指出的是，我国采暖建筑室温很不平均，极少数房屋采暖室温过高，大多数房屋偏低，有些甚至很低，总的情况是采暖温度较低。

从多方面情况综合分析，与气候条件接近的发达国家相比，我国建筑围护结构的保温隔热水平相差很远，采暖系统的热效率相当低，也缺乏控制调节。发达国家独户住宅和联户住宅多，其建筑体型系数较大，欧洲国家冬季通过太阳辐射得热较少。因此，从总体上看，我国单位建筑面积采暖能耗为同等条件下发达国家的 3 倍左右。

1.4　建筑节能的基本途径

1.4.1　影响建筑能耗的因素

与建筑活动相关的能源范围很广，包括建筑材料的生产、建筑建造以及使用过程中的能耗。一般意义上的建筑能耗有两种定义：广义的建筑能耗是指建筑材料制造、建筑施工和建筑使用的全过程的能源消耗；而狭义的建筑能耗是指维持建筑功能和建筑物在运行过程中所消耗的能量，包括照明、采暖、空调、电梯、热水供应、炊事、家用电器以及办公设备等的能耗。按照世界上通行的做法，建材生产、建筑施工用能一般作为工业用能进行统计，除非特别指明，本书所提及的 "建筑能耗" 都是狭义的使用能耗。

在建筑能耗中，采暖空调部分能耗是建筑能耗的最大组成部分。建筑能耗中的其他部分，包括照明、电梯、炊事、电器等，一旦建筑类型、使用功能、相应的用能设备及使用方式确定后，这些能耗基本固定不变，受建筑本身固有特性和外部因素的影响很小。而采暖空调能耗是建筑能耗中影响因素中最复杂的部分，它取决于建筑的冷热负荷及所选择的冷热源设备系统性能两大方面。影响建筑的冷热负荷的因素包括外部气候、建筑所处地区微气候、建筑的功能类型、建筑的固有特性、围护结构的热工特性、室内设定条件、室内热湿源状况等。当冷热负荷一定时，建筑采用的冷热源设备系统的性能 (能源效率值) 也会对建筑的最终能耗产生影响，主要影响因素有冷热源设备的种类、制造水平、室外气候条件、部分负荷特性、设计施工水平等。

1. 外部气候对建筑能耗的影响

外部气候主要包括太阳辐射、空气湿温度、风速、风向等，均可通过围护结构的传热、传湿、空气渗透使热量和湿量进入建筑物内，对建筑热湿环境产生影响，进而影响到建筑的采暖空调能耗。

2. 建筑所处城市微气候对建筑能耗的影响

城市是人口高度密集、建筑高度集中的区域，在城市周围，气候条件会发生较大变化，可以对建筑能耗产生显著影响。城市微气候的主要特点如下。

1) 气温高，城市气温高于外围郊区

由于城市大量人工构筑物，如铺装地面、各种建筑墙面、机动车辆、工业生产以及大量的人群活动产生的污染和人为散热，绿地、水体等相应体积减少，造成城市中心的温度高于郊区温度。郊外的广阔地区气温变化很小，如同一个平静的海面，而城区则是一个明显的高温区，如同突出海面的岛屿，这种岛屿代表着高温的城市区域，被形象地称为 "城市热岛"。在夏季，城市局部地区的气温可能比郊区高6°C 甚至更高，形成高强度的热岛。城市热岛的存在使城区冬季所需的采暖负荷会有一定的减少，而在夏天，由于热岛的存在，所需的建筑冷负荷会增加。有人研究了美国洛杉矶市的气候，指出十几年来城乡温差增加了 2.8°C，全市空调降温的需求增加了 1000MW，每小时增加电费约合 15 万美元。据此推算全美国夏季因热岛

效应每小时多耗空调电费数达百万美元。

2) 城市风场与远郊不同

城市中大量的建筑群增大了城市地的粗糙度,消耗了空气水平运动的动能,使城区的平均风速减小,边界层高度加大。由于热岛效应,市区中心空气受热不断上升,四周郊区相对较冷的空气向城区内辐射补充,而在城市热岛中心上升的空气又在一定高度向四周郊区辐射下沉以补偿郊区低空的空缺,这样就形成了一种局地环流,称为城市热岛环流。同时由于大量建筑物的存在,对气流的方向和速度产生影响,城区内的主导方向与来流主导方向不同。城市风场会对建筑室外的热舒适性、夏季通风、冬季建筑冷风渗透造成冷热负荷的变化。

3) 太阳辐射弱

城区大气中含有大量尘粒,使年平均太阳光斜射总量比郊区少 15%~20%,高纬度地区尤其严重,使市区紫外线比郊区甚至少 30%,日照时数减少约 15%。

3.建筑规划对建筑能耗的影响

建筑小区规划包括建筑选址、分区、建筑布局、建筑朝向、建筑体形、建筑间距、风环境、绿化等方面,这些因素会对建筑群的局部小气候产生显著影响。

1) 建筑选址对建筑能耗的影响

建筑所处地点的微气候会对建筑的热环境产生重要影响,如在某些特定的条件下,室外微气候会出现极端现象,如在山谷、洼地等低洼地带周围,当空气温度降低,无风力扰动时,冷空气就会慢慢流入低洼地带,并在那里聚集,出现局部低温现象,出现所谓的 “霜洞效应” 现象。如果建筑选在这种凹地建设,冬季的温度就会比其周围平地面上的温度低得多,冬季的采暖能耗也将相应增加。而在夏季,建筑布置在上述位置却是相对有利的,因为在这些地方,往往容易实现自然通风,从而减少空调能耗。

2) 建筑布局对建筑能耗的影响

建筑布局主要影响建筑群内的风场,如不合理的布局将在建筑群之间产生局部风速高的现象,即人们俗称的 “风洞效应”,直接影响到该处行人的行走,在冬季会增加对建筑物的冷风渗透,导致采暖负荷增加;而在夏季,建筑物的遮挡作用会造成建筑的自然通风不良,影响空调能耗。

3) 建筑形体对住宅能耗的影响

体形系数是指单位体积的建筑外表面积,它直接反映了建筑单体外形的复杂程度。体形系数越大,相同建筑体积的建筑物外表面积越大,在相同的室外气象条件、室温设定、围护结构条件下,建筑物向室外散失的热量也就越多。一般来说,建筑物体形系数每增加 0.1,建筑物的累计耗热量增加 10%~20%。体形系数是影响建筑能耗指标的主要因素之一,不同气候区体形系数限值,见表 1-3。

表 1-3   不同气候区体形系数限值

严寒及寒冷地区	建筑物体形系数宜控制在 0.30 或 0.30 以下；若体形系数大于 0.30，则屋顶和外墙应加强保温
夏热冬冷地区	条式建筑物的体形系数不应超过 0.35，点式建筑物的体形系数不应超过 0.40
夏热冬暖地区	北区和南区气候有所差异，南区纬度比北区低，冬季南区建筑室内外温差比北区小，而夏季南区和北区建筑室内外温差相差不大。因此，南区体形系数大小引起的围护结构传热损失影响小于北区。《夏热冬暖地区居住建筑节能设计标准》(JGJ 75—2003) 只对北区建筑物体形系数作出了规定，而对建筑形式多样的南区建筑体形系数不作具体要求。北区内，单元式、通廊式住宅的体形系数不宜超过 0.35，塔式住宅的体形系数不宜超过 0.40

4. 室外热环境的影响

建筑物室外热环境即各种气候因素，如太阳辐射、空气温度、空气湿度、降水等，通过建筑物的围护结构、外门窗直接影响室内的气候条件。

5. 采暖区和采暖度日数

采暖区是指一年内日平均气温稳定低于 5°C 的时间超过 90 天的地区，不同的采暖区，其建筑能耗相差很大。采暖度日数是指室内基准温度 18°C 与采暖室外平均温度之间的温差乘以采暖期天数的数值。采暖度日数的大小决定了建筑能耗的大小。

6. 太阳辐射强度

冬季晴天多，日照时间长，太阳入射角低，太阳辐射度大，南向窗户阳光射入深度大，可达到提高室内温度、节约采暖用能的效果。

7. 建筑物的保温隔热和门窗气密性

建筑围护结构的保温隔热性能和门窗的气密性是影响建筑能耗的主要内在因素。围护结构的传热损失占 70%~80%；门窗缝隙空气渗透的热损失占 20%~30%。加强围护结构的保温，特别是加强窗户，包括阳台门的保温性和气密性，是节约采暖能耗的关键环节。

8. 采暖供热系统热效率

采暖供热系统是由热源、热网和热户组成的系统。采暖供热系统热效率包括锅炉运行效率和管网输送效率。锅炉运行效率是指锅炉产生的可供有效利用的热量与其燃烧煤所含热量的比值。在不同条件下又可分为锅炉铭牌效率 (又称额定效率) 和锅炉运行效率。室外管网输送效率是指管网输出总热量与管网输入总热量之比。

锅炉在运行过程中，一般只能将燃料所含热量的 55%~70% 转化为可供利用的有效热量，即锅炉的运行效率为 55%~70%。室外管网的输送效率为 85%~90%，即锅炉输入管网的有效热量又在沿途损失 10%~15%，仅有 47%~63% 的热量供给建筑物，成为采暖供热量。因此，如何提高采暖供热系统的热效率是节能的重点。

1.4.2 建筑节能的基本途径

从以上分析可以看出，影响建筑能耗的因素十分复杂，但主要可以分为两部分，一部分为外部气候、建筑规划设计、建筑固有特性、使用功能等，这部分因素影响的是维持建筑基本功能的能耗，可以说这部分能源消耗体现的是建筑物自身的物理属性，一旦建筑物的形式确定，其能耗量也随之确定。另一部分为体现建筑物使用功能的能耗，这部分能源消耗的弹性非常大，体现的是建筑物的社会属性，不同使用者的能耗量也大不相同。建筑节能的主要内容是通过采取各种措施，降低以上两部分能耗的活动。

(1) 技术节能。即在充分考虑气候条件的基础上，合理规划设计建筑的选址、布局、朝向、体形等，改善建筑群的微气候，充分利用自然通风、日照等；通过采取建筑围护结构保温隔热技术，采用能效高的用能产品，使用可再生资源等，降低维持建筑基本功能的能耗。

(2) 管理节能。由于建筑的建造者和使用者往往是不同主体，在以"利益驱动"为基本特点的市场经济环境下，无法从根本上调动建筑建造者的节能积极性，从世界各国的经验来看，必须发挥政府的公共管理职能，在建设的全过程行使行政权力，促使建筑的规划、设计、建造、使用全过程按照节能的要求实施。

(3) 行为节能。在无法改变系统形式、无法对系统进行大的调整的情况下，通过人为设定或采用一定的技术手段或做法，使系统运行向着人们需要的方向发展，减少不必要的能源浪费。

1.5 建筑节能技术的内容及发展

1.5.1 建筑节能技术的内容

建筑节能技术包括墙体保温技术、门窗保温技术、楼屋面保温技术、暖通系统节能技术、能耗动态模拟技术、可再生能源利用技术、建筑节能计量管理及评估技术等，参见图 1-15。

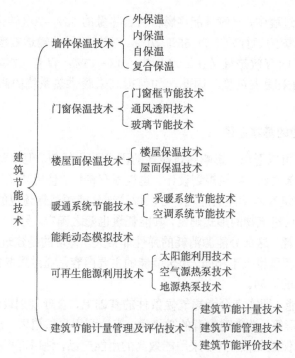

图 1-15　建筑节能技术的内容

1.5.2　建筑节能技术的研究与发展

对于建筑节能技术主要从以下几方面进行了研究。

标准方面：基本建立了建筑节能标准，需要研究细化建立地方区域标准。

材料方面：研究地方资源，开发适合城市和农村的地方节能材料、资源回收、循环利用。

围护方面：研究不同地区围护结构在建筑能耗中的贡献率；建立适合地方的节能保温体系。

环境及节能影响方面：研究地方环境对建筑节能的影响规律。

节能管理方面：建立建筑使用过程中的能耗管理机制，倡导低碳消费观念。

可再生能源利用方面：结合地方气候环境，推广太阳能、空气源热泵、地源热泵等。

施工与检测方面：加强节能施工管理体系研究，建立可操作的节能推测方法，提高节能体系耐久性能。

节能评估方面：开展节能评估工作，推动建筑节能创新。

1.6　当今建筑节能存在的主要问题及原因

1.6.1　当今建筑节能存在的主要问题

1.建筑用能效率低、污染严重的问题没有得到根本解决

与气候条件接近的西欧或北美国家相比，中国住宅的单位采暖建筑面积要多消耗 2~3 倍以上的能源。另外，燃煤采暖是导致我国采暖地区大气中浮尘颗粒多，二氧化硫含量大的主要原因。其中建筑采暖已成为城市大气环境的一个主要污染源。据测算，由于建筑耗能产生的温室气体排放量占总量的 1/4 左右，中国北方城市冬季由燃煤导致空气污染指数是世界卫生组织推荐的最高标准的 2~5 倍。

2.新建建筑执行节能设计标准的工作不平衡

整体来看，北方地区由于建筑节能设计标准颁布较早，进展较快；而过渡地区和南方地区则进展较慢，尚处于起步阶段。在同一省 (区、市)，一般经济较发达的地区工作进展较快，而经济欠发达地区则工作相对滞后。建筑节能工作涉及民用建筑工程项目的立项、设计审查、开工许可、施工监理、竣工验收、房屋销售许可核准等多个监管环节，大多数地区比较重视施工图节能设计审查环节，而忽视了其他环节。在施工过程中缺乏有效监管，部分开发商追求利益最大化，擅自变更通过节能审查的设计图纸，在竣工验收阶段有关部门协调配合不到位，没能把好验收备案的 "出口关"，新型墙体材料和建筑节能产品缺乏质量认证管理，没有形成有效的各环节各部门联动的工作机制。

根据对 2003 年以后完成设计的居住建筑和 2005 年 7 月 1 日以后完成设计的公共建筑的两项指标调研显示：节能设计合格率为 90.3%；达到建筑节能 50% 标准的合格率为 42.8%，见图 1-16。

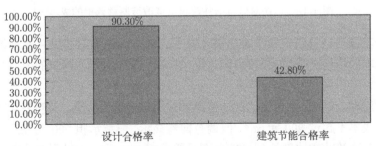

图 1-16　建筑节能设计合格率和建筑节能 50% 合格率

上述情况说明，目前由于相关建筑法规的颁布和建筑节能标准的实施，我国新建建筑在设计和施工图节能设计审查环节对建筑的节能的重视程度都大幅增加，

但由于建筑节能技术没有形成体系，建筑节能设计和施工人员的技术水平较低，政府对节能设计实际执行的监管手段仍然没跟上，设计合格率的升高并没有带来实际建筑节能效果的大幅提升，达到建筑节能 50%标准的合格率还停留在 40%左右。

3.既有建筑节能改造难以启动

目前全国城市共有 300 多亿平方米的既有建筑，这些既有建筑节能改造涉及供热体系改革、技术应用、投融资、房屋所有权、政策法规等方面的问题，其节能改造工作难以启动，绝大部分依然是非节能建筑，仍在浪费着大量能源。

2005 年建设部组织的建筑节能调查问卷结果显示，居民对既有居住建筑节能改造持赞成态度的比例为 58%，愿意进行既有居住建筑节能改造的接近 74%的居民只愿承担 10%以下的改造成本 (图 1-17 和图 1-18)。

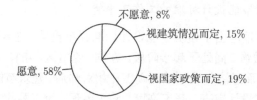

图 1-17   居民对既有居住建筑节能改造的意愿

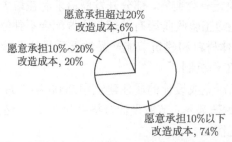

图 1-18   居民对既有居住建筑节能改造愿意承担的成本

由于我国居住建筑产权大部分属于居民，调查问卷显示居民只愿承担 10%以下改造成本的趋势说明，如果没有国家财政的投入，既有居住建筑的改造是很难全面推动的。

相对而言，大型公共业主的改造意愿和成本承受能力较强。一般公共建筑节能改造增量成本不超过 200 元/m²，但调查问卷显示，愿意承担 200 元/m² 以上成本的大型公共建筑业主比例达到 43%，而只愿承担 100 元/m² 以下改造增量成本的只有 36%(图 1-19)。这一数据表明，既有大型公共建筑业主对节能改造成本的承受力较高，对推行公共建筑节能改造配合意愿较强，能够作为既有建筑节能改造的突破口。因此，以大型公共建筑和政府办公楼节能改造为既有建筑改造的突破口是必然选择。

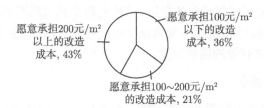

图 1-19 大型公共建筑业主愿意承担节能改造的成本

4.节能材料、产品不能满足市场需求

调查显示,目前我国建筑节能用材料、设备生产企业的研发还是主要以引进为主,自主研发比例较低,只有 15%(图 1-20),而建筑节能用材料、设备生产商在产品技术引进的同时,忽略了相关技术在设计、施工单位的扩散;自主研发不但产品不成熟,而且几乎没有配套的应用规程,依靠的是国家或地方的统一标准,缺乏必要的修正手段。

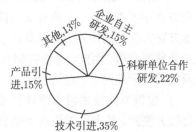

图 1-20 建筑节能产品研发和技术引进方式

对企业自主研发、科研单位合作研发、技术引进、产品引进发生的产品纠纷原因 (表1-4) 进行分析后发现以下几点。

表 1-4 建筑节能企业产品技术来源及纠纷原因

产品技术来源	发生纠纷原因/%			
	安装过程造成的原因	设计与材料、设备不匹配	使用过程不当	产品质量问题
企业自主研发	13.3	16.7	26.6	43.4
科研单位合作研发	11.6	9.3	14	65.1
技术引进	18.8	24.3	43.3	13.6
产品引进	30	30	23.3	16.7

(1) 企业自主研发和科研单位合作研发推广的产品质量问题比较普遍,后者甚至超过了前者。这说明我国现有建筑节能科研单位技术转化产品的能力比较薄弱,开发的产品虽然具有一定的科技含量,但普遍处在中试水平。

(2) 技术和产品引进虽然质量问题较少,但企业技术消化推广能力较弱,在配套设计、施工、使用过程中的问题比较突出。

同时作为能源结构重要组成部分的可再生能源在建筑中的应用刚刚起步。太阳能、地热、风能、核能等清洁可再生能源的利用率很低,可再生能源在建筑中应用的相关技术还较为落后。

　　总的来说，目前节能材料产品产业化水平不高，不能满足市场需求；可再生能源在建筑中基本没有形成规模化的应用；节能材料产品市场不规范，未能建立节能建筑、材料产品的测评标识制度，对市场上出现的鱼目混珠、良莠不齐的建筑节能技术与产品没有形成有效的监管制度。

1.6.2　存在问题的原因

　　(1) 对建筑节能认识的观念还有差距。主要是一些地方政府和有关部门的领导重视不够，没有将建筑节能工作提高到作为落实科学发展观，保证国家能源安全以及贯彻可持续发展战略，转变城乡建设增长方式，调整经济结构的高度来认识和定位。

　　(2) 供热体制改革难以真正推动，不能形成节能建筑的有效需求。北方地区供热普遍存在困难群体大、热费支付能力弱、供热设施老化、供热应能源价格上涨以及地方财力匮乏的困难，难以真正启动，阻碍了建筑能效的提高，导致节能建筑不能充分发挥作用。因此，老百姓很难形成推动节能建筑的市场需求，也难以推动开发商按节能标准设计、建造住宅。

　　(3) 建筑节能技术没有形成体系。建筑节能技术没有形成体系，与需求相比，还有较大差距。其主要差距在于达到节能标准的经济、使用、可靠的围护结构技术形不成体系，如外墙围护结构体系、高效的供热制冷系统、可再生能源的建筑应用等技术不配套，不能完全解决耐久性 (与建筑同寿命)、防火、外贴墙砖、修补维护等技术细节问题，导致开发商在技术选择上顾虑重重。相比国际水准，多数现有技术还有比较低级，系统配套差，其产业化程度也不高，可再生能源建筑应用缺乏具有独立自主知识产权的核心技术，高效、低能耗、高可靠性的供热、采暖技术，热计量技术，变流量的热力管网输送技术，环保、节能、经济、安全的新型墙体材料等缺乏。如果大幅度提高节能标准要求，现有技术大都难以支撑。

1.7　我国建筑节能的目标和实现条件

1.7.1　我国建筑节能的基本目标

　　对采暖区热环境差或能耗大的既有建筑节能改造工作，2000 年起重点城市成片开始，2005 年起各城市普遍开始，2010 年重点城市普遍推行。

　　对集中供热的民用建筑安设热表及调节设备，并按表计量收费，1998 年通过试点取得成效，并开始推广，2000 年在重点城市新建小区中推行，2010 年全面推广。

　　第一阶段，新建采暖公共建筑 2000 年前做到节能 50%；第二阶段，2010 年在第一阶段的基础上再节能 30%。

夏热冬冷地区民用建筑 2000 年开始执行建筑热环境及节能标准，2005 年重点城镇开始成片地进行建筑热环境及节能改造，2010 年起各城镇开始成片地进行建筑热环境及节能改造。

在村镇中推广太阳能建筑，到 2000 年累计建成 1000 万 m^2，截至 2010 年累计建成 5000 万 m^2。村镇建筑通过示范倡导，力争达到或接近所在地区城镇的节能目标。

为实现上述目标，工作步骤采取由易到难、从点到面、稳步前进的做法。总的安排是：首先从抓居住建筑开始，其次抓公用建筑 (从空调旅游宾馆开始)，然后是工业建筑；从新建建筑开始，其次是近期必须改造的热环境很差的结露建筑和危旧建筑，然后是其他保温隔热条件不良的建筑。围护结构节能与供暖 (或降温) 系统节能同步进行。

在地域上，由北方采暖区开始，逐步发展到中部夏热冬冷区，并扩展到南方炎热区；从工作基础较好的几个城市开始，再发展到一般城市和城镇，然后逐步扩展到广大农村。

1.7.2 实现建筑节能目标的基本条件

1. 实现建筑节能目标主要靠先进的技术手段

(1) 选择适当可靠的技术措施。认真考虑工程的具体条件，包括气候条件、建筑体系、采暖系统、施工时间、地方习惯和业主意图等因素，经设计方案比较，作出正确选择，这些技术措施要经过工程试点，证明成熟可靠，方可推广采用。

(2) 优先选用投资少、节能效率高的技术。采用新技术所增加的资金，必须适应当时当地的社会经济条件。在开展节能的前期，宜广泛采用门窗封闭等简易技术；其次是安装散热器恒温阀；再次是采用屋顶保温；高效锅炉的节能效果也很明显。采用节能综合技术，如热泵、太阳能热储存等，投资很大，应用于后期。

我国建筑节能投资控制幅度：1986 年的《民用建筑节能设计》要求，1980 年通用建筑设计基础上节能 30%，所增加的投资不超过 5%；1996 年新标准要求在 1980 年通用建筑设计的基础上节能 50%，所增加的投资不超过 10%。

(3) 重视组织节能示范建筑区。示范建筑和示范建筑区具有样板作用和推动作用，并可提供节能技术研究和开发的试验和测试条件。我国已建成一批节能住宅示范区，如北京的安苑北里北区节能住宅示范小区建筑面积 13.2 万 m^2，哈尔滨的嵩山节能住宅小区建筑面积 14.4 万 m^2，天津的龙潭路节能示范住宅建筑面积 0.8691 万 m^2。

(4) 健全建筑节能管理机构，加强对建筑节能的组织管理。建筑节能工作既是一种政府行为，又与人民群众的切身利益息息相关。从可持续发展的战略高度出发，从维护国家的整体利益和人民群众的长远利益出发，建筑节能问题必须进行政府干预，当具备一定条件的时候，就必须以政府名义强制实施建筑节能，并且对节能建筑，特别是建筑节能搞得好的项目，应该给予政策上的优惠。显然，为了搞好建筑节能，不但政府要投入，建设单位要投入，居民也要投入。如果没有一个既能协调政府各部门的建筑节能方面的关系，又可作为政府与民间的桥梁并执行部分政府职能的专门机构，建筑节能管理的运作就不能畅通；建筑节能科研开发、推广应用以及建筑节能材料和制品的生产就难以有序进行；建筑节能的宣传教育、普及推广就难以落实。因而，由政府设立一个健全的建筑节能专门的管理机构就十分必要。

(5) 重视建筑节能的科研和立法工作。政府应重视建筑节能的科研和立法工作，应投入大量资金资助和组织科研院所、高等学校和厂矿企业开展建筑节能科研工作。并且加快建筑节能法规体系，做到有法可依，严格监督管理。这是实现建筑节能目标的重要保障。

(6) 采取建筑节能的经济鼓励政策。对建筑节能有成效的建筑减免固定资产投资方向调节税；对建筑节能试点和示范建筑提供一定比例的资助及低息贷款，减免能源交通税；对能高建筑所有者，征收能源超量使用费；设立建筑节能奖，对有贡献的单位和个人进行奖励。

(7) 抓紧建筑节能知识的普及和提高，培养节能意识。使广大群众了解和掌握建筑节能知识，以便积极参与，增强全民节能意识，取得更大的节能成效。

2.实现建筑节能目标必须采取严格的管理措施

(1) 设计单位必须认真按照采暖居住建筑节能设计标准进行设计。设计单位应具备与《民用建筑节能设计标准》相应的资质等级，承担建筑节能工程；对设计不合格或未执行《民用建筑节能设计标准》的单位，应降低其资质或撤销其设计资格。

(2) 建筑规划管理部门应严格管理。没有执行建筑节能设计标准或节能不符合标准要求的居住建筑，不发给建筑工程规划许可证。

(3) 施工单位必须在施工过程中严格按照《民用建筑节能设计标准》施工。施工单位不得承接不符合建筑节能设计标准的建筑工程；在施工过程中不得接受削减或取消节能技术措施的工程变更，否则应责令停工，限期纠正，并按有关规定给予处置。

(4) 工程建设监理单位必须严格贯彻政府建筑节能的规定和有关节能政策。

(5) 质量监督部门应对节能工程进行严格监督。在施工过程中，应不断进行抽检，竣工时进行质量核定；对不合格的节能建筑，不予竣工核验，并责令返修、补救，仍达不到要求者，取消其优惠待遇，并按有关规定严格处理。

3.发展建筑节能测试及计算技术,加强建筑节能的监督和检测

(1) 研究开发先进的建筑热工和节能效果的实验室或现场的测试方法和设备,如快速测试仪器、大型热箱、大型人工老化实验设备;现场检测能耗的方法和设备,如红外热视仪、气密性检测仪以及建筑空气渗透测定仪,还有评估热环境状况的热舒适仪等。

(2) 研究开发建筑能耗计算软件。根据当地气象资料、建筑设计数据和热工测试结果,计算出采暖空调能耗,并进行技术经济分析与评估。

(3) 建立和健全用能计量和统计制度,实行目标管理。

坚决改变建筑采暖用煤无计量、监控无仪表、耗能无统计、考核无指标的状态。逐步建立节能监测中心,用以承担各项检测任务,提供建材及其产品的性能指标、设备和仪表的精度、节能工程的技术经济指标和数据。

对严重浪费能源的单位和地区、严重超标的企业和个人给予批评、警告和处罚,并限期整改。构成犯罪的,依法追究其刑事责任。

4.积极有步骤地推进城市供热体制改革

实行按实际供热量计量收费、改革供热包费收费办法,采用在采暖系统中安设热表并直接向用户收取暖费及制定补贴办法,兼顾用户、企业和国家三方面的利益,鼓励人们节能的积极性。这也是保证建筑节能目标实现的最有力措施。

复习思考题

1. 什么叫建筑节能? 我国建筑能耗的基本特点有哪些?
2. 影响建筑能耗的主要因素有哪些?
3. 建筑节能的基本途径是什么?
4. 阐述建筑节能的研究内容和发展动态。
5. 当前建筑节能存在的主要问题是什么?

第2章　建筑传热的基本原理

2.1　传　热　方　式

传热是指物体内部或者物体与物体之间热能转移的现象。凡是一个物体的各个部分或物体与物体之间存在温度差，就必然有热能的传递转移现象发生。建筑物内外热流的传递状况是随发热体 (热源) 的种类、受热体部位及其媒介 (介质) 围护结构的不同情况而变化的。热流的传递称为传热。根据传热机理的不同，传热的基本方式分为导热、对流和辐射 3 种。

1. 导热传热

1) 导热的机理

导热是指物体内部的热量由高温物体直接向低温物体转移的现象。这种传热现象是两个直接接触的物体质点的热运动所引起的热能传递。一般来说，密实的重质材料导热性能好，而保温性能差；反之，疏散的轻质材料导热性能差，而保温性能好。材料的导热性能用热导率表示。

热导率是指在稳定传热条件下，1m 厚的材料，两侧表面的温差为 1 开 (K) 或 1 摄氏度 (°C)，在 1h 内通过 $1m^2$ 面积传递的热量，单位为瓦/(米·开)[W/(m·K)]，或瓦/(米·°C)[W/(m·°C)]。热导率与材料的组成结构、密度、含水率、温度等因素有关。通常把热导率较低的材料称为保温材料，把热导率在 0.05W/(m·K) 以下的材料称为高效保温材料。

普通混凝土的热导率为 1.75W/(m·K)，黏土砖砌体的热导率为 0.81W/(m·K)，玻璃棉、岩棉和聚苯乙烯的热导率为 0.04~0.05W/(m·K)。

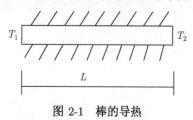

图 2-1　棒的导热

(1) 棒的导热。若一根密实的固体棒除两端外周围用理想的绝缘材料包裹，其两端的温度分别为 T_1 和 T_2，如图 2-1 所示。如果 $T_1 > T_2$，则有热量 Q 通过截面 F 以导热方式由 T_1 端向 T_2 端传递。

依据实验可知

$$Q = \lambda \frac{T_1 - T_2}{l} F \tag{2-1}$$

式中，Q—— 棒的导热量，W；F—— 棒的截面积，m^2；T_1, T_2—— 棒两端的温

度，K；l—— 棒长，m；λ—— 导热系数，W/(m·K)。

由式 (2-1) 可知，棒在单位时间内的导热量 Q 与两端温度差 $(T_1 - T_2)$、截面面积 F 及棒体材料的导热系数 λ 成正比，而与传热距离即棒长 l 成反比。

(2) 壁体的导热。在建筑工程中，通常将固体材料组成的壁体内部的传热也看成导热。

图 2-2 所示的壁体两表面的温度分别为 T_1 和 T_2，若 $T_1 > T_2$，则热流将以导热方式从 T_1 侧传向 T_2 侧，其单位面积单位时间的热流量为

$$Q = \lambda \frac{T_1 - T_2}{d} A \qquad (2-2)$$

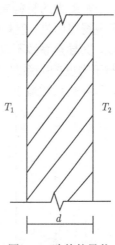

图 2-2 壁体的导热

式中，Q—— 单位面积、单位时间的热流量，W/m^2；A—— 壁体材料的导热系数，W/(m·K)；d—— 壁体的厚度，m。

2) 材料的导热系数及其影响因素

从以上两式可知，材料的导热系数 λ 的大小直接关系到导热传热量，是一个非常重要的热物理参数。这一参数通常由专门的实验获得，各种不同的材料或物质在一定的条件下都具有确定的导热系数。空气的导热系数最小，在 27°C 状态下仅为 0.026 24W/(m·K)；而纯银在 0°C 时，导热系数达 410W/(m·K)，两者相差约 1.56 万倍，可见材料或物质的导热系数值变动范围之大。常用建筑材料的导热系数值见本书附录 3，未列入的材料或新材料可在其他参考文献中查到或直接通过实验获得。

材料或物质的导热系数的大小受多种因素的影响，归纳起来，大致有以下几个主要方面。

(1) 材质的影响。由于不同材料的组成成分或者结构不同，其导热性能也就各不相同，甚至相差悬殊，导热系数值就有不同程度的差异，前面所说的空气与纯银就是明显的例子。就常用非金属建筑材料而言，其导热系数值的差异仍然是明显的，如矿棉、泡沫塑料等材料的 λ 值比较小，而砖砌体、钢筋混凝土等材料的 λ 值比较大。至于金属建筑材料 (如钢材、铝合金等) 的导热系数就更大了。工程上常把 λ 值小于 0.3W/(m·K) 的材料称为绝热材料，作保温、隔热之用，以充分发挥其材料的特性。

(2) 材料干密度的影响。材料的干密度反映了材料的密实程度，材料越密实，干密度越大，材料内部的孔隙越少，其导热性能也就越强。

因此，在同一类材料中，干密度是影响其导热性能的重要因素。在建筑材料中，一般来说，干密度大的材料导热系数也大，尤其是像泡沫混凝土、加气混凝土等多孔材料，表现得很明显；但是也有某些材料例外，当干密度降低到某一程度后，如再继续降低，其导热系数不仅不随之变小，反而会增大，如图 2-3 所示，玻璃棉的导热系数与干密度的关系即是一例。显然，这类材料存在一个最佳干密度，即在该干密度时，其导热系数最小。在实际应用中应充分注意这一特点。

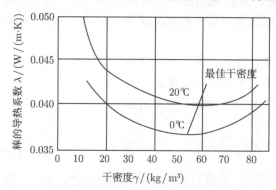

图 2-3　玻璃棉导热系数与干密度的关系

(3) 材料含湿量的影响。在自然条件下，一般非金属建筑材料常常并非绝对干燥，而是在不同程度上含有水分，这表明在材料中水分占据了一定体积的孔隙。含湿量越大，水分所占的体积越大。水的导热性能约比空气高 20 倍，因此，材料含湿量的增大必然使导热系数值增大。

除上述因素对材料的导热系数有较大影响之外，使用温度状况和某些材料的方向性也有一定的影响。不过，在一般工程中往往忽略不计。

2. 对流传热

对流传热是指具有热能的气体或液体在移动过程中进行热交换的传热现象。

在采暖房间中，采暖设备周围的空气被加热升温，密度减小会上浮，临近较冷空气，密度较大会下沉，形成对流传热；在门窗附近，由缝隙进入的冷空气温度低，密度大，流向下部，热空气上升，又被冷却下沉形成对流换热。

对于采暖建筑，当围护结构质量较差时，室外温度越低，则窗与外墙内表面温度也越低，邻近的热空气迅速变冷下沉，散失热量，这种房间只在采暖设备附近及其上部较暖，外围特别是下部则很冷。当围护结构质量较好时，其内表面温度较高，室温分布较为均匀，无急剧的对流换热现象产生，保温节能效果较好。

图 2-4 表示一固体面与其紧邻的流体对流传热情况。由于固体表面温度 θ 高于流体温度 t，因此有传热现象发生，热流由固体表面传向流体。若仔细观察对流

传热过程,可以看出:因受摩擦力的影响,在紧贴固体壁面处有一平行于固体壁面流动的流体薄层,称为层流边界层,其垂直壁面的方向主要传热方式是导热,它的温度分布呈倾斜直线状;而在远离壁面的流体核心部分,其呈紊流状态,因流体的剧烈运动而使温度分布比较均匀,呈一水平线;在层流边界层与体核心部分之间为过渡区,温度分布可近似看做抛物线。由此可知,对流换热的强弱主要取决于层流边界层内的换热与流体运动发生的原因,流体运动状况,流体与固体壁面的温差,流体的物性,固体壁面的形状、大小及位置等因素。

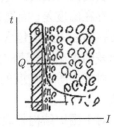

图 2-4 对流换热

对流换热的传热量常用下式计算

$$q_c = a_c(\theta - t) \tag{2-3}$$

式中,q_c—— 对流换热强度,W/m^2;a_c—— 对流换热系数,$W/(m^2 \cdot K)$;θ—— 壁面温度,°C;t—— 流体主体部分温度,°C。

值得注意的是,对流换热系数 a_c 不是固定不变的常数,而是一个取决于许多因素的物理量。结合建筑围护结构实际情况并为简化计算起见,通常只考虑气流状况是自然对流还是受迫对流;构件是处于垂直的、水平的还是倾斜的;壁面是有利于气流流动还是不利于气流流动;换热方向是由下而上还是由上而下等主要影响因素。为此特推荐以下公式。

(1) 自然对流换热。本来温度相同的流体或与流体紧邻的固体表面,因其中某一部分加热或冷却,温度发生变化,使流体各部分之间或者流体与紧邻的固体表面产生了温度差,形成了对流运动而传递热能。这种因温差而引起的对流换热称为自然对流换热。其对流换热量仍可按式 (2-3) 计算,其对流换热系数计算方法如下:

当平壁处于垂直状态时

$$a_c = 2\sqrt[4]{\theta - t} \tag{2-4}$$

当平壁处于水平状态时,若热流由下而上,则

$$a_c = 2.5\sqrt[4]{\theta - t} \tag{2-5}$$

若热流由上而下,则

$$a_c = 1.3\sqrt[4]{\theta - t} \tag{2-6}$$

(2) 受迫对流换热。当流体各部分之间或者流体与紧邻的固体表面之间存在温度差时,同时流体又受到外部因素 (如气流、泵等) 的扰动而产生传热的现象,称为受迫对流换热。目前,绝大多数建筑物处于大气层内,建筑物与空气紧邻,风成

为主要的扰动因素。值得注意的是，由于流体各部分之间或者流体与紧邻固体表面之间存在温度差，因温差而引起的自然对流换热也就必然存在，也就是说，在受迫对流换热之中必然包含着自然对流换热的因素。这样一来，受迫对流换热主要取决于温差的大小、风速的大小与固体表面的粗糙度。

对于中等粗糙度的固体表面，受迫对流换热时的对流换热系数可按下列近似公式计算：

对于围护结构外表面，有

$$a_c = (2.5 \sim 6.0) + 4.2v \tag{2-7}$$

对于围护结构内表面，有

$$a_c = 2.5 + 4.2v \tag{2-8}$$

式 (2-7) 和式 (2-8) 中，v 表示风速 (m/s)，常数项反映了自然对流换热的影响，其值取决于温度差的大小。

3. 辐射传热

1) 热辐射的本质与特点

凡是温度高于绝对零度 (0K) 的物体，由于物体原子中的电子振动或激动，就会从表面向外界空间辐射出电磁波。不同波长的电磁波落到物体上可产生各种不同的效应。人们根据这些不同的效应将电磁波分成许多波段，其中波长为 0.8~600μm 的电磁波称为红外线，照射物体能产生热效应。通常把波长在 0.4~40μm 范围内的电磁波 (包括可见光和红外线的短波部分) 称为热射线，因为它照射到物体上的热效应特别显著。热射线的传播过程叫做热辐射。通过热射线传播热能就称为辐射传热。因此，辐射传热与导热和对流传热有着本质区别。

热辐射的本质决定了辐射传热有如下特点。

(1) 在辐射传热过程中伴随着能量形式的转化，即物体的内能首先转化为电磁能向外界发射，当电磁能落到另一物体上而被吸收时，电磁能又转化为物体的内能。

(2) 电磁波的传播不需要任何中间介质，也不需要冷、热物体的直接接触。太阳热辐射穿越辽阔的真空空间到达地球表面就是很好的例证。

(3) 凡是温度高于绝对零度的一切物体，不论它们的温度高低，它们都在不间断地向外辐射不同波长的电磁波。因此，辐射传热是物体之间互相辐射的结果。当两个物体温度不同时，高温物体辐射给低温物体的能量大于低温物体辐射给高温物体的能量，从而使高温物体的能量传递给了低温物体。

2) 辐射能的吸收、反射和透射

当能量为 I_0 的热辐射能投射到一物体的表面时，其中一部分 (I_a) 被物体表面吸收，一部分 (I_r) 被物体表面反射，还有一部分 (I_t) 可能透过物体从另一侧传出

去，如图 2-5 所示。根据能量守恒定律，有

$$I_{\mathrm{a}} + I_{\mathrm{r}} + I_{\mathrm{t}} = I_{\mathrm{o}}$$

若等式两侧同除以 I_{o}，则

$$\frac{I_{\mathrm{a}}}{I_{\mathrm{o}}} + \frac{I_{\mathrm{r}}}{I_{\mathrm{o}}} + \frac{I_{\mathrm{t}}}{I_{\mathrm{o}}} = 1$$

令 $\rho_{\mathrm{h}} = \dfrac{I_{\mathrm{a}}}{I_{\mathrm{o}}}$，$r_{\mathrm{h}} = \dfrac{I_{\mathrm{r}}}{I_{\mathrm{o}}}$，$t_{\mathrm{h}} = \dfrac{I_{\mathrm{t}}}{I_{\mathrm{o}}}$，分别称为
物体对辐射热的吸收系数、反射系数及透
射系数，于是有

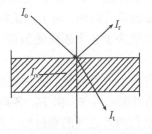

图 2-5　辐射热的吸收, 反射与透射

$$\rho_{\mathrm{h}} + r_{\mathrm{h}} + t_{\mathrm{h}} = 1 \qquad\qquad (2\text{-}9)$$

各种物体对不同波长的辐射热的吸收、反射及透射性能不同，这不仅取决于材质、材料的分子结构、表面光洁度等因素，对于短波辐射热来说，还与物体表面的颜色有关。图 2-6 表示几种表面对不同波长辐射热的反射性能。凡能将辐射热全部反射的物体 ($r_{\mathrm{h}} = 1$) 称为绝对白体，能全部吸收的 ($\rho_{\mathrm{h}} = 1$) 称为绝对黑体，能全部透过的 ($t_{\mathrm{h}} = 1$) 则称为绝对透明体或透热体。

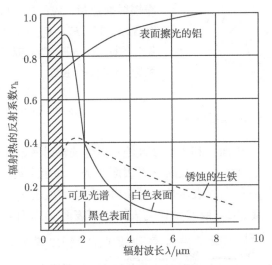

图 2-6　表面对辐射热的反射系数

在自然界中并没有绝对黑体、绝对白体及绝对透明体。在应用科学中，常把吸收系数接近于 1 的物体近似地当成绝对黑体。而在建筑工程中，绝大多数材料都是非透明体，即 $t_{\mathrm{h}} = 0$，故 $r_{\mathrm{h}} + \rho_{\mathrm{h}} = 1$。由此可知，辐射能反射越强的材料对辐射能的吸收越少；反之亦然。

3) 辐射换热的计算

在建筑工程中，围护结构表面与其周围其他物体表面之间的辐射换热是一个应当重要的研究问题。由于建筑材料大多可看做灰体，因此，物体表面间的辐射换热量主要取决于各个表面的温度、发射和吸收辐射热的能力以及它们之间的相对位置。

设有两个一般位置的灰体表面 1 和表面 2，如图 2-7 所示。它们之间相互"看得见"的表面积为 F_1 和 F_2，各自的辐射系数为 C_1 和 C_2，它们各自的温度为 T_1 和 T_2，它们两者之间的辐射换热量 Q_{1-2} 或 Q_{2-1} 可通过下式计算

$$Q_{1-2} = C_{12}\left[\left(\frac{T_1}{100}\right)^4 - \left(\frac{T_2}{100}\right)^4\right]\Psi_{12}F_1 \tag{2-10a}$$

或

$$Q_{2-1} = C_{21}\left[\left(\frac{T_2}{100}\right)^4 - \left(\frac{T_1}{100}\right)^4\right]\bar{\Psi}_{21}F_2 \tag{2-10b}$$

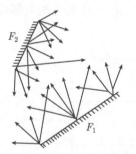

图 2-7　两灰体表面间辐射换热

式中，Q_{1-2}—— 表面 1 传给表面 2 的净辐射换热量，W；Q_{2-1}—— 表面 2 传给表面 1 的净辐射换热量，W；T_1，T_2—— 两表面的绝对温度，K；F_1，F_2—— 两表面相互"看得见"的面积，m^2；C_{12} 或 C_{21}—— 相当辐射系数，$W/(m^2 \cdot K^4)$。

$$C_{12} = C_{21} = \frac{C_1 \cdot C_2}{C_b} \tag{2-11}$$

式中，C_1，C_2，C_b—— 表面 1 和表面 2 及绝对黑体的辐射系数；$\bar{\Psi}_{12}$—— 表面 1 对表面 2 的平均角系数；$\bar{\Psi}_{21}$—— 表面 2 对表面 1 的平均角系数。

平均角系数 $\bar{\Psi}_{12}$(或 $\bar{\Psi}_{21}$) 表示单位时间内，表面 1(或表面 2) 投射到表面 2(或表面 1) 的辐射换热量 Q_{1-2} (或 Q_{2-1})，与表面 1(或表面 2) 向外界辐射的总热量 Q_1 (或 Q_2) 的比值，即 $\frac{Q_{1-2}}{Q_1}$ (或 $\frac{Q_{2-1}}{Q_2}$)。$\bar{\Psi}_{12}$ (或 $\bar{\Psi}_{21}$) 越大，说明 F_1(或 F_2) 发射的总辐射热中投射到 F_2(或 F_1) 上的越多，反之越少。角系数是一个纯几何关系量，它与物体的辐射性能无关，它的数值取决于两表面的相对位置、大小及形状等几何因素，一般都将常用的平均角系数绘制成图表以供选用。此外，理论证明两辐射表面的平均角系数间存在着"互易定理"，即

$$\bar{\Psi}_{12}F_1 = \bar{\Psi}_{21}F_2 \tag{2-12}$$

在建筑工程中，常见的一种情况是两平行灰体表面积比二者之间的距离大得多，从而可近似地作为互相平行的无限大平面来计算。

设 F_1 及 F_2 为两个无限大的平行平面，如图 2-8 所示。此时任一个表面发射的辐射热全部都投到另一个表面上，于是它们之间的平均角系数相等，并且都等于 1，即

$$\bar{\Psi}_{12} = \bar{\Psi}_{21} = 1$$

单位面积的净辐射换热量 $q_{1\text{-}2}$ 为

$$q_{1\text{-}2} = C_{12} \left[\left(\frac{T_1}{100} \right)^4 - \left(\frac{T_2}{100} \right)^4 \right] (\text{W/m}^2) \tag{2-13}$$

$$C_{12} = \frac{1}{\dfrac{1}{C_1} + \dfrac{1}{C_2} + \dfrac{1}{C_b}} [\text{W/(m}^2 \cdot \text{K}^4)] \tag{2-14}$$

式中，C_{12}—— 相当辐射系数；C_1，C_2，C_b—— 表面 1、表面 2 及绝对黑体的辐射系数。

在工程中还有另一种情况，就是一个物体被另一个物体完全包围，如图 2-9 所示，并且物体 1 无凹角，物体 2 无凸角。

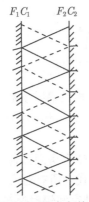

图 2-8　两平行无限大灰体表面间的辐射换热

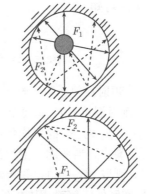

图 2-9　物体 1 被物体 2 完全包围时的辐射换热

在这种情况下，物体 1 发射的辐射热全部投射到物体 2 上，故 $\bar{\Psi}_{12} = 1$；但物体 2 所发射的辐射热则只有一部分投射到物体 1 上，故 $\bar{\Psi}_{21} < 1$。两个物体互相投射，由物体 1 传给物体 2 的净辐射热量 $Q_{1\text{-}2}$ 为

$$Q_{1\text{-}2} = C_{12} \left[\left(\frac{T_1}{100} \right)^4 - \left(\frac{T_2}{100} \right)^4 \right] F_1 \tag{2-15}$$

在相互辐射传热的过程中，物体得热为正，失热为负。当达到热平衡时，物体 1 失去的热量等于物体 2 得到的热量。由这种关系可知

$$Q_{2\text{-}1} = -Q_{1\text{-}2}$$

在这种情况下，相当辐射系数 C_{12} 不仅与两物体的辐射系数有关，而且与它们的表面积 F_1 和 F_2 也有关系，其值为

$$C_{12} = \cfrac{1}{\cfrac{1}{C_1} + \cfrac{F_1}{F_2}\left(\cfrac{1}{C_2} - \cfrac{1}{C_\mathrm{b}}\right)} \tag{2-16}$$

由此可知，当 F_2 远大于 F_1 时，C_{12} 可近似地取 C_1 值计算。

在建筑热工学中，还会遇到需要研究某一围护结构表面 F_1 与其他相对应的表面 (其他结构表面、人体表面等) 以及室内外空间之间的辐射换热。这类情况可按以下方式计算

$$q_\mathrm{r} = \alpha_\mathrm{r}(\theta_1 - \theta_2) \tag{2-17}$$

式中，q_r—— 辐射换热量，$\mathrm{W/m^2}$；α_r—— 辐射换热系数，$\mathrm{W/(m^2 \cdot K)}$；θ_1—— 表面 F_1 的温度，$^\circ\mathrm{C}$；θ_2—— 与 F_1 辐射换热的表面 F_2 的温度，$^\circ\mathrm{C}$。

由式 (2-7) 可知

$$\alpha_\mathrm{r} = C_{12} \frac{\left(\dfrac{T_1}{100}\right)^4 - \left(\dfrac{T_2}{100}\right)^4}{\theta_1 - \theta_2} \bar{\Psi}_{12} \tag{2-18}$$

式中，α_r—— 辐射换热系数，$\mathrm{W/(m^2 \cdot K)}$；C_{12}—— 相当辐射系数，$\mathrm{W/(m^2 \cdot K^4)}$；$T_1$——$F_1$ 的绝对温度，$T_1 = 273 + \theta_1$ (K)；T_2——F_2 的绝对温度，$T_2 = 273 + \theta_2$ (K)；$\bar{\Psi}_{12}$——F_1 对 F_2 的平均角系数。

在实际计算中，当考虑一围护结构的内表面与整个房间其他结构内表面之间辐射换热时，则取 $\bar{\Psi}_{12} = 1$，并粗略地以室内气温代表所有对应表面的平均温度 (辐射采暖房间例外)。当考虑围护结构外表面与室外空间辐射换热时，可将室外空间假想为一平行于围护结构外表面的无限大平面，此时 $\bar{\Psi}_{12} = 1$，并以室外气温近似地代表该假想平面的温度。

当需要计算某围护结构与人体之间的辐射换热时，必须先确定它们的平均角系数值，才能进行辐射换热的计算。

根据以上分析可以看出，只要物体各部分之间或者物体与物体之间存在温度差，它们必然发生传热现象。传热的方式为导热、对流和辐射，它们传热的机理、条件和计算方法各不相同。实际工程中的传热并非单一的传热方式，往往是 2 种

甚至 3 种方式的综合作用。为了满足工程设计的要求，计算方法也会在基本原理的基础上作一些相应的变化，从而使计算得以简化而又保证必要的精确度。

建筑物的传热通常是以辐射、对流、导热 3 种方式同时进行，综合作用的效果。

以屋顶某处传热为例，太阳照射到屋顶某处的辐射热，其中 20%~30% 的热量被反射，其余一部分热量以导热的方式经屋顶的材料传向室内，另一部分则由屋顶表面向大气辐射，并以对流换热的方式将热量传递给周围空气，如图 2-10 所示。

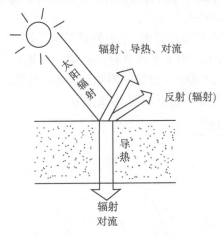

图 2-10　屋顶传热示意图

又如室内传热情况，火炉炉体向周围产生辐射传热以及与室内空气的导热传热，室内空气被加热部分与未加热部分产生对流传热。室内空气温度升高和炉体热辐射作用使外围结构的温度升高，这种温度较高的室内热量又向温度较低的室外流散，如图 2-11 所示。

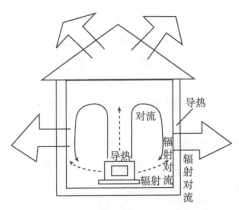

图 2-11　室内外传热示意图

2.2　建筑得热与失热的途径

冬季采暖房屋的正常温度是依靠采暖设备的供暖和围护结构的保温之间相互配合，以及建筑的得热量与失热量的平衡得以实现的，可用下式表示

　　　　采暖设备散热 + 建筑物内部得热 + 太阳辐射得热 = 建筑物总得热

非采暖区的房屋建筑有两类：一类是采暖房屋有采暖设备，总得热同上；另一类是没有采暖设备，总得热为建筑物内部得热加太阳辐射得热两项，一般仍能保持比室外日平均温度高 3~5°C。

对于有室内采暖设备散热的建筑，室内外日平均温差，北京地区可达 20~27°C，哈尔滨地区可达 28~44°C。由于室内外存在温差，且围护结构不能完全绝热和密闭，导致热量从室内向室外散失。建筑的得热和失热的途径及其影响因素是研究建筑采暖和节能的基础，其基本情况如图 2-12 所示。

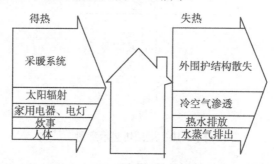

图 2-12　建筑得热与失热因素示意图

2.2.1　建筑得热途径

在一般房屋中，热量来源如下。

(1) 采暖系统供给的热量，主要有暖气、火炉、火坑等采暖设备提供。

(2) 太阳辐射热供给的热量，阳光斜射，透过玻璃进入室内所提供的热量。普通玻璃透过率高达 80%~90%，北方地区太阳入射角度低达 13°~30°，南窗房间得热量尤其大。

(3) 家用电器发出的热量。家用电器 (如电冰箱、电视机、洗衣机、吸尘器及电灯等) 发出的热量。

(4) 炊事及烧热水散发的热量。

(5) 人体散发的热量。一个成人散热量约 80~120W。

2.2.2　建筑失热途径

一般房间建筑中，散失热量的途径如下。

(1) 通过外墙、屋顶和地面产生的热传导损失，以及通过窗户造成的传导和辐射传热损失。

(2) 通风换气和空气渗透产生的热损失。其途径可有门窗开启、门窗缝隙、烟囱、通气孔以及穿墙管缝孔隙等。

(3) 热水排入下水道带走的热量。

(4) 水分蒸发形成水蒸气外排散失的热量。

2.3　建筑保温与隔热

1. 建筑保温

(1) 建筑保温的含义。建筑保温通常指围护结构在冬季阻止室内向室外传热，从而保持室内适当温度的能力。保温是指冬季的传热过程，通常按稳定传热考虑，同时考虑不稳定传热的一些影响。

(2) 围护结构的含义。围护结构是指建筑物及其房间各面的围护物，分为透明和不透明两种类型。不透明围护结构有墙、屋面、地板、顶棚等；透明围护结构有窗户、天窗、阳台门、玻璃隔断等。按是否与室外空气直接接触又可分为外围护结构和内围护结构。与外界直接接触者称为外围护结构，包括外墙、屋面、窗户、阳台门、外门以及不采暖楼梯间的隔墙和户门等。不特别指明情况下，围护结构即为外围护结构。

(3) 保温性能的评价。保温性能通常用传热系数值或传热绝缘系数值来评价。

传热系数原称总传热系数，现统称传热系数。传热系数 K 值是指在稳定传热条件下，围护结构两侧空气温度差为 1K 或 1°C，1s 内通过 $1m^2$ 面积传递的热量，单位是 $[W/(m^2 \cdot K)$，或 $W/(m^2 \cdot °C)]$。

热绝缘系数原称总传热阻，现统称为热绝缘系数。热绝缘系数 M 值是传热系数 K 的倒数，即 $M = 1/K$，单位是 $(m^2 \cdot K)/W$ 或 $(m^2 \cdot °C)/W$。围护结构的传热系数 K 值越小，或热绝缘系数 M 值越大，保温性能越好。

单层平壁围护结构的传热系数 K 为

$$K = \frac{1}{\frac{1}{\alpha_o} + \frac{\delta}{\lambda} + \frac{1}{\alpha_i}} \tag{2-19}$$

式中，α_o——外表面传热系数，$W/(m^2 \cdot K)$；α_i——内表面传热系数，$W/(m^2 \cdot K)$；δ——围护结构厚度，m；λ——围护结构材料热导率，$W/(m \cdot K)$。

单位时间内通过围护结构传递的热量值为

$$q = KA(t_1 - t_2) \tag{2-20}$$

式中，q——围护结构传递的热量值，W；K——围护结构的传热系数，W/(m^2·K)，见式 (2-19)；A——围护结构的面积，m^2；t_1——围护结构内侧的温度，°C；t_2——围护结构外侧的温度，°C。

由式 (2-19) 和式 (2-20) 可得到如下结论。

(1) 围护结构材料热导率 λ 越小，外内表面的表面传热系数 α_o、α_i 越小，围护结构厚度 δ 越大，则围护结构传热系数 K 也越小，单位时间内通过围护结构的热量值 q 就越小，建筑保温效果越好。

(2) 建筑围护结构的传热量 q 与其围护结构的面积 A 成正比，因此，在其他条件相同时，建筑物采暖耗热量随其体形系数 S 的增大按比例升高。

建筑物的体形系数 S 是指建筑物接触室外大气的表面积 A，与其所包围的体积 V_o 的比值，即 $S = A/V_o$。其含义为单位建筑体积所分摊到的外表面积。

可见，体积小、体形复杂的建筑以及平房和低层建筑体形系数较大，对节能不利；体积大、体形简单的建筑以及多层和高层建筑，体形系数较小，对节能较为有利。

(3) 提高建筑的保温性能必须控制围护结构的传热系数 K 或热绝缘系数 M_o。为此，应选择传热系数较小、热绝缘系数较大的围护结构材料。具体做法是，对于外墙和屋面，可采用多孔、轻质，且具有一定强度的加气混凝土单一材料，或由保温材料和结构材料组成的复合材料。对于窗户和阳台门，可采用不同等级的保温性能和气密性的材料。

2. 建筑隔热

(1) 建筑隔热的含义。建筑隔热通常是指围护结构在夏天隔离太阳辐射热和室外高温的影响，从而使其内表面保持适当温度的能力。隔热针对夏季传热过程，通常以 24h 为周期的周期性传热来考虑。

(2) 建筑隔热性能的评价。隔热性能通常用夏季室外计算温度条件下，围护结构内表面最高温度值来评价。如果在同一条件下，其内表面最高温度低于或等于 240mm 厚砖墙的内表面最高温度，则认为符合隔热要求。

(3) 建筑隔热对室内热环境的影响。盛夏，如果屋顶和外墙隔热效果不良，高温的屋顶和外墙的内表面将产生大量辐射热，使室内温度升高。若风速小，人体散热困难，人的体温一般保持在 36.5°C，由人体下丘脑的体温调节中枢进行复杂而巧妙的调节，使体内保持热稳定平衡的结果。外界温度太高，体内热量散发困难，体温增高，人体会感到酷热难熬，白血球数量减少，从而导致患病。

即使设有空调制冷设备，对于隔热效果不良的房屋，进入室内的热量过多，将很快抵消空调制出的冷量，室温仍难达到舒适程度。

(4) 建筑隔热措施。为达到改善室内热环境、降低夏季空调降温能耗的目的，建筑隔热可采取以下措施。

①建筑物屋面和外墙外表面做成白色或浅白色饰面，以降低表面对太阳辐射热的吸收系数。

②采用架空通风层屋面，以减弱太阳辐射对屋面的影响。

③屋面采用挤压型聚苯板倒置屋面，能长期保持良好的绝热性能，且能保护防水层免于受损。

④外墙采用重质材料与轻型高效保温材料的复合墙体，提高热绝缘系数，以便降低空调降温能耗。

⑤提高窗户的遮阳性能。如采用活动式遮阳篷、可调式浅色百叶窗帘、可反射阳光的镀膜玻璃等。

遮阳性能可由遮阳系数来衡量。遮阳系数是指实际透过窗玻璃的太阳辐射得热与透过 3mm 透明玻璃的太阳辐射得热之比。遮阳系数小，说明遮阳性能好。

2.4 空气间层的传热

在房屋的某些部位上常设置空气间层。空气间层内，导热、对流、辐射 3 种传热方式并存，但主要是空气间层内部的对流换热及间层两侧界面间的辐射换热，如图 2-13 所示。影响空气间层传热的因素主要有如下几个。

(1) 空气间层的厚度。

(2) 热流的方向。

(3) 空气间层的密闭层区。

(4) 两侧的表面温度。

(5) 两侧的表面状态。

空气间层的厚度加大，则空气的对流增强，当厚度达到某种程度之后，对流增强与热绝缘系数增大的效果互相抵消。因此，当空气间层厚度达到 1cm 以上时，即便再增加厚度，其热绝缘系数或导热几乎不变。空气间层

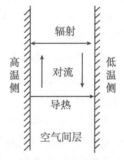

图 2-13 空气间层的传热

厚度为 2~20cm，热绝缘系数变化很小。一般来说，0.5cm 以下的空气间层内几乎不产生对流，如图 2-14 所示。

热流方向对对流影响很大。热流朝上时，它将产生所谓环形细胞状态的空气对流，其传热也最大。在同一条件下，水平空气间层热流朝下时，传热最小；垂直的空气间层则介于两者之间。

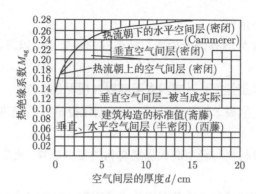

图 2-14   空气间层厚度 d 与热绝缘系数 M_{ag} 的关系

在施工现场制作的空气间层的密闭程度各不相同，有些空气间层存在缝隙，室内外空气直接侵入，传热量必然会增大。

两侧表面温度对间层传热影响很大，当上下表面温差较大时，形成强对流且使辐射换热量增大。表面粗糙度对对流换热稍有影响，但在实际应用中可略而不计。然而，材质的表面状态对辐射率的影响很大。当使用辐射率小而又光滑的铝箔等材料时，有效辐射常数将变小，辐射换热量也会减少。

辐射换热量在空气间层的传热中所占比例较大，采用在内部使用铝箔等反射辐射效果好的材料或者在空气间层的低温侧加设绝热材料，均可使空气间层的辐射换热量大幅度减少。寒冷地区在空气间层的上下端，以软质泡沫塑料或纤维类绝热材料为填塞物作为气密封条，以确保空气间层的绝热效果。在温暖地区，空气间层内适当通气，可将室内水蒸气排向室外，从而可以防止因内部结露所造成的基础或柱子等的腐蚀。

对空气间层传热影响最大的首先是空气间层的密闭程度；其次便是热流方向，两侧温差，有无绝热材料及其布置位置，以及形成空气间层的材料的性质、辐射率和空气间层的厚度等。

人们常常以为混凝土梁或柱本身的厚度已完全满足绝热要求，或者以施工麻烦为理由而不专门制造绝热的梁或柱，这样一来，热桥部分的热损失就会相当大，为此应该考虑相应的绝热措施，否则不仅热损失大，而且往往形成内部结露，如图 2-15 所示。

当空气间层内设钢制肋时，由于钢与空气间层、钢与内外装修材料 (外装修材料也有用钢板的) 之间的热导率差别很大，则钢制肋将成为热桥，而热流势必在热桥处比较集中，使钢制肋局部产生较大的温差。该温差不仅在钢制肋的宽度上，而且在相距钢制肋约 5cm 的两侧均受到了影响，由此通过测量可确定热桥的热量损失。如图 2-16 所示为槽钢热桥。

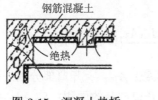
图 2-15　混凝土热桥

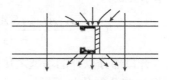
图 2-16　槽钢热桥

在混凝土墙体里埋入的锚固螺栓也将成为圆形热桥,其温度分布是以圆形热桥为中心,向外呈同心圆状逐渐升高。

对于混凝土结构的房屋,因热桥的存在会产生局部结露,设计时应予以充分注意。

2.5　墙体开口部分的传热

2.4 节阐述了对有热桥的壁体,考虑其传热系数的问题。对于房屋来说,还有一个与热桥作用相同的开口部分。

关于玻璃窗的传热将在后面章节中详细论述。一般来讲,单层窗的传热系数约为 $6W/(m^2·K)$,双层玻璃窗的传热系数约为 $3W/(m^2·K)$,只要一般墙壁部分多少进行一些绝热,那么由窗口传出的热量就会相对增多,从而使墙体的总传热量也增大。

例如,如图 2-17 所示之墙体,其开口部分的传热系数以 $6W/(m^2·K)$ 及 $3W/(m^2·K)$ 考虑。墙壁部分的结构如图 2-17 中右侧①②③所示,现求其平均传热系数。

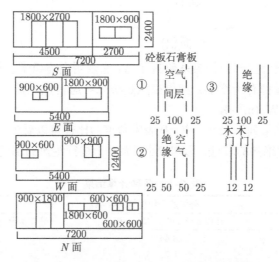
图 2-17　墙壁和开口部分尺寸及其传热系数

计算的基本公式为

$$^*K_\mathrm{m} = \frac{K_1 A_1 + K_2 A_2 + K_3 A_3}{A_1 + A_2 + A_3}[\mathrm{W}/(\mathrm{m}^2 \cdot \mathrm{K})] \tag{2-21}$$

式中，K_1—— 开口部分以外的墙壁之传热系数；A_1—— 开口部分以外的墙壁之面积；K_2—— 开口部分的传热系数；A_2—— 开口部分的面积；K_3—— 门等开口部分的传热系数；A_3—— 门等的面积。

因为 $K_1 = 0.36\mathrm{W}/(\mathrm{m\cdot K})$(按③型条件取值)，$K_2 = 6\mathrm{W}/(\mathrm{m\cdot K})$(厚 3mm 的单层玻璃窗)，$K_3 = 2\mathrm{W}/(\mathrm{m\cdot K})$ (正厅的大门)，且

$$A_1 = (7.2 \times 2.4 \times 2 + 5.4 \times 2) - (A_2 + A_3)$$
$$A_2 = 1.8 \times 2.7 + 1.8 \times 0.9 + 0.9 \times 0.6 + 1.8 \times 0.9 + 0.9 \times 0.6 + 1.8 \times 0.9 + 0.9$$
$$\times 0.6 + 0.9 \times 0.9 + 1.8 \times 0.6 + 0.6 \times 0.6 + 0.6 \times 0.6 = 14.49 (\mathrm{m}^2)$$
$$A_3 = 1.8 \times 0.9 = 1.62 (\mathrm{m}^2)$$

所以，全部墙体的平均传热系数为

$$K_\mathrm{m} = \frac{29.25 \times 0.36 + 14.49 \times 6 + 1.62 \times 2}{29.25 + 14.49 + 1.62}$$

(一般墙　(窗的　(门的
体的传　传热　传热
热量)　　量)　　量)
↓　　　　↓　　↓

$$= \frac{10.53 + 86.94 + 3.24}{46.98} = 2.14[\mathrm{W}/(\mathrm{m}^2 \cdot \mathrm{K})]$$

↑
(全面积)

该值约为一般墙壁部分传热系数的 4 倍。它表明由窗口部位传出了大量的热，并导致全部传热量都有所增加。如果按照热桥来考虑传热系数，该数值就更要增大，即 $K_\mathrm{m} = 1.55\mathrm{W}/(\mathrm{m}^2 \cdot \mathrm{K})$。

将各种计算结果列于表 2-1 中，从表中数值的比较可以看出，开口部位处理得如何，对于不进行绝热的墙壁，影响较小，而对于进行绝热的墙壁却至关重要。

表 2-1　各种计算结果

外墙的平均传热系数 K_m		
一般墙壁 K_1	开口部分 (单层 $K_2 = 6$)	开口部分 (双层 $K_2 = 3$)
2.85	3.44	2.86
0.62	1.71	1.12
0.36	1.50	0.92

值得注意的是，在②型墙壁上装上双层玻璃窗比在②型墙壁上装上单层玻璃窗的总传热量少，平均传热系数也小。也就是说，把一般墙壁部分的绝热标准很高。但并未同时考虑开口部位的处理，就说明其并没弄清楚为什么要进行绝热。另外，把单层窗装到②型或③型墙体上，外墙的平均传热系数差别不大。因此，这时即便对墙壁进行高标准的绝热也是没有意义的。

2.6 换 气 损 失

房屋的内外之间除以辐射、对流、导热 3 种方式进行传热及以这 3 种方式综合进行传热之外，还存在着由于室内外空气交换而产生的传热，即换气引起的热转移，如图 2-18 所示。

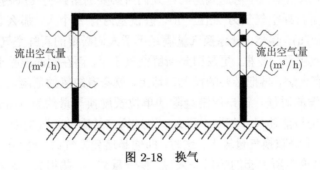

图 2-18 换气

一般来说，换气量以换气次数来表示。设室内空气量 (气体容积) 为 $B(\mathrm{m}^3)$，换气量为 $V_\mathrm{a}(\mathrm{m}^3/\mathrm{h})$，则换气次数 n 可表示为

$$n = \frac{V_\mathrm{a}}{B}(次/\mathrm{h})$$

换气次数是不十分严密、准确的，因此，为了方便，通常用容积比热来进行计算，即

$$q = 0.3nB(T_1 - T_0)(\mathrm{W}) \tag{2-22}$$

式中，n—— 换气次数，次/h；$(T_1 - T_0)$—— 室内外的温度差，°C；B—— 室内空气的体积，m^3。

如果换气量 $V_\mathrm{a}[\mathrm{m}^3/\mathrm{h}]$ 预先已知，便可选用下式求得耗热量，即

$$q = 0.3V_\mathrm{a}(T_1 - T_0)(\mathrm{W}) \tag{2-23}$$

例如，对于图 2-19 所示的房间，求通过其缝隙的换气量。

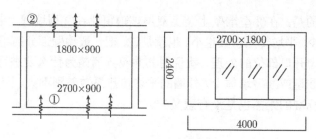

图 2-19   房间示意图

如果采用铝窗框, 周围缝隙的单位长度换气量按 $2.5\text{m}^3/\text{h}$ 计, 缝隙长度以其中大窗来考虑, 则得 $L = 2.7 + 2.7 + 1.8 + 1.8 + 1.8 + 1.8 = 12.6(\text{m})$, 故通过缝隙的换气量为 $2.5 \times 12.6 = 31.5(\text{m}^3/\text{h})$。

应当指出, 这里不能不考虑到房间内人们所必要的新鲜空气量。按一般情况计算, 每个人约需新鲜空气量为 $20(\text{m}^3/\text{h})$, 假设室内有 3 个人, 那么必要空气量应为 $20 \times 3 = 60(\text{m}^3/\text{h})$。显然, 缝隙换气量满足不了人们必要的新鲜空气量。

当前采用气密型铝窗框, 更易引起新鲜空气不足。而在钢筋混凝土结构的房屋中, 若室内生火炉, 再把必要的换气口堵上, 就会有缺氧的危险。

当采用钢窗的时候, 窗户周围缝隙的单位长度换气量约为 $4.5\text{m}^3/\text{h}$, 如果这时窗户的尺寸仍与前述尺寸相同。那么, 通过窗户缝隙的换气量应为 $4.5 \times 12.6 = 56.7(\text{m}^3/\text{h})$。由于缝隙换气量较大, 这时, 即便是堵死换气口, 也不会引起缺氧。

可是, 若从换气所引起的热损失来说, 换气量减少, 热损失也就相应减少。当室温为 20°C, 室外温度为 0°C 时, 铝窗的热损失为

$$q_{\text{al}} = 0.3 \times 31.5 \times (20 - 0) = 189(\text{W})$$

钢窗的热损失为

$$q_{\text{fe}} = 0.3 \times 56.7 \times (20 - 0) = 340.2(\text{W})$$

冬季, 当住宅内有散热设备时, 散热设备将以辐射和对流的方式向室内散热, 使房间变得暖和。这时, 通过房屋各部位向外的传热情况如图 2-20 所示。房屋的总热损失应包括四周围护结构的传热热损失和换气热损失。

此外, 夜间还有由建筑物表面向四周的辐射散热量, 不过, 这部分热量一般可以忽略不计。当需要考虑夜间的辐射散热损失时, 可按建筑热工学中所述的室外综合温度对室外空气温度加以修正。

关于房屋传热和换气的总热量可由式 (2-24) 求得, 式中只按一面墙考虑传热量, 即

$$q = 0.3V(t_{\text{i}} - t_{\text{e}}) + \sum K_A(t_{\text{i}} - t_{\text{e}})(\text{W}) \tag{2-24}$$

式中未考虑夜间辐射。

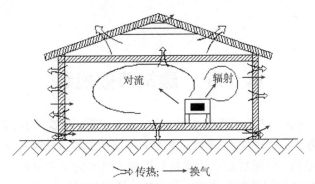

>> 传热; —→ 换气

图 2-20　传热与换气的总热损失

例如，对图 2-17 之①型墙壁，可求出总传热量。这里对一般墙壁的传热系数 $K_1=3W/(m^2 \cdot K)$；而玻璃窗的传热系数 $K_2=6W/(m^2 \cdot K)$；并设室内空气温度为 20°C，室外气温为 0°C，则由式 (2-24) 得

$$q = 0.3 \times 31.5 \times (20-0) + [(2.7 \times 1.8) \times 6 + (4 \times 2.4 - 4.86) \times 3] \times (20-0) = 1.056.6(W)$$

应该指出，在这种情况下，0°C 的冷空气通过壁面进入室内后被加热至 20°C，与此同时，室内 20°C 的空气必将通过壁面的铝窗框的缝隙等流向室外，不过，后者并不属于本计算的对象。

因此，在计算该房间②、③外墙的综合传热量时，可假设换气热损失部分不变。即在计算因换气而产生的失热或得热量时，只要考虑进入室内空气的温度和体积就可以了。

此外，一般换气口常设在北墙上，这样，由换气口吹进寒风，会使室内的人感到不适和厌烦，人们也因此常把换气口堵死。对于现代气密性程度高的住宅，为保证室内有必要的新鲜空气，进气口有着特别重要的作用。如果能设法不让人们感受到直吹的冷风，这类换气口必将得到广泛的应用。

复习思考题

1. 什么是传热？建筑的传热方式有哪些？

2. 什么叫导热？什么叫热导率？导热系数的影响因素有哪些？

3. 什么叫辐射传热？什么叫对流传热？它们各有什么特点？

4. 建筑的得热和失热途径有哪些？

5. 什么叫建筑的保温？什么叫建筑的隔热？试举例说明。

第3章　建筑节能规划

建筑选址、分区、建筑和道路布局走向、建筑密度、建筑间距、建筑方位朝向、冬季季风主导方向、太阳辐射、建筑外部空间环境构成等条件对采暖建筑的节能具有十分重要的影响。节能规划设计就是分析构成气候的决定因素 —— 辐射因素、大气环流因素和地理因素的有利和不利影响，通过建筑的规划布局对上述因素进行充分利用、改造，如充分重视和利用太阳能、冬季主导风向、地形和地貌，利用多种自然因素，以优化建筑的微气候环境，形成良好的居住条件，从而有利于节能。

3.1　建　筑　选　址

在建筑选址时，应考虑到地形地貌、风势、日照等对建筑节能的影响。宜先考察当地的地形、日照情况及其冬季的主导风向等，研究在该地盘范围内有无现成的具有较好条件的建房场地。

3.1.1　避免凹地建筑

建筑不宜布置在山谷、洼地、沟底等凹地里。凹地建筑不仅不利于夏季自然通风，而且冬季冷气流在凹地里易形成对建筑物的霜洞效应，位于凹地的底层或半地下层建筑若保持所需的室内温度所耗能量会相应增加，如图 3-1 和图 3-2 所示。

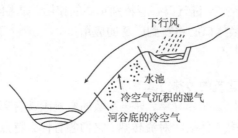

图 3-1　河谷风环流

选择时还必须考虑到建筑物可能受到的窝风的影响，如图 3-3 所示。处于山谷位置的建筑物往往会受窝风的影响，由于冬季的风往往来自北向或西北向，所以设在这个窝风位置的建筑物反而有可能在冬季里享受到南向或东南向吹来的窝风。

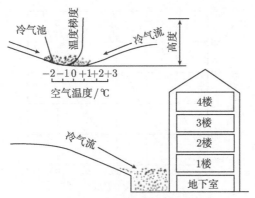

图 3-2 对建筑物的霜洞效应

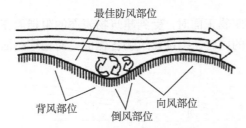

图 3-3 处于山谷位置的建筑物所受窝风的影响

3.1.2 避风建宅

空气流动形成风,风对室内热环境的影响主要有两方面,一是通过门、窗口或其他孔隙进入室内,形成冷风渗透。这些气流是通过风力作用和室内外温差产生的热力作用(烟囱效应)而造成的。二是作用在围护结构外表面上,使对流传热系数变大,增强外表面的散热量。冷风渗透量越大,室温下降越多,外表面散热越多,房间的热损失就越多。冷风渗透和冷风对建筑物围护体系的风压均对建筑物冬季防寒保温带来不利的影响,尤其严寒地区和寒冷地区冬季季风对建筑物和室外小气候威胁很大。

为了改善室内空气质量,提高室内空气清新度,在严冬季节,严寒地区建筑物应设置必要的自然通风的通气道。设置水平或垂直的通风道必然带来热损失,二者形成一组矛盾。设计中应根据当地风环境、建筑物的位置、建筑物的形态,选择合适的位置设置通气道,并通过设计计算确定通气道的断面尺寸和形式。可考虑以建筑物围护体系不同部位的风压分析图作为进行围护体系的建筑保温与建筑节能设计以及开设各类门窗洞口和通风口的设计依据。

冷空气渗透量与风压差有关。风压与风速的平方成正比。风速和风压差又随建筑物高度而增加,如图3-4所示。

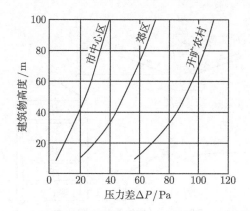

图 3-4   风速和风力作用造成的风压差与高度的关系

当风垂直吹向建筑物正面时,受到建筑物表面的阻挡而在迎风面上产生正压区。气流在向上偏转的同时,绕过建筑物各侧面,而在这些面上造成负压区,如图 3-5~ 图 3-8 所示。

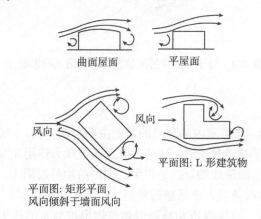

图 3-5   建筑物周围的气流

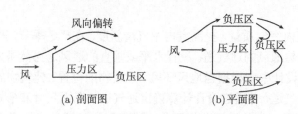

图 3-6   建筑物的正压区与负压区

图 3-6 表明,靠近迎风面的中心处正压最大,在屋脊及屋角处负压最大。专业技术手册《IHVE 指南》认为在迎风面上的风压为自由风速动压力的 0.5~0.8 倍,

而在背风面上，负压为自由风速动压力的 0.3~0.4 倍，与美国供热制冷空调工程师学会 (ASHRAE) 基本手册所给出的数据基本相同。

如前所述，风压和风速的平方成正式，故风速增大就会大大提高负压。两幢建筑物之间的风槽也造成了风速的增大，从而提高了风槽两边建筑物相对两墙面上的负压，如图 3-7 所示。

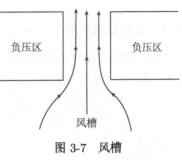

图 3-7　风槽

考虑到冷风对室内热环境的影响，节能建筑应该尽可能选择避风基地建造。基地环境中现有的树丛、小丘或其他需保留的建筑物等也可以被用做拟建建筑物的挡风屏障。

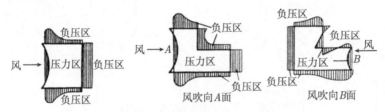

图 3-8　墙面上的压力分布图

3.1.3　向阳

人类生存、身心健康、卫生、营养、工作效率均与日照有着密切的关系，在严寒和寒冷地区的冬季，人们需要获得更多的日照。入射到玻璃窗上的太阳辐射直接供给室内一部分热量；入射到墙或屋顶上的太阳辐射使围护结构温度升高，能减少房间的热损失，同时，围护结构在白天储存的太阳辐射热到夜间可以减缓温度下降。日照对于建筑节能有着极为重要的意义。

对于建筑内部空间来说，争取日照包括争取更长的日照时间、更多的日照量和更好的日照质量三方面。在建筑选址时，应从以下几方面争取日照。

(1) 建筑基地应选择在向阳、避风的地段上。

(2) 选择满足日照间距要求、不受周围其他建筑严重遮挡的基址。

日照间距是指前后两排房屋之间，为保护后排房屋在规定的时间获得所需日照量而保持的一定建筑间距。住宅建筑高密度的开发和建造容易造成楼栋之间因间距不足形成日照遮挡，为此各地区均有针对本地区所处纬度、日照卫生标准及城市环境条件而确定的日照间距标准。以哈尔滨为例，按大寒日照不低于 2h 的卫生标准确定日照间距为 2.15 倍建筑高度。全国各主要城市确定的日照间距系数详见《城市规划标准》。

3.2 建 筑 布 局

3.2.1 改善日照条件

太阳辐射为地球接收到的一种自然能源。太阳光线的正交面上的辐射强度约为 $1.44W/m^2$。地球地表受到的短波与长波年辐射量如图 3-9 所示。

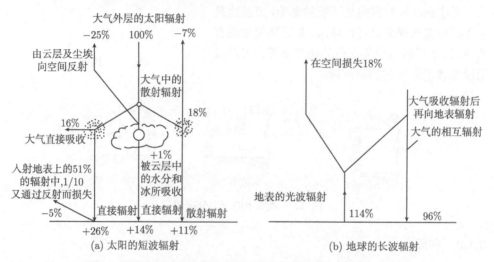

(a) 太阳的短波辐射   (b) 地球的长波辐射

图 3-9 地球上太阳辐射年总量 (设大气顶部的入射量为100%)

在采暖的季节里,应使建筑物争取获得最大的太阳辐射热量,以利于节能。晴天里太阳辐射热来源于太阳直接辐射、天空的散射以及地面反射来的太阳直射辐射与散射。太阳辐射热进入建筑物的方式有 3 种:①被表面吸收的分量 α;②被表面反射的分量 γ;③透过表面的分量 τ。α、γ、τ 取决于表面的物理特性,其和为 1。

建筑的合理布局有利于改善日照条件。以住宅楼群为例,住宅楼群中不同形状、布局走向的住宅,其背向都将产生不同的阴影区,地理纬度越高,建筑物背向的阴影区范围也越大,因而在住宅楼组织布置时,应注意从一些不同的布局处理中争取良好日照。

(1) 在多排多列楼栋布置时,采用错位布局,利用山墙空隙争取日照,如图 3-10 所示。

(2) 点式和条式组合布置时,将点式住宅布置在好朝向位置,条状住宅布置在其后,有利于利用空隙争取日照,如图 3-11 所示。

(3) 在严寒地区,城市住宅布置时可通过利用东西向住宅围合成封闭或半封闭的周边式住宅方案。这种布局可以扩大南北向住宅间距,形成较大的院落,对节能节地有利。南北向与东西向住宅围合一般有 4 种情况，如图 3-12 所示。这 4 种情况从对争取室内日照，减少日照遮挡来看，方案 2 和方案 4 最好。

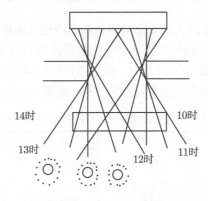

图 3-10　错位布局，利用山墙间隙提高日照水平

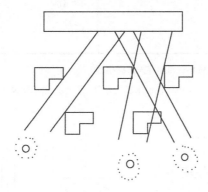

图 3-11　条式和点式住宅结合布置改善日照效果

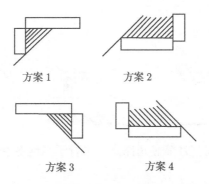

图 3-12　东西向住宅 4 种拼接形式比较

(4) 全封闭围合时，开口的位置和方位以向阳和居中为好。

3.2.2 改善风环境

1.避开不利风向

我国北方城市冬季寒流主要受来自西伯利亚冷空气的影响，所以冬季寒流风向主要是西北风。而各地区最冷月 (1 月份) 的主导风向也是不利的风向 (见表 3-1)。故建筑规划中为了节能就封闭西北向，合理选择封闭或半封闭周边式布局的开口方向和位置，使得建筑群的组合做到避风节能 (见图 3-13)。

表 3-1　我国寒冷地区主要城市 1 月最多风向频率及冬季平均风速

城市	风向频率/%		风速/(m·s⁻¹)	城市	风向频率/%	风速/(m·s⁻¹)
北京	C 18	NNW 14	2.8	沈阳	N 13	301
石家庄	C 31	N 10	1.8	长春	SN 21	4.2
太原	C 24	NNW 14	2.6	哈尔滨	S 14	4.8
包头	N 17		3.2	黑河	NW 49	3.6

注：①此表根据《建筑气象资料标准》有关数据整理

②表中 C 表示静风频率，NNW 表示北西北方向，N 表示北向，SN 表示南北向，NW 表示北东向

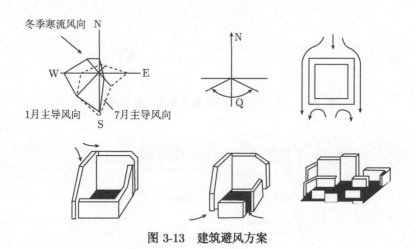

图 3-13　建筑避风方案

建筑布局时，应尽可能注意使道路走向平行于当地冬季主导风向，这样有利于避免积雪。

2.阻隔冷风与降低风速

通过适当布置建筑物，降低冷天风速，可减少建筑物和场地外表面的热损失，

节约热能。建筑物紧凑布局使建筑间距与建筑高度之比为 1:2，可以充分利用风影效果，使后排建筑避开寒风侵袭，如图 3-14 所示。

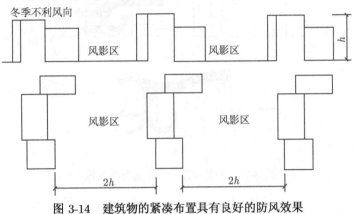

图 3-14 建筑物的紧凑布置具有良好的防风效果

利用建筑组合使较高层建筑背向冬季寒流风向，减少寒风对中低层建筑和庭院的影响，以创造适宜的微气候。

以实体围墙作为阻风设施时，应注意防止在背风面形成涡流，可在墙体上做引导气流向上穿透的百叶式孔洞，使小部分风由此流过，而大部分气流从墙顶以上的空间流过，这样就不会形成涡流。

3. 避免局地疾风

(1) 下冲气流。在组合的建筑群体中，当建筑群体各栋建筑高度和间距过近时，气流无下冲现象，如图 3-15(a) 所示；当一栋建筑远远高于其他建筑时，它将受到沉重的下冲气流的冲击，见图 3-15(b)；当若干栋建筑组合时，在迎冬季季风方向减少某一栋楼，均能产生由于其间的空地带来的下冲气流。这些下冲气流与附近水平方向的气流形成高速风及涡流，从而加大风压，造成热损失加大，如图 3-15(c) 所示。

(2) 风旋。当低层与高层建筑按图 3-16 布局时，在冬季季风入侵时，会形成比较大的湍流，称为风旋，使风速加大，进而增大风压，造成热能损失增大。研究结果表明，若高层建筑物前方有低层建筑物，则在行人高度处的风速与在开敞地面上同一高度处自由风速之比值见表 3-2，其风旋风速扩大 1.3 倍，建筑物拐角处气流风速扩大 2.5 倍。

(3) 风洞效应。当建筑在规划设计时，为了满足防火通道要求以及解决人流疏散要求，需设计过街门洞时，由过街门洞穿过的冬季季风气流引起局部风速加大，称为风洞效应 (见图 3-17)。由建筑物下方门洞穿过的气流使自由风速扩大 3 倍。在规划布局时，应避免风洞效应的发生。

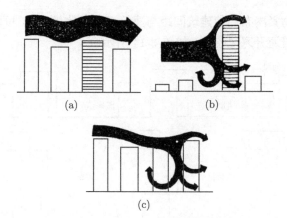

图 3-15   建筑物组合产生的下冲气流

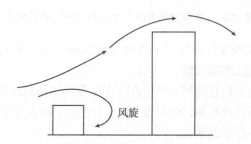

图 3-16   低层与高层建筑物之间的相互作用

表 3-2   建筑物附近的风速比

位置	风速比
建筑物之间的风旋	1.3
建筑物拐角处的气流	2.5
由建筑物下方穿过的气流	3.0

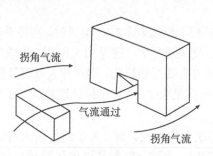

图 3-17   风洞

(4) 风漏斗。在建筑布局时，若将高度相近的建筑排列在街道两侧，并用宽度是其高度的 2~3 倍的建筑与其组合会形成风漏斗，这种风漏斗可以造成高速风，使风速提高 30%，加剧建筑的热损失，如图 3-18 所示。实际生活中应尽量避免采用这种布局。

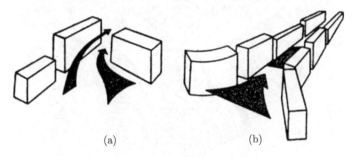

(a)   (b)

图 3-18　风漏斗改变风向与风速

3.2.3　建立气候防护单元

　　利用建筑的合理布局，形成优化微气候的良好界面，建立气候防护单元 (见图 3-19)，对节能有利。气候防护单元的建立，应充分结合特定地点的自然环境因素、气候特征、建筑物的功能、人的行为活动特点，也就是建立一个小型组团的自然生态平衡系统。

　　图 3-20 采用单元组团式布局，形成较封闭、完整的庭院空间，充分利用和争取日照，避免季风干扰，组织内部气流，利用建筑外界面的反射辐射形成对冬季恶劣气候条件的有利防护，改善建筑的日照条件和风环境，达到节能的效果。

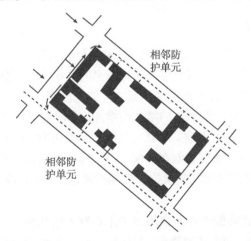

相邻防
护单元

相邻防
护单元

—— 建筑红线; → 冬季主导风向; --- 市政管线; ■ 住宅楼

图 3-19　气候防护单元

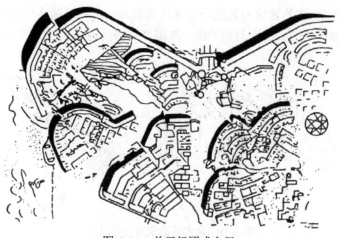

图 3-20　单元组团式布局

3.3　建筑形态

人们在设计中常常追求建筑形态的变化。从节能角度考虑,合理的建筑形态设计不仅要求体形系数小,而且需要冬季日辐射得热多,需要对避寒风有利。具体选择节能体形时受多种因素制约,包括当地冬季气温和日辐射度、建筑朝向、各面围护结构的保温状况和局部风环境状态等,需要具体权衡得热和失热的情况,优化组合各影响因素才能确定。在规划设计中考虑建筑体形对节能的影响时,主要应把握下述因素。

3.3.1　控制体形系数

建筑体形系数是指建筑物与室外大气接触的外表面积 A(不包括地面和不采暖楼梯间隔墙与户门的面积) 与其所包围的建筑空间体积 V 的比值。体形系数越大,说明单位建筑空间所分担的热散失面积越大,能耗越多。在其他条件相同的情况下,建筑物耗热量指标随体形系数的增大而增加。有研究资料表明,体形系数每增大 0.01,耗热量指标约增加 2.5%。从有利节能的角度出发,体形系数应尽可能小。

一般建筑物的体形系数宜控制在 0.30 以下,若体形系数大于 0.30,则屋顶和外墙应加强保温,以便将建筑物耗热量指标控制在规定水平,总体上实现节能 50% 的目标。

一般来说,控制或降低体形系数的方法主要有下述几种。

(1) 减少建筑面宽,加大建筑幢深。对体量 1000~8000m² 的建筑,当幢深从 8m 增至 12m 时,各类型建筑的耗热指标都有大幅度的降低,但幢深在 14m 以上再继续增加时,则耗热指标降低很少,在建筑面积较小 (约 2000m² 以下) 和层数较多

(6 层以上) 时指标还可能回升。加大幢深 (由 8m 增大到 14m) 可使建筑耗热指标降低 11%~33%(总建筑面积越大, 层数越多, 耗热指标降低越大), 其中尤以幢深从 8m 增至 12m 时指标降低的比例最大。因此, 对于体量 1000~8000m² 的南向住宅建筑幢深设计为 12~14m, 对建筑节能是比较适宜的。

(2) 增加建筑物的层数。加多层数一般可加大体量, 降低耗热指标。当建筑面积在 2000m² 以下时, 层数以 3~5 层为宜, 层数过多则底面积太小, 对减少热耗不利; 当建筑面积为 3000~5000m² 时, 层数以 5~6 层为宜, 当建筑面积为 5000~8000m² 时, 层数以 6~8 层为宜。6 层以上建筑耗热指标还会继续降低, 但降低幅度不大。

(3) 建筑体形不宜变化过多。严寒地区节能型住宅的平面形式应追求平整、简洁, 如直线型、折线型和曲线型。在节能规划中, 对住宅形式的选择不宜大规模采用单元式住宅错位拼接, 不宜采用点式住宅或点式住宅拼接。因为错位拼接和点式住宅都形成较长的外墙临空长度, 不利于节能。

3.3.2 考虑日辐射得热量

仅从季度得热最多的角度考虑, 应使南墙面吸收的辐射热量尽可能大, 且尽可能大于其向外散失的热量, 以将这部分热量用于补偿建筑的净负荷。图 3-21 是将同体积的立方体建筑模型按不同的方式排列成各种体形和朝向, 从日辐射得热多少的角度研究建筑体形对节能的影响。由图 3-21 可以看出, 立方体 A 是冬季日辐射得热量最少的建筑体形, D 是夏季得热最多的体形, E、C 两种体形的全年日辐射得热量较为均衡。长、宽、高比例较为适宜的体型在冬季得热较多, 在夏季得热最少。

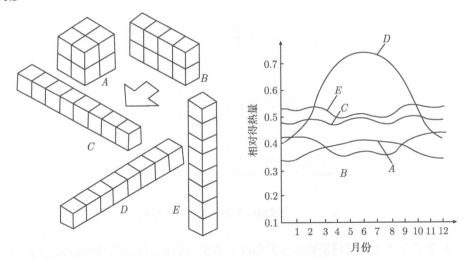

图 3-21　同体积不同体形建筑日辐射得热量

3.3.3   设计有利避风的建筑形态

风吹向建筑物，使风的风向和风速均发生相应的改变，形成特有的风环境。单体建筑物的三维尺寸对其周围的风环境影响很大。从节能的角度考虑，应创造有利的建筑形态，减少风流，降低风压，减少耗热能损失。建筑物越长越高，进深越小，其背风面产生的涡流区越大，流场越紊乱，对减小风速、风压有利，如图 3-22~图 3-24 所示。

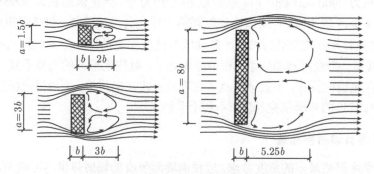

图 3-22   建筑物长度变化对气流的影响

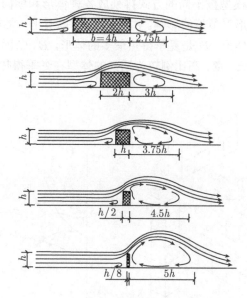

图 3-23   建筑物深度变化对气流的影响

从避免冬季季风对建筑物入侵的角度来考虑，应减小风向与建筑物长边的入射角度，如图 3-25 所示。风向相同间距不同时，迎风面风速百分率的比较见图 3-26。

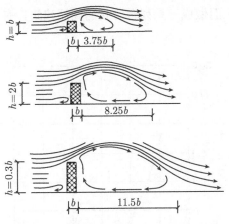

图 3-24 建筑物高度变化对气流的影响

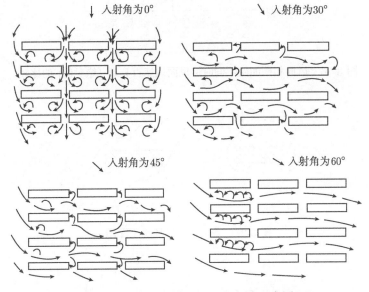

图 3-25 不同入射角影响下的气流示意图

分析下列建筑物形成的风环境可以发现如下几点。

(1) 风在条形建筑背面边缘形成涡流 (见图 3-27)。建筑物越高,深度越小,长度越大时,背面涡流区越大。

(2) 风在 L 形建筑中,图 3-28 中的两个布局对防风有利。

(3) U 形建筑形成半封闭的院落空间,图 3-29 的布局对防寒风十分有利。

(4) 当全封闭建筑有开口时,其开口不宜朝向冬季主导风向和冬季最不利风向,而且开口不宜过大,如图 3-30 所示。

(5) 将迎冬季季风面做成一系列台阶式的高层建筑，有利于缓冲下行风，如图 3-31 所示。

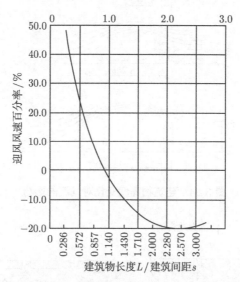

图 3-26   风向相同间距不同时迎风面风速百分率 (绝对值) 的比较

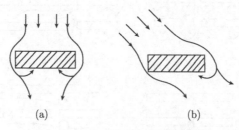

图 3-27   条形建筑风环境平面图

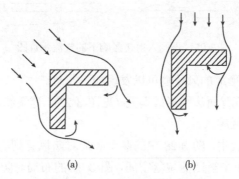

图 3-28   L 形建筑风环境平面图

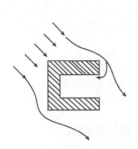 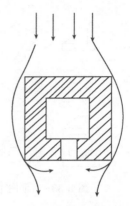

图 3-29　U 形建筑风环境平面图　　　　图 3-30　全封闭建筑风环境平面图

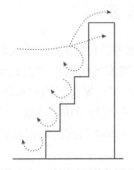 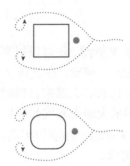

图 3-31　台阶立面缓冲下行风　　　　图 3-32　消除涡流

(6) 将建筑物的外墙转角由垂直相交成 90° 直角改为圆角有利于消除风涡流，见图 3-32。

(7) 低矮的圆屋顶形式有利于防止冬季季风的干扰。

(8) 屋顶面层为粗糙表面可以使冷风分解成无数小的涡流，既可以减小风速也可以多获得太阳能。

(9) 低层建筑或带有上部退层的多高层建筑将用地布满，对节能有利。

(10) 建筑物高度是对风速产生影响的重要因素。当风遇到建筑物垂直的表面时，便产生下冲气流，形成下行风，其风速不变，和地面附近水平方向的风一道在建筑物附近产生高速风和涡流。英国的一项研究表明，在 5 层楼底部，风速增加 20%；在 16 层楼底部，风速增加 50%；在 35 层楼底部，风速增加 120%，所以建筑物高度的选择应与风环境条件有机结合。

(11) 不同的平面形体在不同的日期建筑阴影位置和面积也不同，节能建筑应选择相互日照遮挡少的建筑形体，以利于减少因日照遮挡影响太阳辐射得热，如图 3-33 所示。

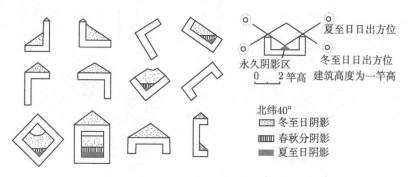

图 3-33　不同平面形体在不同日期的房屋阴影

3.4　建 筑 间 距

阳光不但是热源，还可以提高室内的光照水平。《城市居住区规划设计规范》(GB50180—1993) 规定，在气候区 Ⅰ、Ⅱ、Ⅲ、Ⅶ和气候区Ⅳ的大城市内，冬季大寒日的 8:00～16:00，大城市日照时间不少于 2h，中小城市日照时间不少于 3h；在气候区 Ⅴ、Ⅵ的大城市和气候区Ⅳ的中小城市，冬至日 9:00～15:00，日照时间不少于 1h。为了保证这一标准的实现，许多地方根据本地的实际情况制定了具体的建筑间距控制指标。

在确定建筑的最小间距时，要保证室内一定的日照量，并结合其他条件来综合考虑建筑群的布置。

3.4.1　日照标准

住宅室内的日照标准一般由日照时间和日照质量来衡量。

1. 日照时间

数量是保证一定质量水平的前提，保证足够的或至少是低标准的日照时间，是住房对日照要求的最低标准。北半球的太阳高度角全年中的最小值是冬至日。因此，冬至日 (或冬至日稍后的某个时间，例如，大寒日是一年中最冷的季节，所谓三九天) 底层住宅室内得到日照的时间，作为最低的日照标准。医学研究表明，不同的日照时间，通过窗口射入室内的紫外线的杀菌能力是有显著差别的。因此，选择住宅日照时间标准时通常取冬至日中午前后两小时日照为下限，再根据各地的地理纬度和用地状况加以调整。

2. 日照质量

住宅中的日照质量是通过两个方面的积累达到的，即日照时间的积累和每小时日照面积的积累。日照时间除了确定冬至日中午南向 2h 的日照外,还随建筑方位、朝向 (阳光射入室内的角度) 的不同而异,即根据当地具体测定的最佳朝向来确定。阳光的照射量由受到日照时间内每小时室内墙面和地面上阳光投射面积的积累来计算。只有日照时间和日照面积得到保证,才能充分发挥阳光中紫外线的杀菌效用。同时,对于北方住宅冬季提高室温有显著作用。

3.4.2 住宅群的日照间距

住宅群中房屋间距的确定首先应以能满足日照间距的要求为前提,因为在一般情况下日照间距总是最大的。当日照间距确定后,再复核其他因素对间距的要求。正午的太阳强度比日出或日落时的辐射强度约大 6 倍。因此,确定日照间距的日照时间一般取正午 (一天中太阳高度角最大时) 前后。太阳方位垂直于建筑物比两者相交 30° 时的辐射强度约大一倍。因此,计算建筑物的日照间距时常以冬至日中午 2h(11:00~13:00) 为日照时间标准,以长春地区日照间距系数 (见表 3-3) 来分析,可看出,日照间距系数的变化对节约用地的潜力是很大的。

表 3-3 日照间距系数 L_0 与用地

	日照标准	L_0(南向)	节约用地
长春 $\varphi = 43°52'$	大寒日正午前后有 2h 日照	2.12	0
	冬至日正午有满窗日照	2.39	12.8%
	冬至日正午前后有 2h 日照	2.48	17.2%

注: $L_0 = \dfrac{D_0}{h_0}$, 其中, L_0 表示日照间距系数, D_0 表示日照间距, h_0 表示建筑物计算高度, φ 表示北纬纬度

日照间距是建筑长轴之间的外墙距离,通常以冬至日正午正南方向,太阳照至后排房屋底层窗台高度 O 点为计算点。

(1) 平地日照间距的计算公式 (见图 3-34)。

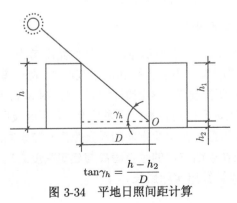

$$\tan\gamma_h = \frac{h - h_2}{D}$$

图 3-34 平地日照间距计算

由 $\tan \gamma_h = \dfrac{h - h_2}{D}$ 可导出

$$D = \frac{h_1}{\tan \gamma_h} \qquad (3\text{-}1)$$

式中, h—— 建筑总高; h_2—— 底层窗台高; $h_1 = h - h_2$; γ_h—— 当地冬至日正午的太阳高度角。

在实际应用中, 常将 D 值换算成与 h 的比值。间距值 D 可根据不同的房屋高度计算得出。这样, 可根据不同纬度城市的冬至日正午太阳高度角计算出建筑高度与间距的比值。

(2) 坡地日照间距的计算公式。在坡地上布置住宅时, 其间距因坡度的朝向而异, 向阳坡上的房屋间距可以缩小, 背阳坡上的则需加大。同时, 建筑物的方位与坡向变化都会分别影响到建筑物之间的间距。一般来说, 当建筑方向与等高线关系一定时, 向阳坡的建筑以东南或西南向间距最小, 南向次之, 东西向最大, 北坡则以建筑南北向布置时间距最大。

向阳坡间距计算公式见图 3-35(a)

$$D = \frac{h - (d + d') \sin \alpha \tan \gamma_0 - W}{\tan \gamma_h + \sin \alpha \tan \gamma_0 \cos \omega} \cos \omega \qquad (3\text{-}2)$$

背阳坡间距计算公式见图 3-35(b)

$$D = \frac{h + (d + d') \sin \alpha \tan \gamma_0 - W}{\tan \gamma_h - \sin \alpha \tan \gamma_0 \cos \omega} \cos \omega \qquad (3\text{-}3)$$

式中, D—— 两建筑物的日照间距, m; h—— 前面建筑物的高度, m; W—— 后面建筑物底层窗台与设计基准点 (或室外地面) 高度差; γ_0—— 地面坡度角; O、O'—— 前后建筑物地面设计基准标高点; β—— 建筑方位角; γ_h—— 太阳高度角; d、d'—— 前后建筑物地面设计基准标高点与外墙距离, m; β_0—— 太阳方位角 (图中的两个 β_0 表示太阳的两个不同方向); ω—— 建筑方位与太阳方位差角, $\omega = \beta - \beta_0$ (或 $\beta_0 - \beta$); α—— 地形坡向与墙面的夹角。

3.4.3　建筑瞬时阴影距离系数

建筑在阳光下总是要产生阴影的。但从节能的角度考虑, 总希望建筑南墙面的太阳辐射面积在整个采暖季中不要因被其他建筑遮挡 (处于其他建筑的阴影区内) 而减少。为此, 就需要研究建筑物各瞬时阴影长度。图 3-36 和表 3-4 为北京地区南北向板式体形建筑在冬至日的各瞬时阴影长度、阴影区及阴影距离系数。其中, 阴影距离系数 TD_1 表示影长在南北方向的垂直距离与建筑高度之比, 而阴影距离系数 TD_2 则表示影长在东西方向的垂直距离与建筑高度之比。在实际应用中, 可以很方便地根据表 3-4 计算出实际影长。

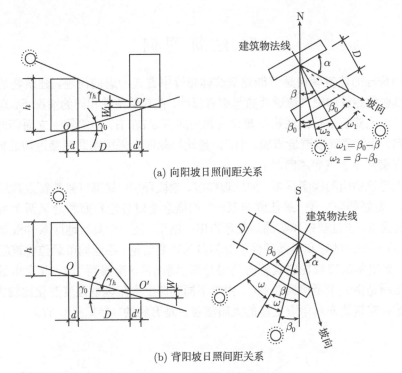

(a) 向阳坡日照间距关系

(b) 背阳坡日照间距关系

图 3-35　坡地日照间距计算

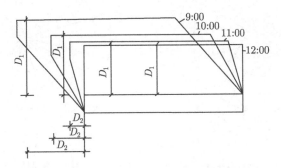

图 3-36　南北向板式住宅各瞬时阴影距离 D_1、D_2

表 3-4　北京地区冬至日建筑瞬时阴影距离系数

时间参数	9:00 (15:00)	10:00 (14:00)	11:00 (13:00)	12:00
高度角/(°)	13.9	20.7	25.0	26.0
方位角/(°)	41.9	29.4	15.2	0.0
阴影距离系数 TD_1	3.0	2.3	2.1	2.0
阴影距离系数 TD_2	2.69	1.3	0.6	0

3.5 建 筑 朝 向

　　选择合理的建筑朝向是节能建筑群体布置中首先考虑的问题。建筑物的朝向对太阳辐射得热量和空气渗透耗热量都有影响。在其他条件相同的情况下，东西向板式多层住宅建筑的传热耗热量要比南北向的高 5%左右，建筑物主立面朝向冬季主导风向，会使空气渗透量增加。因此，建筑物朝向宜采用南北或接近南北向，主要房间宜避开冬季主导风向。

　　影响建筑朝向的因素很多，如地理纬度、地段环境、局部气候特征及建筑用地条件等。“良好朝向”或“最佳朝向范围”的概念是对各地日照和通风两个主要影响朝向的因素，通过观察和实测后整理得出的结果，是一个具有地区条件限制的提法，它是在只考虑地理和气候条件下对朝向的研究结论。各地城市最佳建筑朝向范围不同，如哈尔滨市最佳建筑朝向范围是南偏东 15°，南偏西 15°，北京市最佳建筑朝向范围是南偏东至南偏西 30°。由于不同朝向上太阳辐射强度变化比较大，所以合理选择建筑朝向对争取更多的太阳辐射量是有利的，参见图 3-37。

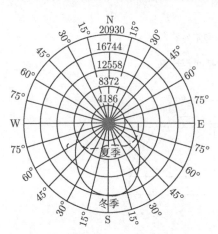
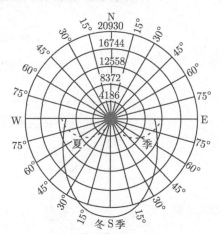

(a) 北京地区太阳辐射热日　　　　　　　　(b) 上海地区太阳辐射热日
　　总量的变化(kJ／m²·d)　　　　　　　　　　总量的变化(kJ／m²·d)

图 3-37　太阳辐射量

　　在选择建筑朝向时，需要考虑的因素有以下几点。

(1) 冬季能有适量并具有一定质量的阳光射入室内。

(2) 炎热季节尽量减少太阳直射室内和居室外墙面。

(3) 夏季有良好的通风，冬季避免冷风吹袭。

(4) 充分利用地形，节约用地。

(5) 照顾居住建筑组合的需要。

3.5.1　建筑朝向与节能

　　建筑物的朝向对于建筑节能有很大的影响。从节能的角度出发,如总平面布置允许自由考虑建筑物的形状和朝向,则应首先选长方形体形,采用南北朝向。但在实际设计中,建筑可能采取的体形和适宜的朝向常常与此不同。节能住宅的朝向有关研究结果见图 3-38~ 图 3-41 及表 3-5~ 表 3-7。

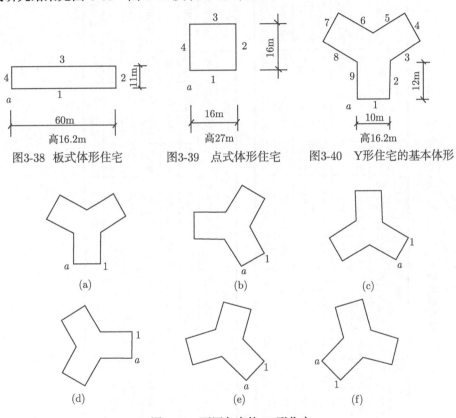

图3-38　板式体形住宅　　　图3-39　点式体形住宅　　　图3-40　Y形住宅的基本体形

图 3-41　不同角度的 Y 形住宅

由这些图和表可以看出如下几点。

(1) 不同体形对朝向变化敏感程度不同。

(2) 无论何朝向均有辐射面积较大面。

(3) 板式体形以南北主朝向时得热最多。

(4) 点式体形与板式相仿,但总得热较少。

(5) Y 形体形总辐射面积小于其余两种。

(6) Y 形体形中以 (a)、(c) 形得热量最多。

表3-5 板式体形住宅(平面尺寸：60m×11m，高16.2m)

冬至日

旋转角度(°)	0		15(-15)		30(-30)		45(-45)		60(-60)		75(-75)		90(-90)	
序号	面积/m²	总辐射面积①	平均②	总辐射面积	平均	总辐射面积	平均	总辐射面积	平均	总辐射面积	平均	总辐射面积	平均	总辐射面积	平均
1	972	2965.158	3.051	2872.967	2.956	2602.677	2.678	2182.033	2.245	1713.066	1.762	1265.976	1.302	875.132	0.900
2	178.2	160.441	0.900	103.714	0.582	66.051	0.371	49.299	0.278	47.589	0.267	47.589	0.267	47.589	0.267
3	972	259.579	0.267	259.579	0.267	259.79	0.267	268.904	0.278	360.286	0.371	565.727	0.582	875.152	0.900
4	178.2	160.441	0.900	232.094	1.302	314.062	1.762	400.039	2.245	477.158	2.678	526.711	2.956	543.612	3.051
Σ1③	2300.4	3545.619	1.541	3468.354	1.508	3242.369	1.409	2900.275	1.261	2598.099	1.129	2405.994	1.046	2341.485	1.108
Σ2④	2960.4	4702.500	1.588	4625.234	1.562	4399.250	1.486	4057.153	1.370	3754.975	1.268	3562.865	1.204	3498.355	1.182

夏至日

旋转角度(°)	0		15(-15)		30(-30)		45(-45)		60(-60)		75(-75)		90(-90)	
序号	面积/m²	总辐射面积	平均	总辐射面积	平均	总辐射面积	平均	总辐射面积	平均	总辐射面积	平均	总辐射面积	平均	总辐射面积	平均
1	972	1276.157	1.313	1318.404	1.356	1406.566	1.447	1480.674	1.523	1499.669	1.543	1469.569	1.512	1388.005	1.428
2	178.2	254.468	1.428	226.929	1.273	192.850	1.082	155.366	0.872	115.689	0.649	83.125	0.466	69.786	0.392
3	972	380.650	0.392	453.413	0.466	631.039	0.649	847.462	0.872	1051.922	1.082	1237.802	1.273	1388.005	1.428
4	178.2	254.468	1.428	269.421	1.512	274.939	1.543	271.457	1.523	257.871	1.447	241.707	1.356	233.962	1.313
Σ1	2300.4	2165.743	0.941	2268.167	0.968	2505.394	1.089	2754.959	1.198	2925.151	1.272	3032.203	1.318	3079.758	1.339
Σ2	2960.4	5394.313	1.822	5496.734	1.857	5733.961	1.937	5983.524	2.021	6153.715	2.079	6260.768	2.115	6308.333	2.131

注：①表中，平均=总辐射面积
②总辐射面积单位为m²
③Σ1为序1、2、3、4的面积和
④Σ2为包括屋顶面积的数据

表 3-6 点式体形住宅(平面尺寸：16m×16m，高 27m)

冬至日

旋转角度/(°)		0		15(-15)		30(-30)		45(-45)		60(-60)		75(-75)		90(-90)	
序号	面积/m²	总辐射面积	平均	总辐射面积	平均	总辐射面积	平均	总辐射面积	平均	总辐射面积	平均	总辐射面积	平均	总辐射面积	平均
1	432	1317.848	3.051	1276.87t	2.956	1156.745	2.678	969.792	2.245	761.363	1.762	562.652	1.302	388.948	0.900
2	432	388.948	0.900	251.428	0.589	160.124	0.372	129.522	0.278	115.368	0.267	215.368	0.267	115.368	0.267
3	432	115.368	0.267	115.368	0.267	115.368	0.267	119.513	0.278	160.127	0.371	251.434	0.582	388.956	0.900
4	432	388.948	0.900	562.625	1.302	761.363	1.762	969.792	2.245	1156.745	2.678	1276.874	2.956	1317.848	3.651
∑1	1728	2211.112	1.280	2206.332	1.277	2193.600	1.269	2178.609	1.261	2193.603	1.269	2206.218	1.277	2211.t20	1.280
∑2	1984	2659.845	1.341	2655.055	1.338	2642.333	1.338	2627.340	1.324	2642.333	1.332	2655.055	1.338	2659.844	1.341

夏至日

旋转角度/(°)		0		15(-15)		30(-30)		45(-45)		60(-60)		75(-75)		90(-90)	
序号	面积/m²	总辐射面积	平均	总辐射面积	平均	总辐射面积	平均	总辐射面积	平均	总辐射面积	平均	总辐射面积	平均	总辐射面积	平均
1	432	567.181	1.313	585.957	1.356	625.141	1.447	658.078	1.523	666.519	1.543	653.142	1.515	616.891	1.428
2	432	616.891	1.428	550.130	1.273	467.516	10.82	376.644	0.872	280.458	0.649	201.514	0.466	169.178	0.392
3	432	169.178	0.392	201.517	0.466	280.462	0.649	376.650	0.872	467.521	1.082	550.134	1.273	616.894	1.428
4	433	616.891	1.428	653.142	1.428	666.519	1.543	658.078	1.523	625.141	1.447	585.957	1.356	567.181	1.313
∑1	1728	1970.141	1.140	1990.746	1.140	2029.638	1.175	2065.450	1.198	2029.639	1.175	1990.747	1.175	1970.144	1.140
∑2	1984	3222.437	1.624	3243.046	1.624	3291.931	1.659	3321.741	1.674	3291.930	1.659	3243.039	1.635	3222.437	1.624

注：∑1 为序号 1、2、3、4 的面积和，∑2 为包括屋顶面积的数据和，表中，总辐射面积单位为 m²，平均=总辐射面积/面积

表3-7 Y形住宅(平面尺寸:10m×12m,高16.2m)

冬至日

	序号	1	2	3	4	5	6	7	8	9	Σ
(a)	面积	162	194.4	194.4	162	194.4	194.4	162	194.4	194.4	1652.4
	总辐射面积	494.193	175.027	495.653(520.630)	60.046	51.915	51.915	60.046	495.653(520.630)	175.027	2059.475
	平均	3.051	0.900	2.550	0.371	0.267	0.267	0.371	2.550	0.900	1.246
(b)	面积	162	194.4	194.4	162	194.4	194.4	162	194.4	194.4	1652.4
	总辐射面积	433.780	72.056	246.123(345.787)	43.263	66.763	51.916	145.855	578.604(597.617)	342.613	1980.973
	平均	2.678	0.371	1.266	0.267	0.343	0.267	0.900	2.976	1.762	1.199
(c)	面积	162	194.4	194.4	162	194.4	194.4	162	194.4	194.4	1652.4
	总辐射面积	285.511	51.916	158.905(178.027)	43.263	158.905(175.027)	51.916	285.511	524.832	524.832	2085.591
	平均	1.762	0.267	0.817	0.267	0.817	0.267	1.761	2.670	2.670	1.262
(d)	面积	162	194.4	194.4	162	194.4	194.4	162	194.4	194.4	1652.4
	总辐射面积	145.855	51.916	66.673	43.263	246.123(345.787)	72.056	433.780	342.613	578.604(597.617)	1980.973
	平均	0.900	0.267	0.343	0.267	1.266	0.371	2.678	1.762	2.976	1.199
(e)	面积	162	194.4	194.4	162	194.4	194.4	162	194.4	194.4	1652.4
	总辐射面积	363.672	53.780	157.053(246.028)	43.263	101.794(114.413)	51.916	210.995	318.108(578.146)	436.461	1737.042
	平均	2.245	0.277	0.808	0.267	0.524	0.267	1.302	1.636	2.245	1.051
(f)	面积	162	194.4	194.4	162	194.4	194.4	162	194.4	194.4	1652.4
	总辐射面积	363.672	436.461	318.108(578.146)	210.995	51.916	101.794(114.413)	43.263	157.053(246.028)	53.780	1737.042
	平均	2.245	2.245	1.636	1.302	0.267	0.524	0.267	0.808	0.277	1.051

续表

夏至日

	序号	1	2	3	4	5	6	7	8	9	Σ
(a)	面积	162	194.4	194.4	162	194.4	194.4	162	194.4	194.4	1652.4
	总辐射面积	212.693	277.500	226.676(281.263)	175.319	126.980	126.980	175.319	226.676(281.363)	277.500	1825.643
	平均	1.313	1.427	1.372	1.082	0.653	0.653	1.082	1.372	1.427	1.105
(b)	面积	162	194.4	194.4	162	194.4	194.4	162	194.4	194.4	1652.4
	总辐射面积	234.428	126.206	270.806(298.639)	105.172	147.476(211.146)	76.123	231.334	235.492(250.978)	299.934	1726.971
	平均	1.447	0.649	1.393	0.641	0.759	0.392	1.423	1.211	1.543	1.045
(c)	面积	162	194.4	194.4	162	194.4	194.4	162	194.4	194.4	1652.4
	总辐射面积	249.945	126.206	194.820(277.500)	63.442	194.820(277.500)	126.206	249.945	278.521	278.521	1762.426
	平均	1.543	0.649	1.002	0.392	1.002	0.649	1.543	1.433	1.433	1.067
(d)	面积	162	194.4	194.4	162	194.4	194.4	162	194.4	194.4	1652.4
	总辐射面积	231.334	76.130	147.476(211.146)	105.172	270.806(298.639)	126.206	234.428	299.934	235.492(250.978)	1726.971
	平均	1.423	0.392	0.759	0.641	1.393	0.649	1.447	1.543	1.211	1.045
(e)	面积	162	194.4	194.4	162	194.4	194.4	162	194.4	194.4	1652.4
	总辐射面积	246.779	169.490	276.624(282.110)	75.568	172.280(247.625)	90.681	244.928	199.906(259.536)	296.135	1772.391
	平均	1.523	0.872	1.426	0.466	0.886	0.466	1.512	1.028	1.523	1.073
(f)	面积	162	194.4	194.4	162	194.4	194.4	162	194.4	194.4	1652.4
	总辐射面积	246.779	296.135	199.906(259.523)	244.928	90.681	172.280(247.625)	75.568	276.624(282.110)	169.490	1772.391
	平均	1.523	1.523	1.028	1.512	0.466	0.866	0.466	1.423	0.872	1.073

注：Σ为包括屋顶面积的数据，总辐射面积单位为 m^2，表中，平均=总辐射面积面积，括号里的数字为无自身遮挡时的辐射面积

3.5.2   各向墙面及居室的日照时间和日照面积

建筑物墙面上的日照时间决定了墙面接收太阳辐射热量的多少。由于冬季和夏季太阳方位角的变化幅度较大，各个朝向墙面所获得的日照时间相差很大，所以应对不同朝向墙面在不同季节的日照对数进行统计，求出日照时数日平均值作为综合分析朝向时的依据。另外，还需对最冷月和最热月的日出、日落时间进行记录。在炎热地区，住宅的多数居室应避开最不利的日照方位。对不同朝向和不同季节 (如冬至日和夏至日) 的室内日照面积及日照时数进行统计和比较，选择最冷月有较长的日照时间和较多的日照面积，而在最热月有较少的日照时间和最少的日照面积。

在严寒地区，夏季西晒过热现象时间短暂，而冬季全年日照时间长，冬季日照率可达 65%。以冬至日为例，哈尔滨市各朝向房间接受日照时数和辐射强度见表 3-8。

表 3-8   哈尔滨市日照时数和辐射强度

朝向	日照时数	辐射强度/(W·m^2)
南向	8 小时 32 分	2839
东向	2 小时 42 分	1023
西向	2 小时 42 分	1404
北向	0	568

由表 3-8 可见，哈尔滨市严寒地区东西向住宅从日照卫生标准来看可以满足居住要求，所以采用东西向的住宅可加大住宅幢深，减小体形系数。

3.5.3   各向墙面的太阳辐射热量

太阳辐射包括直射和散射，此处可考虑太阳直射影响，以单位时间在单位面积上的辐射值表示，单位为 J/(cm^2·d)。一般包括两方面：①最冷月和最热月的太阳累计辐射强度；②太阳直射强度日变化曲线与日气温曲线的关系。例如，由北京地区的太阳辐射量图 (见图 3-37 粗曲线) 可以知道，冬季各朝向墙面上接收的太阳直射辐射热量以南向为最高 [16526kJ/(m^2·d)]，东南和西南次之，东、西更少，分别为 4232kJ/(m^2·d) 和 5479kJ/(m^2·d)。而在北偏东或西 30° 朝向的范围内，冬季接收不到太阳的直射辐射热。夏季以东、西为最多，分别为 7183kJ/(m^2·d) 和 8828kJ/(m^2·d)，南向次之为 4990kJ/(m^2·d)，北向最少为 3031kJ/(m^2·d)。由于太阳直辐射强度一般是上午低下午高，所以无论是冬季还是夏季，墙面上接收的太阳辐射量都是偏西比偏东的朝向稍高一些。

表3-9 北纬40°地区各方位垂直墙面所受日辐射量(冬至日)

时刻＼方位	S-0°-E	S-10°-E	S-20°-E	S-30°-E	S-40°-E	S-50°-E	S-60°-E	S-70°-E	S-80°-E	S-90°-E
8	0.300	0.364	0.418	0.458	0.485	0.497	0.494	0.476	0.443	0.397
9	3.190	3.639	3.978	4.196	4.287	4.247	4.077	3.785	3.378	2.867
10	5.758	6.233	6.518	6.656	6.492	6.182	5.683	5.012	4.189	3.328
11	7.293	7.526	7.530	7.306	6.859	6.315	5.361	4.354	3.216	1.979
12	7.809	7.690	7.338	6.763	5.982	5.020	3.905	2.761	1.356	—
13	7.293	6.839	6.176	5.326	4.315	3.172	1.933	0.635	—	—
14	5.758	5.108	4.303	3.368	21.30	1.221	0.075	—	—	—
15	3.190	2.644	2.017	1.329	0.601	—	—	—	—	—
16	0.300	0.226	0.146	0.061	—	—	—	—	—	—
方位	S-0°-W	S-10°-W	S-20°-W	S-30°-W	S-40°-W	S-50°-W	S-60°-W	S-70°-W	S-80°-W	S-90°-W

方位	N-0°-W	N-10°-W	N-20°-W	N-30°-W	N-40°-W	N-50°-W	N-60°-W	N-70°-W	N-80°-W	N-90°-W
8	—	—	—	—	—	—	—	—	—	—
9	—	—	—	—	—	—	—	—	—	—
10	—	—	—	—	—	—	—	—	—	—
11	—	—	—	—	—	—	—	—	—	—
12	—	—	—	—	—	—	—	—	—	—
13	—	—	—	—	—	—	—	—	0.683	1.979
14	—	—	—	—	—	—	—	1.073	2.189	3.328
15	—	—	—	—	—	0.146	0.888	1.603	2.270	2.867
16	—	—	—	—	0.094	0.112	0.194	0.271	0.339	0.397
方位＼时刻	N-0°-E	N-10°-E	N-20°-E	N-30°-E	N-40°-E	N-50°-E	N-60°-E	N-70°-E	N-80°-E	N-90°-E

各朝向所获得的太阳辐射热随季节变化, 它不仅取决于所获得的日照时数, 而且与阳光照射时的太阳高度角、阳光对墙面的入射角有关。表 3-9 为北纬 40° 地区冬至日各方位垂直墙面所受到的太阳辐射量。从该表可见, 冬至日南向受到的太阳辐射强度及总量都是最大的, 由南偏向东、西的角度越大, 接收的太阳辐射越少, 正东、正西向所受到的最大辐射强度只有南向最大辐射强度的 1/2 左右, 自北偏东 60° 到北偏西 60° 的范围内基本上接收不到太阳辐射。

3.5.4　各向居室内的紫外线量

在一天的时间里, 太阳光线中的成分是随着太阳高度角的变化而变化的。其中紫外线量与太阳高度角成正比 (见表 3-10)。正午前后紫外线最多, 日出后及日落前最少 (见图 3-42)。实践证明, 冬季以南向、东南和西南居室内接收紫外线较多, 而东西向较少, 大约为南向的一半, 东北、西北和北向居室最少, 约为南向的 1/3。因此, 选择朝向对居室所获得的紫外线量应予以重视, 它是评价一个居室卫生条件的必要因素。

表 3-10　不同高度角太阳光线的成分

太阳高度角/(°)	紫外线/%	可视线/%	红外线/%
90	4	46	50
30	3	34	63
0.5	0	28	72

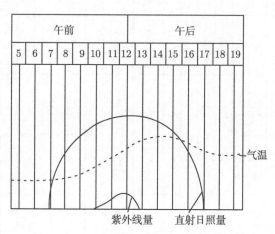

图 3-42　日照量与紫外线的时间变化

3.5.5　主导风向与建筑朝向

主导风向直接影响冬季住宅室内的热损耗及夏季居室内的自然通风。从住宅群的气流流场可知,住宅长轴垂直于主导风向时,由于各幢住宅之间产生涡流,从而影响了自然通风效果。因此,应避免住宅长轴垂直于夏季主导风向(风向入射角为 0°),从而减少前排房屋对后排房屋通风的不利影响。

在实际运用中,当根据日照和太阳辐射将住宅的基本朝向范围确定后,再进一步核对季节主导风时,会出现主导风向与建筑朝向形成夹角的情况。从单幢住宅的通风条件来看,房屋与主导风向垂直效果最好。但从整个住宅群来看,这种情况并不完全有利,而往往希望形成一个角度,以便各排房屋都能获得比较满意的通风条件。

各城市对当地的日照和风向条件进行了实测和分析,并总结出当地住宅的最佳朝向和适宜朝向的建议(见表 3-11),可供城市规划和居住建筑群体布置时作为朝向的选择参考。

表 3-11 部分地区建议建筑朝向

城市	最佳朝向	适宜朝向	不宜朝向
北京	南偏东 30° 以内 南偏西 30° 以内	南偏东 45° 范围内 南偏西 45° 范围内	北偏西 30°~60°
上海	南至南偏东 15°	南偏东 30° 南偏西 15°	北、西北
石家庄	南偏东 15°	南至南偏东 30°	西
太原	南偏东 15°	南偏东至东	西北
呼和浩特	南至南偏东 南至南偏西	东南、西南	北、西北
哈尔滨	南偏东 15°~20°	南至南偏东 20° 南至南偏西 15°	西北、北
长春	南偏东 30° 南偏西 10°	南偏东 45° 南偏西 45°	北、东北、西北
沈阳	南、南偏东 20°	南偏东至东 南偏西至西	东北东至西北西
济南	南、南偏东 10°~15°	南偏东 30°	西偏北 5°~10°
南京	南偏东 15°	南偏东 25° 南偏西 10°	西、北
合肥	南偏东 5°~15°	南偏东 15° 南偏西 5°	西
杭州	南偏东 10°~15°	南、南偏东 30°	北、西
福州	南、南偏东 5°~10°	南偏东 20° 以内	西
郑州	南偏东 15°	南偏东 25°	西北
武汉	南偏西 15°	南偏东 15°	西、西北
长沙	南偏东 9° 左右	南	西、西北
广州	南偏东 15° 南偏西 5°	南偏东 20°30' 南偏西 5° 至西	东、西

续表

城市	最佳朝向	适宜朝向	不宜朝向
南宁	南、南偏东 15°	南偏东 15°~25° 南偏西 5°	东、西
西安	南偏东 10°	南、南偏西	西、西北
银川	南至南偏东 23°	南偏东 34° 南偏西 20°	西、北
西宁	南至南偏西 30°	南偏东 30° 至南 偏西 30°	北、西北

3.6   建 筑 密 度

在城市用地十分紧张的情况下，建造低密度的城市建筑群体是不现实的，因而研究建筑节能必须关注建筑密度问题。

按照在保证节能效益的前提下提高建筑密度的要求，提高建筑密度最直接、最有效的方法莫过于适当缩短南墙面的日照时间。在 9:00~15:00 的太阳辐射量中，10:00~14:00 的太阳辐射量占 80%以上。因此，如果把南墙日照时间缩短为 10:00~14:00，则可大大缩小建筑间距，提高建筑密度。

除缩短南墙日照时间外，在建筑的单位设计中，采用退层处理、降低层高等方法也可有效缩小建筑间距，对于提高建筑密度具有重要意义。

下面考虑建筑群中公建设施占地问题。有关资料显示，一般居住小区中的公建面积只占总建筑面积的 10%~15%，而其占地却占总用地面积的 25%~30%，与住宅用地相比，公建用地竟达住宅用地的 50%~60%。这显然是不合理的。造成这种状况的原因与公建往往以低层铺开、分散稀疏的方式布置有关。如改以集中、多层、多功能、利用临街底层等方式布置，则可节约许多土地。此时，如保持原建筑间距不变，则可增加总建筑面积，取得更好的开发效益；如保持原建筑密度不变，则可适当加大建筑间距，从而取得更好的节能效果。

3.7   建筑环境绿化

在寒冷地区建房，事先如充分考虑到了尽可能利用各种挡风屏障，则不但可以节约相当大一部分采暖费用，而且可提高住房的舒适程度。但在建筑物布置时，必须在考虑挡风屏障的同时，考虑该建筑物在夏天时应有的必要通风。

设置防风墙、板、防风林带之类的挡风设施对于建筑的避风节能很有效果。防风林带的高度、密度与距离均影响其挡风效果。可用常绿植物作为风障，设置在建筑物的冬季迎风面，如图 3-43 和图 3-44 所示。

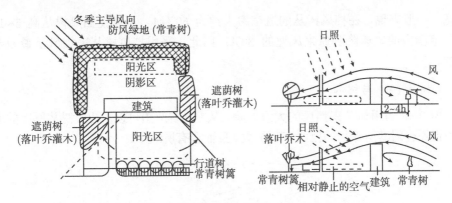

图 3-43 风障

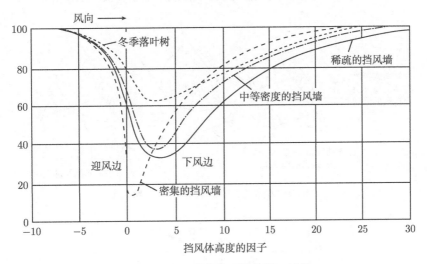

图 3-44 不同密度障碍物的挡风效果

1.挡风树丛设计通则 (图 3-45)

(1) 挡风树丛的保护范围与树丛的高度成正比。树丛的高度越高,其所保护的范围也越宽。它又与风的角度成正比,风与树丛的夹角越大,其所保护的范围也越宽。

(2) 挡风树丛的宽度越大,其所保护的区域也越深;当挡风树丛的宽度达到或超过其高度的 11~12 倍时,其所保护的区域可以达到最大的深度。

(3) 挡风树丛的密实度也影响其挡风的范围。当密度最大时,在其挡风范围内可把风速降到最小,但挡风的范围也同时缩到最小。当树丛的密度变小时,虽在其挡风范围内会有一部分减弱了的风可以通过树丛体,但其总的挡风范围却可以加宽。一般来说，在挡风树丛的透空率大约为 50%时，可以使挡风树丛高 5~10 倍的范围内的风速降到原来风速的 30%；因此，采用挡风树丛来挡风是最为合适的。

2. 树丛（带）与树木

图 3-46 为用树丛来挡风的大致影响，从左、右两图可以看出，树丛厚度的增加不但不会对其所保护的范围有所扩大，反而会有所缩小。

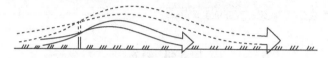

(a) 挡风墙或挡风树丛的保护范围与墙或树丛的高度成正比,它又与风的夹角成正比

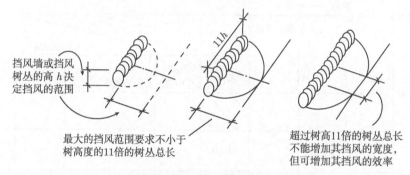

挡风墙或挡风树丛的高 h 决定挡风的范围

最大的挡风范围要求不小于树高度的11倍的树丛总长

超过树高11倍的树丛总长不能增加其挡风的宽度，但可增加其挡风的效率

(b) 挡风墙的宽度越大, 其所保护的区域也越深

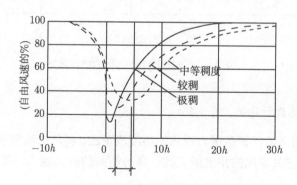

(c) 挡风墙的密度与其挡风范围的相互关系

图 3-45　挡风墙和挡风树丛设计通则

h 为挡风距离，按一棵树的平均高度计。树丛的稠度越高，其透风率越小，
但较稀稠度的树丛的挡风范围较大

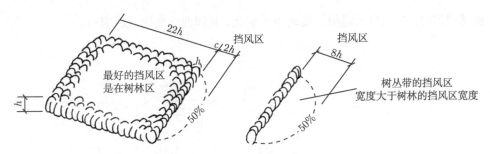

图 3-46 用树丛来挡风的大致影响

3.8 建筑遮阳

由于夏热冬冷地区范围大，东西部气候条件也各不相同，在南京、武汉、重庆等地区夏季地面太阳辐射高达 1000W/m² 以上，在这种强烈的太阳辐射下，阳光直射到室内将严重影响建筑室内的热环境，增加建筑空调能耗。从这一地区建筑能耗分析中可以知道，窗对建筑能耗的损失主要有两个原因：①窗的热工性能太差所造成的夏季空调、冬季采暖室内外温差的热量损失的增加；②窗因受太阳辐射影响而造成的建筑室内空调采暖能耗的增减。从冬季来看，通过窗口进入室内的太阳辐射有利于建筑节能，因此，窗的温差传热是建筑节能中窗口热损失的主要因素。而夏季的能耗损失中，太阳辐射是其主要因素，应采取适当的遮阳措施，以防止直射阳光的不利影响。不同的遮阳方式直接影响到建筑能耗的大小。

遮阳的措施主要分为三类：①利用绿化的遮阳；②结合建筑构件处理的遮阳；③专门设置的遮阳。在总体规划和建筑方案设计时，就应在平面布局和立面处理上考虑，炎热季节避免直射阳光照射到房间内，还要充分利用绿化遮阳及建筑构件遮阳，如果这些措施还不能满足遮阳要求，则应采用专设的窗户遮阳。

3.8.1 遮阳的形式

遮阳的基本形式可分为 4 种：水平式、垂直式、综合式和挡板式，如图 3-47所示。

1. 水平式遮阳

水平式遮阳能够有效地遮挡高度角较大的、从窗口上方投射下来的阳光，故适用于接近南向的窗口及低纬度地区的北向附近的窗口。

2. 垂直式遮阳

垂直式遮阳能够有效地遮挡高度角较小的、从窗侧射过来的阳光。但对于高度角较大的、从窗口上方投射下来的阳光，或者日出、日落时平射窗口的阳光，它不起遮挡作用。故垂直式遮阳主要适用于东北、北和西北向附近的窗口。

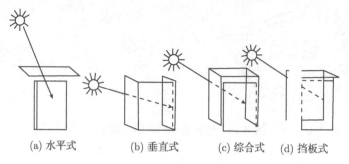

(a) 水平式   (b) 垂直式   (c) 综合式   (d) 挡板式

图 3-47   遮阳的基本形式

3. 综合式遮阳

综合式遮阳能够有效地遮挡高度角中等的、从窗前斜射下来的阳光, 遮阳效果比较均匀, 故主要适用于东南和西南向附近的窗口。

4. 挡板式遮阳

挡板式遮阳能够有效地遮挡高度角较小的、正射窗口的阳光, 故主要适用于东、西向附近的窗口。

在设计遮阳时根据地区的气候特点、房间的使用要求以及窗口所在朝向, 可以把遮阳做成永久性或临时性的遮阳装置。永久性的即在窗口设置各种形式的遮阳板; 临时性的即在窗口安装轻便的布帘、各种金属或塑料百叶等。在永久性遮阳设施中, 按其构件能否活动或拆卸, 又可分为固定式和活动式两种。活动式遮阳可视一年中季节的变化、一天中时间的变化和天空的阴暗情况, 任意调节遮阳板的角度。在寒冷季节, 为了避免遮挡阳光, 争取日照, 这种遮阳设施灵活性大, 还可以拆除遮阳设施, 也可以采用各种热反射玻璃, 如镀膜玻璃、阳光控制膜、低发射率膜玻璃等, 因此近年来在国内外建筑中普遍采用。

遮阳设施遮挡太阳辐射热量的效果除取决于遮阳形式外, 还与遮阳设施的构造处理、安装位置、材料与颜色等因素有关。各种遮阳设施的遮挡太阳辐射热量的效果一般以遮阳系数来表示。遮阳系数是指在照射时间内, 透进有遮阳窗口的太阳辐射量与透进无遮阳窗口的太阳辐射量的比值。系数越小, 说明透过窗口的太阳辐射热量越小, 防热效果越好。

3.8.2   遮阳形式的选择

遮阳形式的选择, 应从地区气候特点和窗口朝向方面来考虑。夏热冬冷地区宜采用热反射玻璃、软百叶、布篷等作为临时性可拆除的活动式遮阳。活动式遮阳多采用铝合金、工程塑料等，而且质轻，不易腐蚀，表面光滑，反射阳光辐射性好。

除以上遮阳措施外，可以利用绿化和结合建筑构件的处理来解决遮阳问题。结合构件处理的手法常见的有加宽挑檐、设置百叶挑檐、外廊、凹廊、阳台、旋窗等。利用绿化遮阳是一种经济有效的措施，特别适用于低层建筑，或在窗外种植蔓藤植物，或在窗外一定距离种树。根据不同朝向的窗口选择适宜的树形很重要，且按照树木的直径和高度，根据窗口需遮阳时的太阳方位角和高度角来正确选择树种和树形及确定树的种植位置。树的位置除满足遮阳的要求外，还要尽量减少对通风、采光和视线阻挡的影响。

复习思考题

1. 在规划设计方面如何进行建筑节能？
2. 建筑遮阳的形式有哪些？应如何进行选择？

第4章　建筑热工计算

4.1　节能计算中的基本规定

节能计算中的基本规定如下。

(1) 建筑面积 A_0，应按各层外墙外包线围成面积的总和计算。

(2) 建筑体积 V_0，应按建筑物外表面和底层地面围成的面积计算。

(3) 换气体积 V，楼梯间不采暖时，应按 $V = 0.60V_0$ 计算；楼梯间采暖时，应按 $V = 0.65V_0$ 计算。高层建筑楼梯间走道、前室不采暖时按 $V = 0.5V_0$ 计算。

(4) 屋顶或顶棚面积 F_R 应按支撑屋顶的外墙外包线围成的面积计算，如果楼梯间不采暖，则应减去楼梯间的屋顶面积。

(5) 外墙面积 F_W，应按不同朝向分别计算，某一朝向的外墙面积由该朝向外表面积减去窗户和外门洞口面积构成，当楼梯间不采暖时，应减去楼梯间的外表面积。

(6) 窗户 (包括阳台门上部透明部分) 面积 F_G，应按朝向和有无阳台分别计算，取窗户洞口面积。

(7) 外门面积 F_0，应按不同朝向分别计算，取外门洞口面积。

(8) 阳台门下部不透明部分面积 F_B，应按不同朝向分别计算，取洞口面积。

(9) 地面面积 F_F，应按周边和非周边以及有无地下室分别计算。周边地面是指由外墙内侧算起向内 2.0m 范围内的地面，其余为非周边地面。如果楼梯间不采暖，还应减去楼梯间所占地面面积。

(10) 地板面积 F_H，接触室外空气的地板和不采暖地下室上面的地板面积应分别计算。

(11) 楼梯间隔墙面积 F_S、F_W，楼梯间不采暖时应计算这一面积，由楼梯间隔墙总面积减去户门洞口总面积构成。

(12) 户门面积 F_S、F_D，楼梯间不采暖时应计算这一面积，由各层户门洞口面积的总和构成。

4.2　传热系数的计算

4.2.1　围护结构传热系数

围护结构两侧空气温差为 1K 时，单位时间内通过单位面积的热量称为围护结

构传热系数 (K)，它是围护结构总热阻 (R_0) 的倒数，即

$$K = \frac{1}{R_0} \tag{4-1}$$

$$R_0 = R_i + R + R_e \tag{4-2}$$

式中，K—— 围护结构传热系数，$W/(m^2 \cdot K)$；R_0—— 围护结构总热阻，$(m^2 \cdot K)/W$；R_i—— 内表面换热阻，$(m^2 \cdot K)/W$；R_e—— 外表面换热阻，$(m^2 \cdot K)/W$；R—— 围护结构的传热阻，$(m^2 \cdot K)/W$。

内表面换热阻 R_i 值和外表面换热阻 R_e 分别按表 4-1 和表 4-2 选用。

表 4-1 内表面换热系数 α_i 及内表面换热阻 R_i 值

适用季节	表面特征	$\alpha_i/[W/(m^2 \cdot K)]$	$R_i/[(m^2 \cdot K)/W]$
冬季和夏季	墙面、地面、表面平整或有肋状空出物的顶棚，当 $h/s \leqslant 0.3$ 时	8.7	0.11
	有肋状空出物的顶棚，当 $h/s > 0.2$ 时	7.6	0.13

注：① 表中 h 为肋高，s 为肋间净距

② $\alpha_i = 1/R_i$

表 4-2 外表面换热系数 α_e 及外表面换热阻 R_e 值

适用季节	表面特征	$\alpha_e/[W/(m^2 \cdot K)]$	$R_e/[(m^2 \cdot K)/W]$
冬季	外墙、屋顶与室外空气直接接触的原因	23.0	0.04
	与室外空气相通的不采暖地下室上面的楼板	17.0	0.06
	屋顶、外墙上有窗的不采暖地下室上面的楼板	12.0	0.08
	外墙上无窗的不采暖地下室上面的楼板	6.0	0.17
夏季	外墙和屋顶	19.0	0.05

注：$\alpha_e = 1/R_e$

4.2.2 单层材料的热阻计算

热阻是反映围护结构保温性能的一个参数，其单位为 $(m^2 \cdot K)/W$。对单层材料来说，热阻应按式 (4-3) 计算，即

$$R = \frac{d}{\lambda} \tag{4-3}$$

式中，R—— 单层材料的热阻，$(m^2 \cdot K)/W$；d—— 该材料的厚度，m；λ—— 该材料的导热系数，$W/(m \cdot K)$，见表 4-3。

表 4-3　常用建筑材料热物理性能计算参数

序号	材料名称		密度	计算参数				修正系数
				λ	S	比热容 C，kJ/(kg·K)	蒸汽渗透系数，g/(m.h.Pa)	
1.混凝土								
1.1 普通混凝土								
	钢筋混凝土		2500	1.74	17.20	0.92	0.0000158	1.00
	碎石混凝土		2300	1.51	15.36	0.92	0.0000173	1.00
	卵石混凝土	上海	2100	1.28	13.57	0.92	0.0000173	1.00
		浙江	2300	1.51	15.36			
1.2 轻骨料混凝土								
	膨胀矿渣珠混凝土		2000	0.77	10.49	0.96		
			1800	0.63	9.05			
			1600	0.53	7.87			
	自然煤矸石炉渣混凝土	浙江	1500	0.760	9.54	1.05	0.0000900	1.00
			1700	1.00	11.68		0.0000548	
		山东	1500	0.76	9.54		0.00000900	
			1300	0.56	7.63		0.0001050	
	粉煤灰陶粒混凝土		1700	0.95	11.40	1.05	0.0000188	
			1500	0.70	9.16		0.0000975	
			1300	0.57	7.78		0.0001050	
			1100	0.44	6.30		0.0001350	
	黏土陶粒混凝土		1600	0.84	10.36	1.05	0.0000315	
			1400	0.70	8.93		0.0000390	
			1200	0.53	7.25		0.0000405	
	页岩渣、石灰、水泥混凝土		1300	0.52	7.39	0.98	0.0000588	
	水泥焦渣(湖南)							
	页岩陶粒混凝土		1500	0.77	9.65	1.05	0.0000315	
			1300	0.63	8.16		0.0000390	
			1100	0.50	6.70		0.0000435	
	火山灰渣、砂、水泥混凝土		1700	0.57	6.30	0.57	0.0000395	
	浮石混凝土		1500	0.67	9.09	1.05		
			1300	0.53	7.54		0.0000188	
			1100	0.42	6.13		0.0000353	
1.3 轻混凝土								
	加气混凝土		500	0.19	2.81	1.25~1.5	0.0000998	
	加气混凝土		600	0.20	3.00	1.25~1.5	0.0000998	
	加气混凝土		700	0.22	3.59	1.25~1.5	0.0000998	
	泡沫混凝土		500	0.19	2.81	1.05	0.0001110	

续表

序号	材料名称		密度	计算参数				修正系数
				λ	S	比热容 C, kJ/(kg·K)	蒸汽渗透系数, g/(m.h.Pa)	
2.砂浆和砌块								
2.1 砂浆								
	水泥砂浆		1800	0.93	11.37	1.05	0.0000210	1.00
	石灰水泥砂浆		1700	0.87	10.75	1.05	0.0000975	
	石灰砂浆		1600	0.81	10.07	1.05	0.0000443	1.00
	石灰石膏砂浆		1500	0.76	9.44	1.05		
	保温砂浆		800	0.29	4.44	1.05		
	混合砂浆		1700	0.870	10.75	1.05	0.0000975	1.00
	建筑用砂		1600	0.580	8.26	1.01		1.00
	复合硅酸盐保温砂浆		350	0.075	1.19			
	聚苯颗粒保温胶浆	浙江	230	0.060	1.02			1.15
			250	0.060	1.02			1.30
		上海	230	0.060	1.02			
			250	0.060	1.02			
		湖南	230	0.059	0.95	1.20		
	稀土复合保温砂浆		600	0.085	1.96			
	海泡石保温砂浆		300	0.060	1.02			1.20
	聚合物保温砂浆		650	0.110	3.50			1.20
	吉能士(JNS)系列高性能复合保温砂浆		550~700	0.100~0.125	2.1~2.7			
	R.E-I(内墙)、II(外墙)、III(屋面)复合保温材料		400~600	0.060~0.085	3.16			
	珍珠岩保温砂浆		500	0.15	2.8			
	JMS 轻质砂浆		1200	0.24~0.30	2.3			
	GTN 隔热保温砂浆		≤500	0.085				
2.2 砌体								
	重砂浆砌筑黏土砖砌体		1800	0.81	10.63	1.05	0.0001050	
	轻砂浆砌筑黏土砖砌体		1700	0.76	9.96	1.05	0.0001200	
	灰砂砖砌体		1900	1.10	12.72	1.05	0.0001050	
	硅酸盐砖砌体		1800	0.87	11.11	1.05	0.0001050	
	混凝土多孔砖砌体		1450	0.738	7.25			1.00
	砼多孔砖(河南)			0.73	7.33	1.00		

序号	材料名称		密度	计算参数				修正系数
				λ	S	比热容 C, kJ/(kg · K)	蒸汽渗透系数, g/(m.h.Pa)	
	陶粒混凝土多孔砖 (湖南)			0.60				
	混凝土多孔砖(湖南)			0.74				
	普通混凝土空心砌块(湖南)			0.86				
	KP1 型烧结多孔砖砌体		1400	0.580	7.92			
	单排孔混凝土空心砌体		900	0.860	7.48			
	双排孔混凝土空心砌体		1100	0.792	8.42			
	三排孔混凝土空心砌体		1300	0.750	7.92			
	蒸压灰砂砖砌体		1900	1.100	12.72	1.05	0.0001050	1.00
	轻骨料混凝土空心砌块		1100	0.750	6.01			
	砂加气砌块 (B05 级)	浙江	500	0.130	2.73			1.36
		上海	500~550	0.130	2.73			
	砂加气砌块 (B04 级)	浙江	400	0.110	2.26			1.36
		上海	400~450	0.110	2.26			
	加气混凝土砌块 (B07 级)		700	0.220	3.59	1.05	0.0000988	1.12
								1.50
	加气混凝土砌块 (B05 级)		500	0.190	2.81	1.05	0.0001110	1.25
								1.50
	炉渣砖砌体		1700	0.81	10.43	1.05	0.0001050	
	重砂浆砌筑 26~36 孔黏土多孔砌体		1400	0.58	7.92	1.05	0.0000158	
	重砂浆砌筑 26~36 孔黏土空心砖砌体		1400	0.58	7.92	1.05	0.0000158	
	黏土多孔砖 KPI,KM1		1400	0.58	7.92	240/190		
	烧结多孔砖		1400	0.58	7.92			
	烧结页岩砖			0.87				
	黏土实心砖		1800	0.81	10.63	1.00		

续表

序号	材料名称		密度	计算参数				修正系数
				λ	S	比热容 C, kJ/(kg·K)	蒸汽渗透系数, g/(m.h.Pa)	
	灰砂砖		1900	1.10	12.72	240		
	炉渣砖		1700	0.81	10.43	240		
	煤矸石烧结砖		1700	0.63	9.05			
	粉煤灰烧结砖		1600	0.50	7.82			
	粉煤灰蒸养砖		1600	0.62	8.71			
	煤矸石多孔砖		1400	0.54	7.60			
	混凝土双排孔砌块		1300	0.68	5.88	190		
	加气混凝土砌块		700	0.22	3.59	250		
	粉煤灰淤泥烧节能砖		1500~1600	0.36~0.42		S1-2 型		
	粉煤灰淤泥烧节能砖		1000~1200	0.32~0.36		S3-4 型		
	粉煤灰淤泥砖		1700	0.50	7.82	240/190		
	混凝土单排孔砌砖		1200	1.02	5.88	190		
	混凝土砌块内加气砼碎块		1300	0.33	7.64	190		

3.热绝缘材料

3.1 纤维材料

序号	材料名称		密度	λ	S	比热容 C, kJ/(kg·K)	蒸汽渗透系数, g/(m.h.Pa)	修正系数
	矿煤、岩棉、玻璃绵板	浙江	70~200	0.048	0.77	1.34	0.0004880	1.30
		山东	≤80	0.050	0.59	1.22	0.0004880	
		湖南	80~200	0.045	0.75	1.22		
	微孔硅酸钙板		220	0.065	1.26			1.20
	憎水性珍珠岩板		400	0.120	2.03			1.20
	石膏板		1050	0.330	5.28	1.05	0.0000790	1.00
	膨胀聚苯板	上海	18~20	0.046	0.40			
				0.055	0.47			
		浙江	18~20	0.042	0.36	1.38	0.0000162	1.10
								1.30
	高密度膨胀聚苯板		30~35	0.040	0.33			
	挤塑聚苯板		25~32	0.030	0.32			1.10
	半硬质矿(岩)绵板		100~80	0.048	0.77			
				0.048	0.77			
	矿棉、岩棉、玻璃棉毡	上海	60~120	0.049	0.62			
		山东	≤70	0.050	0.58	1.34	0.0004880	
			70~200	0.045	0.77	1.34		
	半硬质玻璃绵板		32~48	0.045	0.44			
				0.045	0.44			

续表

序号	材料名称		密度	计算参数				修正系数
				λ	S	比热容 C, kJ/(kg·K)	蒸汽渗透系数, g/(m.h.Pa)	
	玻璃棉毡		24	0.049	0.34			
	硬质矿绵板		300	0.060	1.26			
	石膏玻璃绵板		350	0.070	1.43			
				0.070	1.43			
	泡沫玻璃保温板		150~180	0.066	0.81			
	水泥聚苯板	浙江	300	0.090	1.54			1.30
		上海	300	0.090	1.54			
				0.090	1.54			
	岩棉、矿棉玻璃棉松散料		70~120	0.045	0.51	0.84	0.0004880	
			≤70	0.050	0.46	0.84	0.0004880	
	麻刀		150	0.070	1.34	2.10		
3.2 膨胀珍珠岩、蛭石制品								
	水泥膨胀珍珠岩		800	0.26	4.34	1.17	0.0000420	
			600	0.21	3.44	1.17	0.0000900	
			400	0.16	2.49	1.17	0.0001910	
	沥青、乳化沥青膨胀珍珠岩		400	0.12	2.28	1.55	0.0000293	
			300	0.093	1.77	1.55	0.0000675	
	水泥膨胀蛭石		350	0.14	1.99	1.05		
	憎水膨胀珍珠岩制品		250	0.072	1.24			
	煤矸石砌块内填膨胀珍珠岩		1300	0.27	3.25	190		
3.3 泡沫材料及多孔聚合物								
	聚乙烯泡沫塑料		100	0.047	0.70	1.38		
	聚苯乙烯泡沫塑料		30	0.042	0.36	1.38	0.0000162	
	聚氨酯硬泡沫塑料		30	0.033	0.36	1.38	0.0000234	
	聚氨酯泡沫塑料		55~70	0.027	0.47			
	硬泡聚氨酯		65	0.027	0.36	1.38	0.0000234	1.20
	(XPS)		30~40	0.030	0.54			
	硬质聚氨酯泡沫塑料		≥30	<0.024				
	聚氯乙烯硬泡沫塑料		130	0.048	0.79	1.38		
	钙塑		120	0.049	0.83	1.59	0.0000225	
	泡沫玻璃		140	0.058	0.70	0.84		
	泡沫石灰		300	0.116	1.70	1.05		
	炭化泡沫石灰		400	0.14	2.33	1.05		

续表

序号	材料名称	密度	计算参数				修正系数
			λ	S	比热容 C, kJ/(kg·K)	蒸汽渗透系数, g/(m.h.Pa)	
	泡沫石膏	500	0.19	2.78	1.05	0.0000375	
4.木材、建筑板材							
4.1 木材							
	橡木、枫树	700	0.17	4.90	2.51	0.0000562	
	橡木、枫树	700	0.35	6.93	2.51	0.0003000	
	松木、云杉	500	0.14	3.85	2.51	0.0000345	
	松木、云杉	500	0.29	5.55	2.51	0.0001680	
4.2 建筑板材							
	胶合板	600	0.17	4.57	2.51	0.0000225	
	软木板	300	0.093	1.95	1.89	0.0000225	
		150	0.058	1.09	1.89	0.0000285	
	纤维板	1000	0.34	8.13	2.51	0.0001200	
		600	0.23	5.28	2.51	0.0001130	
	石棉水泥板	1800	0.52	8.52	1.05	0.0000135	
	石棉水泥隔热板	500	0.16	2.58	1.05	0.0003900	
	石膏板	1050	0.33	5.28	1.05	0.0000790	
	ALC 外墙板	650	0.14 ~ 0.17	2.18			
	水泥刨花板	1000	0.34	7.27	2.01	0.0000240	
		700	0.19	4.56	2.01	0.00001050	
	稻草板	300	0.13	2.33	1.68	0.0003000	
	木屑板	200	0.065	1.54	2.10	0.0002630	
5.松散材料							
5.1 无机材料							
	锅炉渣	1000	0.29	4.40	0.92	0.0001930	
	粉煤灰	1000	0.23	3.93	0.92		
	水泥焦渣	1100	0.42	6.13			1.50
	高炉炉渣	900	0.26	3.92	0.92	0.0002030	
	浮石、凝灰岩	600	0.23	3.05	0.92	0.0002630	
	膨胀蛭石	300	0.14	1.79	1.05		
		200	0.10	1.24	1.05		
	硅藻土	200	0.076	1.00	0.92		
	膨胀珍珠岩	120	0.07	0.84	1.17		
		80	0.058	0.63	1.17		
5.2 有机材料							
	木屑	250	0.093	1.84	2.01	0.0002630	
	稻壳	120	0.06	1.02	2.01		
	干草	100	0.047	0.83	2.01		

续表

序号	材料名称	密度	计算参数				修正系数
			λ	S	比热容 C, kJ/(kg·K)	蒸汽渗透系数, g/(m.h.Pa)	
6.其他材料							
6.1 土壤							
	夯实黏土	2000	1.16	12.99	1.01		
		1800	0.93	11.03	1.01		
	加草黏土	1600	0.76	9.37	1.01		
		1400	0.58	7.67	1.01		
	轻质黏土	1200	0.47	6.36	1.01		
	建筑用砂	1600	0.58	8.26	1.01		
	轻质混合种植土	1200	0.47	6.36			1.50
6.2 石材							
	花岗岩、玄武岩	2800	3.49	25.49	0.92	0.0000113	
	大理石	2800	2.91	23.27	0.92	0.0000113	
	砾石、石灰岩	2400	2.04	18.03	0.92	0.0000375	
	石灰石	2000	1.16	12.56	0.92	0.0000600	
6.3 卷材、沥青材料							
	沥青油毡、油毡纸	600	0.17	3.33	1.47		
	沥青混凝土	2100	1.05	16.39	1.68	0.0000075	
	石油沥青	1400	0.27	6.73	1.68		
		1050	0.17	4.71	1.68	0.0000075	
6.4 玻璃							
	平板玻璃	2500	0.76	10.69	0.84		
	玻璃钢	1800	0.52	9.25	1.26		
	泡沫玻璃	150~180	0.066	0.81			1.10
6.5 金属							
	紫铜	8500	407	324	0.42		
	青铜	8000	64.0	118	0.38		
	建筑材料	7850	58.2	126	0.48		
	铝	2700	203	191	0.92		
	铸铁	7250	49.9	112	0.48		

　　从式 (4-1) 和式 (4-2) 来看，假设两墙的材料及厚度都一样，一个是外墙，另一个是内墙，虽然材料的热阻都一样，但由于外墙的外表面换热阻值取 $0.04(m^2·K)/W$，而内墙的外表面换热阻值与内表面换热阻值相等，都取 $0.11(m^2·K)/W$，因此两墙

的传热系数 K 值是不同的。这一点在计算不采暖楼梯间与采暖房间内墙及门窗的传热系数时应特别注意。导热系数 λ 及蓄热系数 S 的修正系数 α 值见表 4-4。

表 4-4　导热系数 λ 及蓄热系数 S 的修正系数 α 值

序号	材料、构造、施工、地区及使用情况	α
1	作为夹芯层浇筑在混凝土墙体及屋面构件中的块状多孔保温材料 (如加气混凝土、泡沫混凝土及水泥膨胀珍珠岩等)，因干燥缓慢及灰缝影响	1.6
2	铺设在密闭屋面中的多孔保温材料 (如加气混凝土、泡沫混凝土、水泥膨胀珍珠岩、石灰炉渣等)，因干燥缓慢	1.5
3	铺设在密闭屋面中作为夹芯层浇筑在混凝土构件中的半硬质矿棉、岩棉、玻璃棉板等，因压缩及吸湿	1.2
4	作为夹芯层浇筑在混凝土构件中的泡沫塑料等，因压缩	1.2
5	开孔型保温材料 (如水泥刨花板、木丝板、稻草板等)，且面抹灰或与混凝土浇筑在一起，因灰浆渗入	1.3
6	加气混凝土、泡沫混凝土砌块墙体及加气混凝土条板墙体、屋面，因灰缝影响	1.25
7	填充在空心墙体及屋面构件中的松散保温材料 (如稻壳、木屑、矿棉、岩棉等)，因下沉	1.2
8	矿渣混凝土、炉渣混凝土、浮石混凝土、粉煤灰陶粒混凝土、加气混凝土等实心墙体及屋面构件，在严寒地区，且在室内平均相对湿度超过 65% 的采暖房间内使用，因干燥缓慢	1.15

【例 4-1】 设有一松木门，厚度为 5cm，求其作为外门及内门时的传热系数。

【解】 查表 4-3，可知松木 (热流方向垂直于木纹方向) 的导热系数 $\lambda=0.14$W/$(m \cdot K)$，按式 (4-3)，有

$$R = \frac{d}{\lambda} = \frac{0.05}{0.14} = 0.357[(m^2 \cdot K)/W]$$

作为外门时，传热系数为

$$K = \frac{1}{R_i + R + R_e} = \frac{1}{0.11 + 0.357 + 0.04} = 1.97[W/(m^2 \cdot K)]$$

作为内门时，传热系数为

$$K = \frac{1}{0.11 + 0.357 + 0.11} = 1.73[W/(m^2 \cdot K)]$$

4.2.3 多层围护结构的热阻计算

$$R = R_1 + R_2 + \cdots + R_n \tag{4-4}$$

式中，R_1, R_2, $\cdots$, R_n 分别是第一层、第二层、$\cdots\cdots$、第 n 层的热阻。

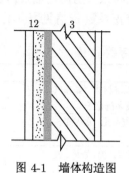

图 4-1   墙体构造图

1. 白灰砂浆; 2. 加气混凝土; 3. 砖墙

【例 4-2】   设有一墙，其做法如图 4-1 所示，试求其热阻 R 及其传热系数 K。

$\lambda = 0.81\text{W/(m} \cdot \text{K)}, d=20\text{mm};$

$\lambda = 0.205\text{W/(m} \cdot \text{K)}, d=100\text{mm};$

$\lambda = 0.81\text{W/(m} \cdot \text{K)}, d=240\text{mm}。$

【解】   按式 (4-4) 及式 (4-1) 有

$$R = R_1 + R_2 + R_3$$
$$= \frac{0.02}{0.81} + \frac{0.10}{0.205} + \frac{0.24}{0.81}$$
$$= 0.025 + 0.488 + 0.296$$
$$= 0.809[(\text{m}^2 \cdot \text{K})/\text{W}]$$

$$K = \frac{1}{R_0} = \frac{1}{R_\text{i} + R + R_\text{e}}$$
$$= \frac{1}{0.11 + 0.809 + 0.04} = 1.043[(\text{W}/(\text{m}^2 \cdot \text{K})]$$

4.2.4   空气间层热阻的确定

空气间层中传热的形式除导热外，还有热对流和辐射，因此其热阻不能按式 (4-3) 计算。不带铝箔、双面铝箔封闭间层的热阻应据表 4-5 采用。

表 4-5   空气间层热阻值   [单位: $(\text{m}^2 \cdot \text{K})/\text{W}$]

位置、热流状况及材料特性	冬季状况							夏季状况						
	间层厚度/mm							间层厚度/mm						
	5	10	20	30	40	50	60 以上	5	10	20	30	40	50	60 以上
一般空气间层热流向下 (水平、倾斜)、热流向上 (水平、倾斜) 垂直空气间层	0.10	0.14	0.17	0.18	0.19	0.20	0.20	0.09	0.12	0.15	0.15	0.16	0.16	0.15
	0.10	0.14	0.15	0.16	0.17	0.17	0.17	0.09	0.11	0.13	0.13	0.13	0.13	0.13
	0.10	0.14	0.16	0.17	0.18	0.18	0.18	0.09	0.12	0.14	0.14	0.16	0.15	0.15
单面铝箔空气间层热流向下 (水平、倾斜) 热流向上 (水平、倾斜) 垂直空气间层	0.16	0.28	0.43	0.51	0.57	0.60	0.64	0.15	0.25	0.37	0.44	0.48	0.52	0.54
	0.16	0.26	0.35	0.40	0.42	0.42	0.43	0.14	0.20	0.28	0.29	0.30	0.30	0.28
	0.16	0.26	0.39	0.44	0.47	0.49	0.50	0.15	0.22	0.31	0.34	0.36	0.37	0.37
双面铝箔空气间层热流向下 (水平、倾斜) 热流向上 (水平、倾斜) 垂直空气间层	0.18	0.34	0.56	0.71	0.84	0.94	1.01	0.16	0.30	0.49	0.63	0.73	0.81	0.86
	0.17	0.29	0.45	0.52	0.55	0.56	0.57	0.15	0.25	0.34	0.37	0.38	0.38	0.35
	0.18	0.31	0.49	0.59	0.65	0.69	0.71	0.15	0.27	0.39	0.46	0.49	0.50	0.50

通风良好的空气间层的热阻可不予考虑，这种空气间层温度可取进气温度，表面换热阻可取 $0.08(\text{m}^2 \cdot \text{K})/\text{W}$。

【例 4-3】 设双层玻璃窗玻璃的厚度两层都是 3mm，空气层的厚度为 30mm，求该窗在冬季及夏季的传热系数。

【解】 解题过程见表 4-6。

表 4-6 该双层玻璃窗的传热系数

	冬季	夏季
R_i	0.11	0.11
$R_{玻璃}$	$\dfrac{0.006}{0.76}=0.008$	0.008(两层相加)
$R_{空气层}$	0.17	0.14(查表 4-5)
R_e	0.04	0.05
R_0	$0.328(\mathrm{m^2 \cdot K})/\mathrm{W}$	$0.308(\mathrm{m^2 \cdot K})/\mathrm{W}$
K	$\dfrac{1}{0.328}=3.05\mathrm{W}/(\mathrm{m^2 \cdot K})$	$\dfrac{1}{0.308}=3.25(\mathrm{m^2 \cdot K})/\mathrm{W}$

【例 4-4】 设有一通风屋顶，在通风层的下面为 50mm 厚袋装膨胀珍珠岩，导热系数 λ 为 0.07W/(m·K)，下面为钢筋混凝土圆孔板，热阻 R 为 0.15(m²·K)/W，再下面为 20mm 厚的白灰砂浆，求该屋顶的传热系数。

【解】 根据式 (4-1) 和式 (4-2) 有

$$K = 1/(R_{砂浆} + R_{珍珠岩} + R_{圆孔板} + R_e)$$

查表 4-2，得 R_i=0.11(m²·K)/W。

查表 4-3，珍珠岩为填充在屋面构件中的松散保温材料，导热系数应乘修正系数 1.20 修正，即应乘修正系数 1.20。根据式 (4-3) 有

$$R_{珍珠岩} = \frac{0.05}{0.07 \times 1.20} = 0.595[(\mathrm{m^2 \cdot K})/\mathrm{W}]$$

$$R_{圆孔板} = 0.15(\mathrm{m^2 \cdot K})/\mathrm{W}$$

$$R_{砂浆} = \frac{0.02}{0.81} = 0.025[(\mathrm{m^2 \cdot K})/\mathrm{W}]$$

根据表 4-2 有

$$R_e = 0.08(\mathrm{m^2 \cdot K})/\mathrm{W}$$
$$R_0 = 0.11 + 0.595 + 0.15 + 0.025 + 0.08 = 0.96[(\mathrm{m^2 \cdot K})/\mathrm{W}]$$
$$K = 1.04\mathrm{W}/(\mathrm{m^2 \cdot K})$$

由两种以上材料组成的非匀质围护结构的平均热阻可按式 (4-5) 计算,如图 4-2 所示。

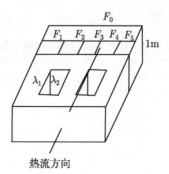

图 4-2　两种以上材料组成的非匀质围护结构平均热阻计算用图

$$\overline{R} = \left[\frac{F_0}{\dfrac{F_1}{F_{0.1}} + \dfrac{F_2}{F_{0.2}} + \cdots + \dfrac{F_n}{F_{0.n}}} - (R_i + R_e) \right] \varphi \qquad (4\text{-}5)$$

式中,$\overline{R}$—— 平均热阻,$(m^2 \cdot K)/W$;F_0—— 与热流方向垂直的总传热面积,m^2;F_1, $F_2, \cdots, F_n$—— 按平行于热流方向划分的各个传热面积,m^2;$R_{0.1}, R_{0.2}, \cdots, R_{0.n}$—— 各个传热面积部位的传热阻,$(m^2 \cdot K)/W$;$R_i$—— 内表面换热阻,取 $0.11 m^2 \cdot K/W$;R_e—— 外表面传热阻,取 $0.04 m^2 \cdot K/W$;φ—— 修正系数,应按表 4-7 采用。

表 4-7　修正系数 φ 值

λ_2/λ_1 或 $\dfrac{\lambda_2 + \lambda_3}{2\lambda_1}$	φ	λ_2/λ_1 或 $\dfrac{\lambda_2 + \lambda_3}{2\lambda_1}$	φ
0.09~0.10	0.86	0.40~0.69	0.96
0.20~0.39	0.93	0.70~0.99	0.98

注: ① 表中 λ 为材料的导热系数。当围护结构由两种材料组成时,λ_2 取较小值,λ_1 取较大值,然后求两者的比值

② 当围护结构由 3 种材料组成,或有两种厚度不同的空气间层时,φ 值应按比值 $\dfrac{\lambda_2 + \lambda_3}{2\lambda_1}$ 确定。空气间层的 λ 值应按附表 4 空气间层的厚度及热阻求得

③ 当围护结构中存在圆孔时,应先将圆孔折算成同面积的方孔,然后按上述规定计算

以上计算方法适用于各种形式的空心砌块,填充保温材料的墙体等,但不包括多孔黏土空心砖。

【例 4-5】　设有一屋顶,其结构如图 4-3 所示,试求其传热系数。

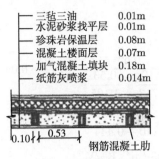

图 4-3 屋顶结构图

【解】 计算过程及结果见表 4-8。

表 4-8 计算过程中选用的参数

序号	材料	导热系数 λ/[W/(m·K)]	厚度/m	热阻/[(m²·K)/W]
1	三毡三油	0.17	0.01	$\frac{0.01}{0.17}=0.059$
2	水泥砂浆找平层	0.93	0.01	$\frac{0.01}{0.93}=0.011$
3	珍珠岩保温层	0.16×1.5	0.08	$\frac{0.08}{0.16 \times 1.5}=0.333$
4	楼板面层	1.74	0.07	$\frac{0.07}{1.74}=0.04$
5	楼板筋	1.74	0.18	$\frac{0.18}{1.74}=0.103$
6	加气混凝土填块	0.205×1.5	0.18	$\frac{0.18}{0.205 \times 1.5}=0.585$
7	纸筋灰喷浆	0.81	0.014	$\frac{0.014}{0.81}=0.017$

钢筋混凝土肋断面上的总热阻为

$0.04+0.059+0.011+0.333+0.04+0.103+0.017+0.11=0.713[(m^2 \cdot K)/W]$

在有加气混凝土填块处的总热阻为

$0.04+0.059+0.011+0.333+0.04+0.585+0.017+0.11=1.195[(m^2 \cdot K)/W]$

λ_1、λ_2 值分别为

$$\lambda_1 = \frac{d}{R_1} = \frac{0.364}{0.713-0.04-0.11} = \frac{0.364}{0.563} = 0.647[W/(m \cdot K)]$$

$$\lambda_2 = \frac{d}{R_2} = \frac{0.364}{1.195-0.04-0.11} = \frac{0.364}{1.045} = 0.348[W/(m \cdot K)]$$

$$\lambda_2/\lambda_1 = 0.348/0.647 = 0.538$$

根据表 4-7,φ 取 0.96。

根据式 (4-5) 得

$$R = \left[\frac{0.63}{\dfrac{0.10}{0.713} + \dfrac{0.53}{1.195}} - (0.11 + 0.04) \right] \times 0.96$$

$$= \left(\frac{0.63}{0.140 + 0.444} - 0.15 \right) \times 0.96$$

$$= 0.893[(\mathrm{m}^2 \cdot \mathrm{K})/\mathrm{W}]$$

$$\overline{R_0} = 0.893 + 0.15 = 1.043[(\mathrm{m}^2 \cdot \mathrm{K})/\mathrm{W}]$$

$$K = \frac{1}{R_0} = 0.959\mathrm{W}/(\mathrm{m}^2 \cdot \mathrm{K})$$

4.3   围护结构最小传热阻的确定

4.3.1   集中采暖建筑物最小传热阻的确定

设置集中采暖的建筑物时, 其围护结构的传热阻应根据技术经济比较确定, 且应符合国家有关节能标准的要求, 其最小传热阻应按式 (4-6) 计算确定, 即

$$R_{0\,\min} = \frac{(t_\mathrm{i} - t_\mathrm{e})n}{[\Delta t]} \times R_\mathrm{i} \tag{4-6}$$

式中, $R_{0\,\min}$—— 围护结构最小传热阻, $(\mathrm{m}^2 \cdot \mathrm{K})/\mathrm{W}$, t_i—— 冬季室内计算温度, °C, 一般居住建筑取 18°C, 高级居住建筑、医疗托幼建筑取 20°C; n—— 温差修正系数, 应按表 4-9 取值; R_i—— 围护结构内表面换热阻, $(\mathrm{m}^2 \cdot \mathrm{K})/\mathrm{W}$, 应按表 4-1 确定; $[\Delta t]$—— 室内空气与围护结构内表面之间的允许温差, °C, 应按表 4-10 取值; t_e—— 围护结构冬季室外计算温度, °C, 按表 4-11 的规定采用。

表 4-9   温差修正系数 n 值

围护结构及其所处情况	温差修正系数 n 值
外墙、平屋顶、与室外空气直接接触的楼板等	1.00
带通风间层的平屋顶、坡屋顶顶棚及与室外空气相通的不采暖地下室上面的楼板等	0.90
与有外门窗的不采暖楼梯间相邻的隔墙:	
1~6 层建筑	0.60
7~30 层建筑	0.50

续表

围护结构及其所处情况	温差修正系数 n 值
不采暖地下室上面的楼板:	
外墙上有窗户	0.75
外墙上无窗户且位于室外地坪以上	0.60
外墙上无窗户且位于室外地坪以下	0.40
与有外门窗的不采暖房间相邻的隔墙	0.70
与无外门窗的不采暖房间相邻的隔墙	0.40
伸缩缝、沉降缝墙	0.30
抗震缝墙	0.70

表 4-10　室内空气与围护结构内表面之间的允许温差 $[\Delta t]$

建筑物和房间类型	外墙/°C	平屋顶和坡屋顶顶棚/°C
居住建筑、医院和幼儿园等	6.0	4.0
办公楼、学校和门诊部等		
礼堂、食堂和体育馆等		
室内空气潮湿的公共建筑:		
不允许外墙和顶棚内表面结露	$t_i - t_d$	$0.8(t_i - t_d)$
允许外墙内表面结露,但不允许顶棚内表面结露	7.0	$0.9(t_i - t_d)$

注:①在潮湿房间指室内温度为 13~24°C,相对湿度大于 75%,或室内温度高于 24°C,相对湿度大于 60%的房间

②表中 t_i、t_d 分别为室内空气温度和露点温度 (°C)

③对于直接接触室外空气的楼板和不采暖地下室上面的楼板,当有人长期停留时,取允许值差 $[\Delta t]$ 等于 2.5°C;当无人长期停留时,取允许值差 $[\Delta t]$ 等于 5.0°C

表 4-11　围护结构冬季室外计算温度

类型	热惰性指标 D 值	t_e 的取值
Ⅰ	>6.0	$t_e = t_w$
Ⅱ	4.1~6.0	$t_e = 0.6t_w + 0.4t_{e \cdot min}$
Ⅲ	1.6~4.0	$t_e = 0.3t_w + 0.7t_{e \cdot min}$
Ⅳ	≤1.5	$t_e = t_{e \cdot min}$

注:① 热惰性指标 D 值按 4.3.3 节的规定计算

② t_w 和 $t_{e \cdot min}$ 分别为设计采暖时的室外计算温度和累年最低一个日平均温度

③ 冬季室外计算温度 t_e 应取整数值

④ 全国主要城市 4 种类型围护结构冬季室外计算温度 t_e 值见表 4-13

4.3.2　采暖地区在计算围护结构最小值时,室外计算温度取值的规定

采暖地区在计算围护结构最小值时,其室外计算温度的取值与计算建筑耗热量指标时的计算温度不同。前者要保证该建筑在冬季最寒冷时围护结构内表面不

会产生凝结，不会因为室温与围护结构内表面温差过大而给人带来不适；后者是为了计算整个采暖期的耗热量情况。因此后者是用整个采暖期的室外平均温度，而前者应采用最冷时刻的室外温度。但最冷时刻究竟是最冷的一小时的平均温度，还是最冷的一天或最冷的几天的平均温度，这取决于围护结构。对于热阻都相同的围护结构来说，有的对突然的降温很敏感，有的却不太敏感。围护结构这种性能的差异取决于围护结构热惰性指标的大小，也就是说围护结构的热惰性指标是反映围护结构对温度灵敏度的一个指标。一般用符号 D 来表示，灵敏度低则热惰性指标大。

在建筑热工标准中，为确定冬季室外计算温度，将围护结构的热惰性指标按大小分为 4 种类型，即 $D > 6.0; 6.0 > D > 4.1; 4.0 > D > 1.6; D \leqslant 1.5$。一般来说，轻体结构的热惰性较小。根据热惰性指标对冬季室外计算温度取值的规定见表 4-10。

4.3.3　围护结构热惰性指标 D 值的计算

围护结构热惰性指标是反映围护结构对温度灵敏度的一个指标，因此它是在不稳定热传递过程中围护结构的一种特性，它和围护结构的热阻及蓄热系数有关。蓄热系数是材料的一种性能，当某一足够厚的单一材料层一侧受到谐波热作用时，其表面温度将按同一周期随之波动，表面温度的波幅值不但取决于该谐波的热流波幅，同时也取决于该材料的性能。材料的这一性能称为蓄热系数，它的数值就是通过表面的热流波幅与表面温度波幅的比值，用符号 S 来表示，其单位为 $W/(m^2 \cdot K)$。常用材料的蓄热系数可从表 4-3 查得。围护结构热惰性指标也是反映围护结构夏季隔热性能的一个重要参数。

单一材料围护结构或单一材料层的 D 值应按式 (4-7) 计算

$$D = R \cdot S \tag{4-7}$$

式中，R—— 材料层的热阻，$(m^2 \cdot K)/W$；S—— 材料的蓄热系数，$W/(m^2 \cdot K)$。

(1) 多层围护结构的 D 值应按式 (4-8) 计算

$$D = D_1 + D_2 + D_3 + \cdots + D_n = R_1 S_1 + R_2 S_2 + R_3 S_3 + \cdots + R_n S_n \tag{4-8}$$

式中，$R_1, R_2, \cdots, R_n$—— 各层材料的热阻，$(m^2 \cdot K)/W$；$S_1, S_2, \cdots, S_n$—— 各层材料的蓄热系数，$W/(m^2 \cdot K)$，空气间层的蓄热系数取 $S = 0$。

如果某层由两种以上的材料组成，则应先按式 (4-9) 计算该层的平均导热系数，即

$$\overline{\lambda} = \frac{\lambda_1 F_1 + \lambda_2 F_2 + \cdots + \lambda_n F_n}{F_1 + F_2 + \cdots + F_n} \tag{4-9}$$

式中，$\lambda_1, \lambda_2, \cdots, \lambda_n$——各个传热面积上材料的导热系数，$W/(m \cdot K)$。

然后按下式计算该层的平均热阻，即

$$\overline{R} = \frac{d}{\lambda}$$

该层的平均蓄热系数为

$$\overline{S} = \frac{S_1 F_1 + S_2 F_2 + \cdots + S_n F_n}{F_1 + F_2 + \cdots + F_n} \tag{4-10}$$

式中，$F_1, F_2, \cdots, F_n$——在该层中按平行于热流划分的各个传热面积，m^2；S_1, $S_2, \cdots, S_n$——各个传热面积上材料的蓄热系数，$W/(m^2 \cdot K)$。该层的热惰性指标 D 值为

$$D = \overline{R} \cdot \overline{S}$$

【例 4-6】 有以下两种墙体 (图 4-4) 都建在天津，试求在计算最小热阻时各自的室外计算温度。

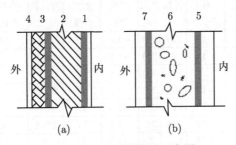

图 4-4 两种墙体构造示意图

1. 白灰砂浆 20mm; 2. 黏土砖 240mm; 3. 聚苯板 25mm; 4. 水泥砂浆 20mm; 5. 白灰砂浆 20mm;

6. 加气混凝土 250mm; 7. 水泥砂浆 20mm

【解】 查看表 4-3 及表 4-4 得到表 4-12 所示数据。

表 4-12 计算所用数据

材料	厚度/mm	λ/ $[W/(m \cdot K)]$	a	R	S	D
白灰砂浆	20	0.81	1.0	0.025	10.07	0.252
黏土砖	240	0.81	1.0	0.296	10.63	3.51
聚苯板	25	0.040	1.0	0.625	0.36	0.225
加气混凝土	250	0.205	1.25	0.976	3.20	3.13
水泥砂浆	20	0.93	1.0	0.022	11.37	0.25

对于墙 (a)

$$D = 0.025 \times 10.07 + 0.296 \times 10.63 + 0.625 \times 0.36 + 0.022 \times 11.37$$

$$= 0.252 + 3.147 + 0.225 + 0.250$$

$$= 3.874$$

对于墙 (b)

$$D = 0.025 \times 10.07 + 0.976 \times 3.20 + 0.022 \times 11.37$$

$$= 0.252 + 3.123 + 0.250$$

$$= 3.625$$

查表 4-11，这两种墙的热惰性指标 D 值都在 1.6~4.0 范围内，属于 III 类。按表 4-13 在天津室外计算温度为 $-12°C$。

表 4-13　围护结构冬季室外计算参数及最冷最热月平均温度

地区	冬季室外计算温度 /°C				设计计算用采暖期					最冷月平均温度 /°C	最热月平均温度 /°C
	I	II	III	IV	天数 Z/d	平均温度 /°C	平均相对湿度	度日数	冬季室外平均温风数		
北京	−12	−12	−14	−16	125(129)	−1.6	50	2450	2.8	−4.5	25.9
天津	−9	−11	−12	−13	125(130)	−1.6	57	2285	2.9	−4	26.5
河北省					125(131)	−1.6					
石家庄	−8	−12	−14	−17	125(132)	−1.6	56	2083	1.8	−2.9	26.6
张家口	−15	−18	−21	−23	125(133)	−1.6	42	3488	3.5	−9.6	23.3
秦皇岛	−11	−13	−15	−17	125(134)	−1.6	51	2754	3	−6	24.5
保定	−9	−11	−13	−14	125(135)	−1.6	60	2285	2.1	−4.1	26.6
邯郸	−7	−9	−11	−13	125(136)	−1.6	60	1933	2.5	−2.1	26.9
唐山	−10	−12	−14	−15	125(137)	−1.6	55	2654	2.5	−5.6	25.5
承德	−14	−16	−18	−20	125(138)	−1.6	44	3240	1.3	−9.4	24.5
丰宁	−17	−20	−23	−25	125(139)	−1.6	44	3847	2.7	−11.9	22.1
山西省					125(140)	−1.6					
太原	−12	−14	−16	−18	125(141)	−1.6	53	2795	2.4	−6.5	23.5
大同	−17	−20	−22	−24	125(142)	−1.6	49	3758	3	−11.3	21.8
长治	−13	−17	−19	−22	125(143)	−1.6	58	2795	1.4	−6.8	22.8
五台山	−28	−32	−34	−37	125(144)	−1.6	62	7153	12.5	−18.3	9.5
阳泉	−11	−12	−15	−16	125(145)	−1.6	46	2393	2.4	−4.2	24
临汾	−9	−13	−15	−18	125(146)	−1.6	54	2158	2	−3.9	26
晋城	−9	−12	−15	−17	125(147)	−1.6	53	2287	2.4	−3.7	24
运城	−7	−9	−11	−13	125(148)	−1.6	57	1836	2.6	−2	27.2
内蒙古自治区					125(149)	−1.6					
呼和浩特	−19	−21	−23	−25	125(150)	−1.6	53	4017	1.6	−12.9	21.9
锡林浩特	−27	−29	−31	−33	125(151)	−1.6	60	5415	3.3	−19.8	20.9
海拉尔	−34	−38	−40	−43	209(213)	−14.3	69	6751	−26.7	−26.7	19.6

续表

地区	冬季室外计算温度 /°C				设计计算用采暖期					最冷月平均温度 /°C	最热月平均温度 /°C
	I	II	III	IV	天数 Z/d	平均温度/°C	平均相对湿度	度日数	冬季室外平均温风数		
通辽	−20	−23	−25	−27	165(167)	−7.4	48	4191	−14.3	−14.3	23.9
赤峰	−18	−21	−23	−25	160	−6	40	3840	−11.7	−11.7	23.5
满洲里	−31	−34	−36	−38	211	−12.8	64	6499	−23.8	−23.8	19.4
博克图	−28	−31	−34	−36	210	−11.3	62	6153	−21.3	−21.3	17.7
二连浩特	−26	−30	−32	−35	180(184)	−9.9	53	5022	−18.6	−18.3	22.9
多伦	−26	−29	−31	−33	192	−9.2	62	5222	−18.2	−18.2	18.7
白云鄂博	−23	−26	−28	−30	191	−8.2	52	5004	−16	−16	19.5
辽宁省											
沈阳	−19	−21	−23	−25	152	−5.7	3602	3	−12	24.6	
丹东	−14	−17	−19	−21	144(151)	−3.5	60	3096	3.7	−8.4	23.2
大连	−11	−14	−17	−19	131(132)	−1.6	58	2568	5.9	−4.9	23.9
阜新	−17	−19	−21	−23	156	−6	50	3744	2.2	−11.6	24.3
抚顺	−21	−24	−27	−29	162(160)	−6.6	65	3985	2.7	−14.2	23.6
朝阳	−16	−18	−20	−22	148(154)	−5.2	42	3434	2.7	−10.7	24.7
本溪	−19	−21	−23	−25	151	−5.7	62	3579	2.6	−12.2	24.2
锦州	−18	−17	−19	−20	(144)147	−4.1	47	3182	3.8	−8.9	24.3
鞍山	−18	−21	−23	−25	144(148)	−4.8	59	3283	3.4	−10.1	24.8
锦西	−14	−16	−18	−19	143	−4.2	50	3175	3.4	−9	24.2
吉林省											
长春	−23	−26	−28	−30	170(174)	−8.3	63	4471	4.2	−16.4	23
吉林	−25	−29	−31	−34	171(175)	−9	68	4617	3	−18.1	22.9
延吉	−20	−22	−24	−26	170(174)	−7.1	58	4267	209	−14.4	21.3
通化	−24	−26	−28	−30	168(173)	−7.7	69	4318	103	−16.1	22.2
双辽	−21	−23	−25	−27	167	−7.8	61	4309	3.4	−15.5	23.7
四平	−22	−24	−26	−28	163(162)	−7.4	61	4140	3	−14.8	23.6
白城	−23	−25	−28	−28	175	−9	54	4725	3.5	−17.7	23.3
黑龙江省											
哈尔滨	−26	−29	−31	−33	176(179)	−10	66	4928	3.6	−19.4	22.8
嫩江	−33	−39	−39	−41	197	−13.5	66	6260	2.5	−25.2	20.6
齐齐哈尔	−25	−28	−30	−32	182(186)	−10.2	62	5132	2.9	−19.4	22.8
富锦	−25	−28	−30	−32	184	−10	65	562	3.9	−20.2	21.9
牡丹江	−24	−27	−29	−31	178(180)	−9.4	65	4977	2.3	−18.3	22
呼玛	−39	−42	−45	−47	210	−14.5	69	6825	1.7	−17.4	20.2
佳木斯	−26	−29	−32	−34	180(183)	−10.2	68	5094	3.4	−19.7	22.1
安达	−26	−29	−32	−34	180(182)	−10	64	5112	3.5	−19.9	22.9
伊春	−30	−33	−35	−37	193(197)	−12.4	70	5867	2	−23.6	20.6
克山	−29	−31	−33	−35	191	−12.1	66	5749	2.4	−22.7	21.4

续表

地区	冬季室外计算温度 /°C				设计计算用采暖期					最冷月平均温度 /°C	最热月平均温度 /°C
	I	II	III	IV	天数 Z/d	平均温度 /°C	平均相对湿度	度日数	冬季室外平均温风数		
上海	−2	−4	−6	−7	54(62)	3.7	76	772	3	3.5	27.8
江苏省											
南京	−3	−5	−7	−9	75(83)	3	74	1125	2.6	1.9	27.9
徐州	−5	−8	−10	−12	94(97)	1.4	63	1560	2.7	0	27
连云港	−5	−7	−9	−11	96(105)	1.4	68	1594	2.9	−0.2	26.8
浙江省											
杭州	−1	−3	−5	−6	51(61)	4	80	714	2.3	3.7	28.5
宁波	0	−2	−3	−4	42(50)	4.3	80	575	2.8	4.1	28.1
安徽省											
合肥	−3	−7	−10	−13	70(75)	2.9	73	1057	2.6	2	28.2
阜阳	−6	−9	−12	−14	85	2.1	66	1352	2.8	0.8	27.7
蚌埠	−4	−7	−10	−12	83(77)	2.3	68	1303	2.5	1	28
黄山	−11	−15	−17	−20	121	−3.4	64	2589	6.2	−3.1	17.7
福建省											
福州	6	4	3	2					2.6	10.4	28.8
江西省											
南昌	0	−2	−4	−6	17(53)	4.7	7	226	3.6	4.9	29.5
天目山	−10	−13	−15	−17	136	−2	68	2720	6.3	−2.9	20.3
庐山	−8	−11	−13	−15	106	1.7	70	1728	5.5	−0.2	22.5
山东省											
济南	−7	−10	−12	−14	101(106)	0.6	52	1757	3.1	−1.4	27.4
青岛	−6	−9	−11	−13	110(111)	0.9	66	1881	5.6	−1.2	25.2
烟台	−6	−8	−10	−12	111(112)	0.5	60	1943	4.6	−1.6	25
德州	−8	−12	−14	−17	113(118)	−0.8	63	2124	2.6	−3.4	26.9
淄博	−9	−12	−14	−16	111(116)	−0.5	61	2054	2.6	−3	26.8
泰山	−16	−19	−22	−24	166	−3.7	52	3602	7.3	−8.6	17.8
兖州	−7	−9	−11	−12	106	−0.4	62	1950	2.9	−1.9	26.8
潍坊	−8	−11	−13	−15	114(118)	−0.7	61	2132	3.5	−3.3	25.9
河南省											
郑州	−5	−7	−9	−11	98(102)	1.4	58	1627	3.4	−0.3	27.2
安阳	−7	−11	−13	−15	105(109)	0.3	59	1859	2.3	−1.8	26.9
濮阳	−7	−9	−11	−12	107	0.2	69	1905	3.1	−2.2	26.9
新乡	−5	−8	−11	−12	100(105)	1.2	63	1680	2.6	−0.7	27
洛阳	−5	−8	−10	−12	91(95)	1.8	55	1474	2.4	0.3	27.4
南阳	−4	−8	−11	−14	84(89)	2.2	67	1327	2.5	0.9	27.3
信阳	−4	−7	−10	−12	78	2.6	72	1201	2.2	1.6	27.6
商丘	−6	−9	−12	−14	101(106)	1.1	67	1707	3	−0.9	27

续表

地区	冬季室外计算温度 /°C				设计计算用采暖期					最冷月平均温度 /°C	最热月平均温度 /°C
	Ⅰ	Ⅱ	Ⅲ	Ⅳ	天数 Z/d	平均温度/°C	平均相对湿度	度日数	冬季室外平均温风数		
开封	−5	−7	−9	−10	102(106)	1.3	63	1703	3.5	−0.5	27
湖北省											
武汉	−2	−6	−8	−11	58(67)	3.4	77	847	2.6	3	28.7
湖南省					0						
长沙	0	−3	−5	−7	30(45)	4.6	81	402	2.7	4.6	29.3
南岳	−7	−10	−13	−15	86	1.3	80	1436	5.7	0.1	21.6
广东省											
广州	7	5	4	3	0	—	—		2.2	13.3	28.4
广西壮族自治区											
南宁	7	5	3	2	0	—	—		1.7	12.7	28.3
四川省											
成都	2	1	0	−1	0	—	—		0.9	5.4	25.5
阿坝	−12	−16	−20	−23	189	−2.8	57	3931	1.2	−7.9	12.5
甘孜	−10	−4	−18	−21	165(169)	−0.9	43	3119	1.6	−4.4	14
康定	−7	−9	−11	−11	139	0.2	65	2474	3.1	−2.6	15.6
峨眉山	−12	−14	−15	−16	202	−1.5	83	3939	3.6	−6	11.8
贵州省											
贵阳	−1	−2	−4	−6	20(42)	5	78	260	2.2	4.9	24.1
毕节	−2	−3	−5	−7	70(81)	3.2	85	1036	0.9	2.4	21.8
安顺	−2	−3	−5	−6	43(48)	4.1	82	589	2.4	4.1	22
威宁	−5	−7	−9	−11	80(98)	3	78	1200	3.4	1.9	17.7
云南省											
昆明	13	11	10	9	0	—	—		2.5	7.7	19.8
西藏自治区											
拉萨	−6	−8	−9	−10	142(149)	0.5	35	2485	2.2	−2.3	15.5
噶尔	−17	−21	−24	−27	240	−5.5	28	5640	3	−12.4	13.6
日喀则	−8	−12	−14	−17	158(160)	−0.5	28	2923	1.8	−3.9	14.6
陕西省											
西安	−5	−8	−10	−12	100(101)	0.9	66	1710	1.7	−0.9	26.4
榆林	−16	−20	−23	−26	148(145)	−4.4	56	3315	1.8	−10.2	23.3
延安	−12	−14	−16	−18	130(133)	−2.6	57	2678	2.1	−6.3	22.9
宝鸡	−5	−7	−9	−11	101(104)	1.1	65	1707	1	−0.7	25.4
华山	−14	−17	−20	−22	164	−2.8	57	3411	5.4	−6.7	17.5
汉中	−1	−2	−4	−5	75(83)	3.1	76	1118	0.9	2.1	25.4
甘肃省											
兰州	−11	−13	−15	−16	132(135)	−2.8	60	2746	0.5	−6.7	22.2
酒泉	−16	−19	−21	−23	155(154)	−4.4	52	3472	2.1	−9.9	21.8

续表

地区	冬季室外计算温度 /°C				设计计算用采暖期					最冷月平均温度 /°C	最热月平均温度 /°C
	I	II	III	IV	天数 Z/d	平均温度 /°C	平均相对湿度	度日数	冬季室外平均温风数		
敦煌	−14	−18	−20	−23	138(140)	−4.1	49	3053	2.1	−9.1	24.6
张掖	−16	−19	−21	−23	156	−4.5	55	5410	1.9	−10.1	21.4
山丹	−17	−21	−25	−28	165(172)	−5.1	55	3812	2.3	−11.3	20.3
平凉	−10	−13	−15	−17	137(41)	−1.7	59	2699	2.1	−5.5	21
天水	−7	−10	−12	−14	116(117)	−0.3	67	2123	1.3	−2.9	22.5
青海省											
西宁	−13	−16	−18	−20	162(165)	−3.3	50	3451	1.7	−8.2	17.2
玛多	−23	−29	−34	−38	284	−7.2	56	7159	2.9	−16.7	7.5
大柴旦	−19	−22	−24	−26	205	−6.8	34	5084	1.4	−14	15.1
共和	−15	−17	−19	−21	182	−4.9	44	4168	1.6	−10.9	15.2
格尔木	−15	−18	−21	−23	179(189)	−5	35	4117	2.5	−10.6	17.6
玉树	−13	−15	−17	−19	194	−3.1	46	4093	1.2	−7.8	12.5
宁夏回族自治区											
银川	−15	−18	−21	−23	145(149)	−3.8	57	3161	1.7	−8.9	23.4
中宁	−12	−16	−19	−21	137	−3.1	52	2891	2.9	−7.6	23.3
固原	−14	−17	−20	−22	162	−3.3	57	3451	2.8	−8.3	18.8
石嘴山	−15	−18	−20	−22	149(152)	−4.1	49	3293	2.6	−9.2	23.5
新疆维吾尔自治区											
乌鲁木齐	−22	−26	−30	−33	162(157)	−8.5	75	4293	1.7	−14.6	23.5
塔城	−23	−27	−30	−33	163	−6.5	71	3994	2.1	−12.1	22.3
哈密	−19	−22	−24	−26	137	−5.9	48	3274	2.2	−12.1	27.1
伊宁	−26	−26	−30	−34	139(143)	−4.8	75	3169	1.6	−9.7	22.7
喀什	−12	−14	−16	−18	118(122)	−2.7	63	2443	1.2	−6.4	25.8
富蕴	−36	−40	−42	−45	178	−12.6	73	5447	0.5	−21.7	21.4
克拉玛依	−24	−28	−31	−33	146(149)	−9.2	68	3971	1.5	−16.4	27.5
吐鲁番	−15	−19	−21	−24	117(121)	−5	50	2691	0.9	−9.3	32.6
库车	−15	−18	−20	−22	123	−3.6	56	2657	1.9	−8.2	25.8
和田	−10	−13	−16	−18	112(114)	−2.1	50	2251	1.6	−5.5	25.5
台湾省											
台北	11	9	8	7	0	—	—	—	3.7	14.8	28.6
香港	10	8	7	6	0	—	—	—	6.3	15.6	28.6

4.3.4 轻质外墙最小传热阻附加值的确定

当居住建筑、医院、幼儿园、办公楼、学校和门诊部等建筑物的外墙为轻质材料时,外墙的最小传热阻应在按式 (4-6) 计算结果的基础上进行附加,其附加值应按表 4-14 的规定采用。

表 4-14　轻质外墙最小传热阻的附加值

外墙材料与构造	当建筑物处在连续供热热网中时	当建筑物处在间歇供热热网中时
密度为 800~1200kg/m^3 的轻骨料混凝土单一材料墙体	15%~20%	30%~40%
密度为 500~800kg/m^3 的轻骨料混凝土单一材料墙体；外侧为砖或混凝土、内侧复合轻骨料混凝土的墙体	20%~30%	40%~60%
平均密度小于 500kg/m^3 的轻质复合墙体；外侧为砖或混凝土、内侧为复合轻质材料 (如岩棉、矿棉、石膏板等) 墙体	30%~40%	60%~80%

【例 4-7】　试检验例 4-6 中 (a)、(b) 两墙在居住建筑中是否能满足天津最小传热阻的要求。

【解】　查表 4-7，温差修正系数 $n = 1.00$。

根据例 4-6 计算墙 (a) 及墙 (b) 的室外计算温度为 $-12°C$。

根据表 4-10，室内空气与围护结构内表面之间的允许温差 $[\Delta t]$ 为 $6°C$。

根据表 4-1，得 $R_i = 0.11$。

根据式 (4-6)，最小传热阻

$$R_{0\,\min} = \frac{18 - (-12) \times 1}{6} \times 0.11 = 0.55[(\mathrm{m}^2 \cdot \mathrm{K})/\mathrm{W}]$$

墙 (a) 的质量密度 $\rho_a = (1600 \times 0.02 + 1800 \times 0.24 + 30 \times 0.025 + 1800 \times 0.02)/0.305$

$$= 500.75/0.305$$

$$= 1642(\mathrm{kg/m}^3)$$

墙 (b) 的质量密度 $\rho_b = (1600 \times 0.02 + 600 \times 0.25 + 30 \times 0.025 + 1800 \times 0.02)/0.29$

$$= 754\mathrm{kg/m}^3$$

查表 4-15，墙 (a) 的质量密度超出范围，最小热阻不需附加；对于墙 (b)，若建筑物处在间歇供热热网中，最小传热阻的附加值为 40%~60%，若取 60%，则墙 (b) 所需的最小热阻应为

$$0.55 \times 1.6 = 0.88[(\mathrm{m}^2 \cdot \mathrm{K})/\mathrm{W}]$$

表 4-15　根据确定最小热阻附加值的要求计算这两墙的密度

材料	质量密度/(kg/m^3)	厚度/m
白灰砂浆	1600	0.02
黏土砖	1800	0.24
聚苯板	30	0.025
水泥砂浆	1800	0.02
加气混凝土	600	0.25

据例 4-6 得，墙 (a) 的热阻为

$$R_0 = 0.11 + 0.025 + 0.296 + 0.625 + 0.022 + 0.04$$
$$= 1.12[(\text{m}^2 \cdot \text{K})/\text{W}]$$

墙 (a) 的热阻 $R_0 > 0.55(\text{m}^2 \cdot \text{K})/\text{W}$，满足要求。

墙 (b) 的热阻

$$R_0 = 0.11 + 0.025 + 0.976 + 0.022 + 0.04$$
$$= 1.17[(\text{m}^2 \cdot \text{K})/\text{W}]$$

墙 (b) 的 $R_0 > 0.88(\text{m}^2 \cdot \text{K})/\text{W}$，满足要求。

虽然这两墙都超出建筑热工规范的最小值，但是否满足建筑节能要求还应根据建筑节能的标准来检查。

4.4   建筑耗热量指标及其计算

建筑耗热量指标 (q_H) 是指，在采暖期室外平均温度条件下，为保持室内计算温度，单位建筑面积在单位时间内消耗的需由室内采暖设备供给的热量，单位是 W/m^2。

建筑耗热量指标的计算公式为

$$q_\text{H} = q_\text{H·c} + q_\text{1NF} - q_\text{1·H} \tag{4-11}$$

式中，q_H——建筑物耗热量指标，W/m^2；$q_\text{H·c}$——单位建筑面积通过围护结构的传热耗热量，W/m^2；q_1NF——单位建筑面积的空气渗透耗热量，W/m^2；$q_\text{1·H}$——单位建筑面积的建筑物内部得热 (包括炊事、照明、家电和人体散热)，住宅建筑取 $3.80\text{W}/\text{m}^2$。

单位建筑面积通过围护结构的传热耗热量计算公式为

$$q_\text{H·c} = (t_i - t_0) \left(\sum_{i=1}^{m} \varepsilon_i \cdot K_i \cdot F_i \right) /A_0 \tag{4-12}$$

式中，t_i——全部房间平均室内计算温度，一般住宅建筑取 16°C；t_0——采暖期室外平均温度，$^\circ\text{C}$(应按表 4-16 采用)；ε_i——围护结构传热系数的修正系数 (表 4-16) K_i——围护结构的传热系数，$\text{W}/\text{m}^2 \cdot \text{K}$，对于外墙应取平均传热系数；$F_i$——围护结构的面积，$\text{m}^2$，按 4.3 节规定计算。

单位建筑面积的空气渗透耗热量计算公式为

$$q_{1NF} = (t_i - t_0)(C_p \cdot \rho \cdot N \cdot V)/A_0 \tag{4-13}$$

式中，C_p—— 空气比热容，取 $0.28\text{W·h}/(\text{kg·K})$；$\rho$—— 空气密度，$\text{kg/m}^3$，取 t_0 条件下的值；N—— 换气次数，住宅建筑取 0.5L/h；V—— 换气体积，m^3。

表 4-16　不同地区采暖居住建筑空气渗透耗热量

采暖期室外平均温度/°C	代表性地区	空气渗透耗热量 $q_{1NF}/(\text{W/m}^2)$		
		楼梯间采暖	多层建筑楼梯间不采暖	高层和中层建筑楼梯间、走道、前室不采暖
$1.0\sim2.0$	郑州、洛阳、宝鸡、徐州	$1.70V_0/A_0$	$1.57V_0/A_0$	$1.30V_0/A_0$
$0.0\sim0.9$	西安、拉萨、济南、青岛、安阳	$1.82V_0/A_0$	$1.68V_0/A_0$	$1.40V_0/A_0$
$-2.0\sim-1.1$	北京、天津、大连、阳泉、平凉	$1.95V_0/A_0$	$1.80V_0/A_0$	$1.50V_0/A_0$
$-3.0\sim-2.1$	兰州、太原、唐山、阿坝、喀什	$2.08V_0/A_0$	$1.92V_0/A_0$	$1.60V_0/A_0$
$-4.0\sim-3.1$	西宁、银川、丹东	$2.19V_0/A_0$	$2.02V_0/A_0$	$1.68V_0/A_0$
$-5.0\sim-4.1$	张家口、鞍山、酒泉、伊宁、吐鲁番	$2.33V_0/A_0$	$2.15V_0/A_0$	$1.80V_0/A_0$
$-6.0\sim-5.1$	沈阳、大同、本溪、阜新、哈密	$2.46V_0/A_0$	$2.27V_0/A_0$	$1.89V_0/A_0$
$-7.0\sim-6.1$	呼和浩特、抚顺、大柴旦	$2.59V_0/A_0$	$2.39V_0/A_0$	$1.99V_0/A_0$
$-8.0\sim-7.1$	延吉、通辽、通化、四平	$2.72V_0/A_0$	$2.51V_0/A_0$	$2.10V_0/A_0$
$-9.0\sim-8.1$	长春、乌鲁木齐	$2.85V_0/A_0$	$2.64V_0/A_0$	$2.20V_0/A_0$
$-10.0\sim-9.1$	哈尔滨、牡丹江、克拉玛依	$2.99V_0/A_0$	$2.76V_0/A_0$	$2.30V_0/A_0$
$-11.0\sim-10.1$	佳木斯、安达、齐齐哈尔、富锦	$3.12V_0/A_0$	$2.8V_0/A_0$	$2.40V_0/A_0$
$-12.0\sim-11.1$	海伦、博克图	$3.26V_0/A_0$	$3.01V_0/A_0$	$2.50V_0/A_0$
$-14.5\sim-12.1$	伊春、呼玛、海拉尔、满洲里	$3.5V_0/A_0$	$3.23V_0/A_0$	$2.69V_0/A_0$

注：① 表中，V_0—— 建筑体积，按建筑物外表面和底层地面围成的体积计算；A_0—— 建筑面积，按各层外墙外包线围成的面积的总和计算

② 表中的计算式根据该地区室外平均温度的平均值给出，据式 (4-13) 求得

　　外墙平均传热系数的计算。外墙在周边热桥的影响下，其平均传热系数计算公式为

$$K_{\mathrm{m}} = \frac{K_{\mathrm{p}} \cdot F_{\mathrm{p}} + K_{\mathrm{B1}} \cdot F_{\mathrm{B1}} + K_{\mathrm{B2}} \cdot F_{\mathrm{B2}} + K_{\mathrm{B3}} \cdot F_{\mathrm{B3}}}{F_{\mathrm{p}} + F_{\mathrm{B1}} + F_{\mathrm{B2}} + F_{\mathrm{B3}}} \tag{4-14}$$

式中，K_{m}——外墙的平均传热系数，$\mathrm{W/(m^2 \cdot K)}$；K_{p}——外墙主体部分的传热系数，$\mathrm{W/(m^2 \cdot K)}$，应按国家现行标准《民用建筑热工设计规范》(GB50176-93) 的规范计算；K_{B1}、K_{B2}、K_{B3}——外墙周边热桥部分的传热系数，$\mathrm{W/(m^2 \cdot K)}$；

　　F_{p}——外墙主体部分的面积，$\mathrm{m^2}$；F_{B1}、F_{B2}、F_{B3}——外墙周边热桥部分的面积，$\mathrm{m^2}$。外墙主体部位和周边热桥部位如图 4-5 所示。

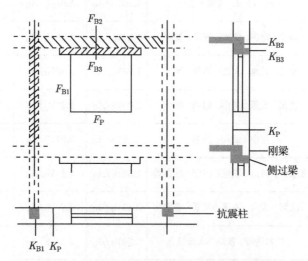

图 4-5　外墙主体部位和周边热桥部位示意图

　　【例 4-8】　一外墙为 240mm 厚的砖墙，带钢筋混凝土圈梁和抗震柱。房间开间 3.3m，层高 2.7m，窗户为 1.5m×1.5m。采用饰面石膏聚苯板 (d=50mm) 内保温。空气间层厚 20mm，其构造如图 4-6 所示，试求该墙的平均传热系数。

　　已知砖的导热系数 λ 为 $0.81\mathrm{W/(m \cdot K)}$，钢筋混凝土的导热系数 λ 为 $1.74\mathrm{W/(m \cdot K)}$，聚苯板的导热系数 λ 为 $0.045\mathrm{W/(m \cdot K)}$，空气间层热阻 R 为 $0.16\mathrm{(m^2 \cdot K)/W}$。

　　【解】　主体部位

$$K_{\mathrm{p}} = \frac{1}{R_{\mathrm{i}} + \sum R + R_{\mathrm{e}}} = \frac{1}{0.11 + \dfrac{0.24}{0.81} + 0.16 + \dfrac{0.05}{0.045} + 0.04}$$

$$= \frac{1}{1.72} = 0.58[\mathrm{W/(m^2 \cdot K)}]$$

$$F_\mathrm{p} = (3.3 - 0.24) \times (2.7 - 0.3) - (1.5 \times 1.5)$$
$$= 3.06 \times 2.4 - 2.25 = 5.09(\mathrm{m}^2)$$

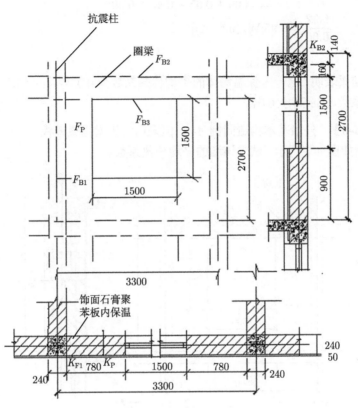

图 4-6　例 4-8 墙的构造

热桥部位

$$K_\mathrm{B1} = \cfrac{1}{0.11 + \cfrac{0.24}{1.74} + \cfrac{0.07}{0.81} + 0.04} = \frac{1}{0.37} = 2.70[\mathrm{W/(m^2 \cdot K)}]$$

$$F_\mathrm{B1} = 2.7 \times 0.24 = 0.65(\mathrm{m}^2)$$

$$K_\mathrm{B2} = \cfrac{1}{0.11 + \cfrac{0.31}{1.74} + 0.04} = \frac{1}{0.33} = 3.03[\mathrm{W/(m^2 \cdot K)}]$$

$$F_\mathrm{B2} = 3.06 \times 0.14 = 0.43(\mathrm{m}^2)$$

$$K_\mathrm{B3} = \cfrac{1}{0.11 + \cfrac{0.24}{1.74} + 0.16 + \cfrac{0.05}{0.045} + 0.04} = \frac{1}{1.56} = 0.64\mathrm{W/(m^2 \cdot K)}$$

$$F_\mathrm{B3} = 3.06 \times 0.16 = 0.49\mathrm{m}^2$$

$$K_{\mathrm{m}} = \frac{K_{\mathrm{p}} \cdot F_{\mathrm{p}} + K_{\mathrm{B1}} \cdot F_{\mathrm{B1}} + K_{\mathrm{B2}} \cdot F_{\mathrm{B2}} + K_{\mathrm{B3}} \cdot F_{\mathrm{B3}}}{F_{\mathrm{p}} + F_{\mathrm{B1}} + F_{\mathrm{B2}} + F_{\mathrm{B3}}}$$

$$= \frac{0.58 \times 5.09 + 2.70 \times 0.65 + 3.03 \times 0.43 + 0.64 \times 0.49}{5.09 + 0.65 + 0.43 + 0.49}$$

$$= \frac{6.32}{6.66} = 0.95 [\mathrm{W/(m^2 \cdot K)}]$$

　　计算结果表明，这一内保温墙体的平均传热系数为 $0.95\mathrm{W/(m^2 \cdot K)}$，要比主体部位传热系数 0.58 高出 64%。

　　【例 4-9】　外墙基本构造同例 4-8，但采用纤维增强聚苯板 ($d=50\mathrm{mm}$) 外保温，其构造如图 4-7 所示，试求该墙的平均传热系数。

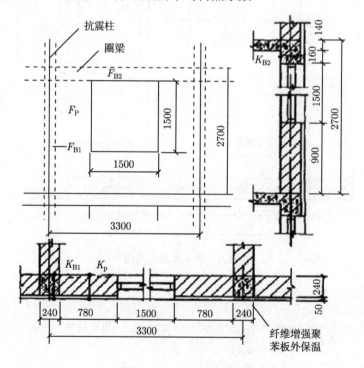

图 4-7　例 4-9 墙的构造

　　【解】　主体部位

$$K_{\mathrm{p}} = \frac{1}{0.11 + \dfrac{0.24}{0.81} + \dfrac{0.05}{0.045} + 0.04} = \frac{1}{1.56} = 0.64 [\mathrm{W/(m^2 \cdot K)}]$$

$$F_{\mathrm{p}} = 5.09 (\mathrm{m^2})$$

热桥部位

$$K_{B1} = \cfrac{1}{0.11 + \cfrac{0.24}{1.74} + \cfrac{0.05}{0.045} + 0.04} = \frac{1}{1.40} = 0.71[W/(m^2 \cdot K)]$$

$$F_{B1} = 0.65(m^2)$$

$$K_{B2} = \cfrac{1}{0.11 + \cfrac{0.24}{1.74} + \cfrac{0.05}{0.045} + 0.04} = \frac{1}{1.40} = 0.71[W/(m^2 \cdot K)]$$

$$F_{B2} = 3.06 \times 0.30 = 0.92(m^2)$$

外墙平均传热系数为

$$
\begin{aligned}
K_m &= \frac{K_p \cdot F_p + K_{B1} \cdot F_{B1} + K_{B2} \cdot F_{B2} + K_{B3} \cdot F_{B3}}{F_p + F_{B1} + F_{B2} + F_{B3}} \\
&= \frac{0.64 \times 5.09 + 0.71 \times 0.65 + 0.71 \times 0.92}{5.09 + 0.65 + 0.92} \\
&= \frac{4.37}{6.66} = 0.66[W/(m^2 \cdot K)]
\end{aligned}
$$

计算结果表明，这一内保温墙体的平均传热系数为 $0.66W/(m^2 \cdot K)$，比主体部位传热系数 $0.64W/(m^2 \cdot K)$ 仅提高 3%。

从这两个例子可以看出，外保温墙体由于在热桥部位也有了保温，其总体的保温效果大大优于内保温墙体。

采暖耗煤量指标的计算公式为

$$q_e = 24Zq_H/(H_e \cdot \eta_1 \cdot \eta_2) \tag{4-15}$$

式中，q_e—— 采暖耗煤量指标，kg/m^2 标准煤；q_H—— 建筑物耗热量指标，W/m^2；Z—— 采暖期天数，天；H_e—— 标准煤热值，取 $8.14 \times 10^3 (W \cdot h)/kg$；$\eta_1$—— 室外管网输送效率，采取节能措施前取 0.85，采取节能措施后取 0.90；η_2—— 锅炉运行效率，采取节能措施前取 0.55，采取节能措施后取 0.68。

不同地区采暖住宅建筑耗热量指标和采暖耗煤量指标不应超过表 4-15 规定的数值。集体宿舍、招待所、旅馆、托幼建筑等采暖居住建筑的保温应达到当地采暖住宅建筑的水平。

【例 4-10】 已知一建筑的建筑面积为 A_0，建筑体积为 V_0，建在沈阳，楼梯间采暖。单位建筑面积通过围护结构的传热耗热量为 $q_{H \cdot c}$，试求其建筑耗热量指标及采暖耗煤量指标。

【解】 查表 4-16，沈阳采暖期室外平均温度为 $-6.0 \sim -5.1°C$，$q_{1NF} = 2.46V_0/A_0$。

建筑耗热量指标为

$$q_H = q_{H \cdot c} + 2.46V_0/A_0 - 3.80(\text{W/m}^2)$$

采取节能措施后沈阳的采暖耗煤量指标为

$$q_e = 0.733q_H = 0.733(q_{H \cdot c} + 2.46V_0/A_0 - 3.80)(\text{kg/m}^2)$$

全国主要城镇采暖耗煤量指标计算式为

$$q_e = K_e q_H$$

复习思考题

已知以下条件。

(1) 烧结矩形多孔砌块简介及尺寸。烧结矩形多孔砌块是以污泥 (淤泥)、建筑垃圾、皮革厂废煤渣、脱硫石膏、膨胀珍珠岩、聚苯乙烯颗粒、粉煤灰等建筑、工业固体废弃物为原材料，进行烧结试验，研制出的大尺寸多孔烧结砌块。本题采用的烧结矩形多孔砌块规格为 390mm×240mm×190mm，并且孔洞内填充聚苯乙烯泡沫板 (见图 4-8)。

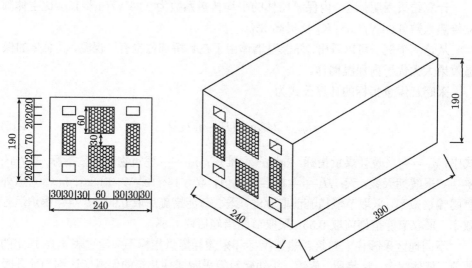

图 4-8　烧结矩形多孔砌块平面、立体示意图

(2) 烧结矩形多孔砌块的孔洞率、强度及其他性能。烧结矩形多孔砌块的孔洞率为 30.3%，干密度为 1400kg/m³，强度等级为 10MPa。

(3) 烧结矩形多孔砌块砌体砌筑时砂浆的相关性能。烧结矩形多孔砌块砌体砌筑时采用水泥砂浆，密度为 1800kg/m³，导热系数 λ=0.93W/(m·K)。

(4) 烧结矩形多孔砌块砌筑方式。烧结矩形多孔砌块砌筑方式 (见图 4-9),上下皮间的竖缝相互错开。灰缝横平竖直,灰缝的厚度为 10mm。

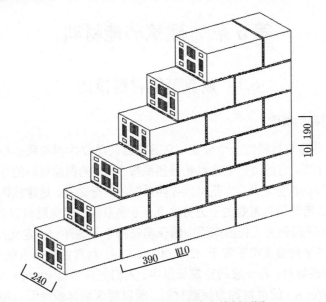

图 4-9 烧结矩形多孔砌块砌体剖面图

试计算砌块的当量导热系数和裸墙的传热系数。

第5章　建筑节能材料

5.1　建筑节能材料概述

5.1.1　保温材料的概念

保温材料是建筑材料的一个分支，它的特点是单位体积的质量小，有的 $1m^3$ 的体积只有几千克。它的另一个特点是导热系数小，有的保温材料的导热系数仅为红砖墙导热系数的百分之几，为花岗岩导热系数的千分之几，是建筑钢材导热系数的万分之几，是紫铜导热系数的十万分之几。导热系数小是保温材料的主要特性。

近几年，在我国热力工程的应用中给保温材料下了这样一个定义：以减少热量损失为目的，在平均温度小于等于 $625K(350℃)$ 时，材料的导热系数小于 $0.12W/(m·K)$，称为保温材料。在一般的建筑保温中，人们把在常温 $(20℃)$ 下，导热系数小于 $0.233\ W/(m·K)$ 的材料称为保温材料。所以建筑墙体或屋面采用的密度小于 $700kg/m^3$，导热系数为 $0.22\ W/(m·K)$ 的加气混凝土也属于保温材料。

5.1.2　保温材料的使用环境

有的保温材料可以在 $1000℃$ 以上的条件下较长时间使用，而不降低其保温隔热性能；有的保温隔热材料可以在很低的负温下使用而不脆断；也有的保温材料(如发泡聚苯乙烯板)使用温度不到 $100℃$ 就开始收缩，温度继续升高就会熔化或者燃烧，有的保温材料一点火就迅猛燃烧，救火都来不及；有的保温材料用明火一点就着，明火一离开它就自熄；而有的保温材料根本就不燃烧，属于不燃材料。普通铝箔在潮湿条件下使用易锈蚀，而在 $350℃$ 以上使用易氧化而降低原有的热反射功能。

5.1.3　保温材料的品种

我国的保温材料不仅品种多，而且产量很大，应用范围也很广。2000 年的产量就达到 95 万吨，居世界第二位。其品种主要有岩棉、矿渣棉、玻璃棉、超细玻璃棉、硅酸铝纤维、微孔硅酸钙和微孔硬质硅酸钙、模塑聚苯乙烯泡沫塑料、挤塑聚苯乙烯泡沫塑料、酚醛泡沫塑料、橡塑泡沫塑料、聚氯乙烯泡沫塑料、硬质聚氨酯泡沫塑料、聚乙烯泡沫塑料、泡沫玻璃、膨胀珍珠岩、膨胀蛭石、硅藻土、稻草板、木丝板、木屑板、加气混凝土、复合硅酸盐保温材料、复合硅酸盐保温粉及它们的各种各样的制品和深加工的各类产品系列，还有绝热纸、绝热铝箔等。

　　由于有多种保温材料品种及其系列制品供人们选用，故可根据各自的使用目的、环境、保温绝热的具体要求等择优选用。

5.1.4　保温材料的分类

　　对保温材料进行分类，我国还没有一个统一的用于分类的方法或标准。这里参照国外的部分分类方法和我国习惯的分类法进行分类，即按材质、使用温度、结构、形态等进行分类。

　　1. 按保温材料的材质分类

　　按保温材料的材质可以把保温材料分为有机保温材料、无机保温材料和金属保温材料。

　　2. 按保温材料的使用温度分类

　　按保温材料的使用温度，可以把保温材料分为耐高温 (700°C 以上使用) 保温材料、耐中等温度 (100~700°C 使用) 保温材料、常温 (0~100°C 使用) 保温材料，还有低温 (−30~0°C 使用) 保冷材料和超低温 (−30°C 以下使用) 保冷材料。

　　实际上，有的保温材料既可在高温下使用，也可在中低温下使用，所以对多数保温材料来说并没有严格的使用温度界限。

　　但对有些保温材料，特别是有机保温材料，是有严格的使用温度限制的，否则不仅会影响保温工程的质量和长期使用效果，而且还可能引发大型火灾和中毒事故，造成人员伤亡事故和重大的财产损失。对防火等级要求高的建筑，一定要选用不燃或难燃的保温材料，一般工程也最好用阻燃型保温材料。

　　3. 按保温材料的结构分类

　　按保温材料的结构可以把保温材料分为纤维 (固体基质、气孔连续) 保温材料、多孔 (固体基质连续、气孔不连续) 保温材料、粉末 (固体基质不连续、气孔连续) 保温材料。

　　4. 按保温材料的密度分类

　　按保温材料的密度可以将保温材料分为重质 (密度大于 350kg/m^3) 保温材料、轻质保温材料 (密度为 $50\sim350\text{kg/m}^3$) 保温材料、超轻质 (密度小于等于 50kg/m^3) 保温材料。

　　5. 按保温材料的压缩性能分类

　　按保温材料的压缩性能可将保温材料分为软质 (可压缩 30%以上) 保温材料、半硬质 (可压缩 6%~30%) 保温材料、硬质 (可压缩小于 6%) 保温材料。

6.按保温材料的形态分类

按保温材料的形态可将保温材料分为多孔保温材料、纤维保温材料、粉末保温材料、膏状保温材料和层状保温材料,详见表 5-1。

表 5-1　常用保温材料按形态分类

按形态分类	材料名称	制品形状
多孔状	聚苯乙烯泡沫塑料	板、块、筒
	聚氯乙烯泡沫塑料	板、块、筒
	泡沫玻璃、聚氨酯泡沫塑料	板、块、筒
	改性菱镁泡沫制品、加气混凝土	板、块
	微孔硅酸钙、珍珠岩制品	毡、块、筒
纤维状	岩棉、矿渣棉	毡、筒、带、板
	玻璃棉、超细玻璃棉	毡、筒、带、板
	陶瓷纤维、硅酸铝纤维棉	板、筒、带、板
	稻草板	板
	软木、木丝板、木屑板	板
粉末状	膨胀珍珠岩	粉
	硅藻土、硅酸盐复合保温粉	粉
	膨胀蛭石	粉
膏状	硅酸盐复合保温涂料	膏、浆
层状	金属箔、纸玻纤筋铝箔、铝箔	夹层、蜂窝状、单层
	金属镀膜	多层状、单层
	绝热纸	层状、单层、多层
	绝热塑料反射膜	层状、单层、多层

5.1.5　保温材料的一般选用原则

在设计节能建筑和建造节能技术中都要选用保温材料,在高效节能锅炉的生产和节能管网的安装中也要选用保温材料,还有工业窑炉、冷库建设和深冷工程中同样要选用保温绝热材料。那么,在选用保温材料时应考虑哪些因素呢?应遵循什么原则呢?一般情况下,可以按下述项目进行比较和选择。

(1) 保温材料的使用温度范围。根据工程实际情况,具体工程是在高温下、常温下或是低温下使用的具体条件来选用保温材料。一定要使所选用的保温材料在设计的使用工况条件下不会有较大的变形,不仅要保证保温材料不受损坏,而且要达到设计的保温效果和设计的使用寿命。

(2) 保温材料要求具有较小的导热系数。在相同保温效果的前提下,导热系数小的材料的保温层厚度就可以更小,保温结构所占的空间会更小。如果在较高的温度下使用保温材料,不要选用密度太小的保温材料,因为在高温条件下密度太小的保温材料的导热系数可能会很大。

(3) 保温材料要有良好的化学稳定性。在强腐蚀性介质的环境中，要求保温材料不会与这些腐蚀性介质发生化学反应(如聚苯乙烯泡沫塑料易与涂料或油漆中的有机溶剂发生化学反应)，以保证保温工程质量和保温节能效果。

(4) 保温材料的机械强度要与使用环境相匹配。有时保温材料需要承受一定的荷载 (风、雪、施工人员)，或承受设备压力或外力撞击，所以在这种情况下要求保温材料要有一定的机械强度，以传递和抵抗外力。

(5) 保温材料的使用年限要与被保温主体的正常维修期基本相适应，以免造成不必要的浪费。

(6) 保温材料的单位体积价格要与其使用功能相称，要以功能价格即单位热阻价格来评价其贵贱。

(7) 保温材料应首选无机不燃的保温材料或选用难燃的保温材料；在防火要求不高或有良好的防护隔离层时也可选用阻燃性好的保温材料。 不应选用易燃、不阻燃或燃烧产物有毒的保温材料。

(8) 应选用吸水率小的保温材料。首选不吸水的保温材料，其次是选择防水型保温材料、憎水性保温材料。若选用易吸水、易受潮的保温材料，一定要采取有效可靠的防水、防潮、排湿措施。

(9) 保温材料应有良好的施工性。应使保温施工安装方便易行，既操作简便，又易于保证保温工程质量。

5.2 建筑节能材料及制品

5.2.1 岩棉及其制品

岩棉是以玄武岩或辉绿岩为主要原料，经高温熔融后由高速离心设备 (或喷吹设备) 加工制成的轻质硅酸盐，是非连续的絮状人造无机纤维。纤维直径为 $4\sim7\mu m$，具有质轻、不燃、导热系数小、吸声性能好、化学稳定性好等特点。另外，岩棉耐久性好，能够做到与结构寿命同步，而且在耐火性能方面表现尤为优异，是一种难燃材料。岩棉材料的化学稳定性好，氯离子含量极低，对保温体无腐蚀作用。

岩棉的缺点是密度低，抗压强度不高，耐长期潮湿性比较差。

用专用设备在纤维中加入胶粘剂、憎水剂等添加剂，经固化、切割等工序制成的岩棉板材、毡材、管材、带材，除具备以上所述特点外，还具有一定的强度及保温、绝热、隔冷性，吸声性能好，耐高温等突出优点，因此广泛应用于建筑、石油、化工、电力、冶金、国防和交通运输等行业，是各种建筑物、管道、储罐、蒸馏塔、锅炉、烟道、热交换器、风机和车船等工业设备的保温、隔热、隔冷、吸声材料。岩棉制品的最高使用温度为 $600°C$。图 5-1 为岩棉制品图片。岩棉制品的产品规格和物理性能见表 5-2 和表 5-3。

(a) 彩钢岩棉防火复合板

(b) 岩棉管壳

图 5-1   岩棉制品

表 5-2   岩棉制品的产品规格

制品名称	长/mm	宽/mm	厚/mm	内径/mm
板	900、1000	500、600、700、800	30、40、50、60、70	—
带	2400	910	30、40、50、60	—
毡	910	630、910	50、60、70	—
管壳	600、910、1000		30、40、50、60、70	22、38、45、57、89、108、133、159、194、219、245、273、325

表 5-3   岩棉板的主要性能指标

密度/(kg/m³)	密度极限偏差/%	导热系数/[W/(m·K)]	有机物含量/%	最高使用温度/°C	燃烧性能级别
61~200	±15	≤0.044	≤4.0	≥600	不燃

注: 选自 GB/T11835-1998

5.2.2   玻璃棉及其制品

玻璃棉是以硅砂、石灰石、氟石等矿物质为主要原料, 经熔化, 用火焰法、离心法或高压载能气体喷吹法等工艺, 用熔融玻璃液制成的直径在 6μm 以下的絮状超细无机纤维。纤维和纤维之间为立体交叉, 互相缠绕在一起, 呈现出许多细小的间隙, 这种间隙可看做孔隙。因此, 玻璃棉可视为多孔材料。玻璃棉制品主要有玻璃棉管、玻璃棉板和玻璃棉毡等, 参见图 5-2。玻璃棉制品的产品规格参见表 5-4。

玻璃棉具有优越的保温、隔热、吸声性能, 用途十分广泛; 具有防腐、防水、不发霉、不生虫的特性, 能有效地阻止冷凝, 防止管道冻结, 并且质量轻、吸声系数大、导热系数小、不燃且阻燃、化学稳定性好、成本较低、憎水性能好、富弹性、柔软度佳。玻璃棉既是常用的保温材料, 又是常用的保冷材料, 应用范围比较广泛, 多用于钢结构厂房保温、设备保温、设备消音、空调风管、火车、汽车、轮船、住宅保温盒消音、各种管道保温等。

(a) 玻璃棉管   (b) 离心玻璃棉板

图 5-2 玻璃棉制品

表 5-4 玻璃棉制品的产品规格

制品名称	容重/(kg/m^3)	规格/mm	厚度/mm
玻璃棉板	10~100	2 000×1 200, 1 200×600	15~150
玻璃棉管	48~80	φ15~1 200	30~100
玻璃棉毡	10~50	12 000(宽), 11 000(长)	10~150

5.2.3 膨胀珍珠岩及其制品

珍珠岩为火山喷发的酸性熔岩经急速冷却形成的玻璃质岩石,是一种天然的玻璃。珍珠岩因含不同的色素离子而呈黄白、肉红、暗绿、褐棕、灰黑色。珍珠岩最突出的物理性能是其膨胀性,其烧成制品为膨胀珍珠岩。

膨胀珍珠岩俗称珠光砂,又名珍珠岩粉,是以珍珠岩矿石经过破碎、筛分、预热,在高温 (1260°C) 中悬浮瞬间焙烧,体积骤然膨胀 4~30 倍加工而成的一种白色或灰白色的中性无机砂状材料,颗粒结构呈蜂窝泡沫状,质量特轻,风吹可扬。它具有表观密度小、保温、绝热、吸声、无毒、不燃、无臭、抗菌、耐腐蚀、施工方便等特性。

膨胀珍珠岩制品是以膨胀珍珠岩为骨料,配合适量的胶粘剂 (如水泥、水玻璃、磷酸盐等),经过搅拌、成型、干燥、焙烧或养护而成的具有一定形状的成品 (如板、砖、管、瓦等)。它们可用做工业与民用建筑工程的保湿、隔热、吸声材料以及各种管道、热工设备的保温、绝热材料。膨胀珍珠岩制品一般以胶粘剂命名,如水泥膨胀珍珠岩制品、水玻璃膨胀珍珠岩制品等,参见图 5-3。

膨胀珍珠岩制品有很多种,目前国内生产的主要产品有水泥膨胀珍珠岩制品、水玻璃膨胀珍珠岩制品、磷酸盐膨胀珍珠岩制品和沥青膨胀珍珠岩制品 4 种,其中水泥膨胀珍珠岩制品性能参见表 5-5。

(a) 珍珠岩　　　　(b) 水泥膨胀珍珠岩砌块　　　　(c) 珍珠岩温板

图 5-3　珍珠岩及其制品

表 5-5　水泥膨胀珍珠岩制品主要性能指标

表观密度/(kg/m³)	抗压强度/MPa	导热系数/[W/(m·K)]	抗折强度/MPa	使用温度/°C	吸湿率(24h)/%	吸水率(24h)/%	抗冻 15 次干冻循环强度损失/%	软化系数
300~400	0.5~1.0	0.058~0.087(常温)	>0.3	≤600	0.87~1.55	110~130	10~24	0.7~0.74

5.2.4　泡沫玻璃及其制品

　　泡沫玻璃是以粉煤灰和废玻璃为主要原材料，添加发泡剂、改性剂、促进剂等外加剂，经细粉碎 (140 目) 烘干，含水量小于 1.5%，并均匀混合，放入有隔离剂的特定耐热钢模具中，经过加热、熔融、发泡、冷却、脱模、退火、切割而成。气泡占总体积的 80%~95%，气泡直径为 0.5~5mm。

　　泡沫玻璃具有不燃、耐火、隔热、耐虫蛀及细菌侵蚀等性能，并能抗大多数有机酸、无机酸及碱。由于泡沫玻璃基质为玻璃，故不吸水。又由于内部气泡是封闭的，所以它既不存在毛细现象，也不会渗透，仅表面附着残留水分。因此，泡沫玻璃是理想的保冷绝热材料。作为隔热材料，它不仅具有良好的机械强度，而且加工方便，用一般的木工工具即可将其锯成所需规格。

　　泡沫塑料板常用规格为 600mm×600mm，常用厚度为 20~100mm，参见图 5-4。

(a) 彩色吸声泡沫玻璃　　　　　　　　(b) 屋面泡沫玻璃隔热板

图 5-4　泡沫玻璃制品

《泡沫玻璃绝热制品》(JC/T647-2005) 中规定的性能指标参见表 5-6。

表 5-6 泡沫玻璃主要性能指标

项目	分类	150			180	
	等级	优等	一等	合格	一等	合格
密度/(kg/m³)		≤150			≤180	
抗压强度/MPa		≥0.5	≥0.4	≥0.3	≥0.5	≥0.4
抗折强度/MPa		≥0.4	≥0.4	≥0.4	≥0.5	≥0.5
吸水率/%		≤0.5				
导热系数/[W/(m·K)]		≤0.058	≤0.062	≤0.066	≤0.062	≤0.066
		≤0.046	≤0.050	≤0.054	≤0.050	≤0.054
使用温度范围/°C		−200～400				

5.2.5 泡沫塑料及其制品

泡沫塑料是以合成树脂为原料,加入发泡剂、稳定剂、催化剂等,通过热分解放出大量气体,形成内部具有无数小气孔材料的塑料制品,用于建筑工程的吸声、保温与绝热。泡沫塑料种类繁多,几乎每种合成树脂都可以制成相应品种的泡沫塑料,通常以所用树脂命名。目前建筑上应用较多的有聚苯乙烯泡沫塑料、聚氨酯泡沫塑料、聚氯乙烯泡沫塑料等。泡沫塑料的分类见表 5-7。

表 5-7 泡沫塑料的分类

按所用树脂分类	有聚氯乙烯泡沫塑料、聚苯乙烯泡沫塑料、聚乙烯泡沫塑料、脲醛泡沫塑料、聚氨酯泡沫塑料、环氧树脂泡沫塑料、酚醛泡沫塑料、有机硅泡沫塑料等
按性质分类	有硬质泡沫塑料、软质泡沫塑料、可发性泡沫塑料、自熄性泡沫塑料、乳液泡沫塑料等
按孔型结构分类	有开孔型泡沫塑料、闭孔型泡沫塑料

1.膨胀聚苯板

膨胀聚苯板 (EPS 板) 是以可发性聚苯乙烯颗粒为原料,经加热预发泡,在模具中加热成型而制成的具有微细闭孔结构的泡沫塑料板材,EPS 板由 98%的空气和 2%的聚苯乙烯组成。该产品分普通型和阻燃型,具有质轻、保温、隔热、耐低温、有一定的弹性、吸水性极小、容易加工等优点,主要用于建筑、车辆、船舶、制冷设备和冷藏等行业的隔热、保温、保冷。

EPS 板的原料是直径为 0.38～6mm 的小颗粒,一般呈白色或者淡青色,颗粒内含有膨胀剂,当用蒸汽或者热水加热时,则变为气体状态。这些小颗粒需要预先膨胀。生产低密度泡沫时,采用蒸汽加热;生产高密度泡沫时可采用热水加热,受热后,膨胀剂气化,使软化的聚苯乙烯膨胀,形成具有微小闭孔的轻质颗粒。然后,将这些膨胀颗粒置于所要求形状的模型中，再喷入蒸汽，利用蒸汽热压，使孔隙中的气体膨胀，将颗粒间的空气和冷凝蒸汽排除，同时使聚苯乙烯软化并粘合在一起，制成成品，参见图 5-5。

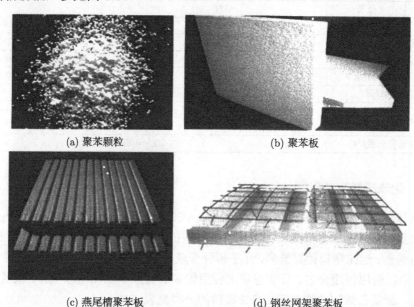

(a) 聚苯颗粒　　　　　　　　　　　　　　(b) 聚苯板

(c) 燕尾槽聚苯板　　　　　　　　　　　(d) 钢丝网架聚苯板

图 5-5　聚苯板及其制品

EPS 板有一定的机械强度，有较强的变形恢复能力，是很好的耐冲击材料。聚苯乙烯在高温下容易软化变形，安全使用温度为 70℃ 以下，最低使用温度为 −150℃。膨胀聚苯板主要性能指标参见表 5-8。

表 5-8　膨胀聚苯板的主要性能指标

表观密度/(kg/m³)	导热系数/[W/(m·K)]	垂直于板面方向的抗拉强度/MPa	尺寸稳定性/%
18~22	≤0.041	≥0.10	≤0.30

2.挤塑聚苯板

挤塑聚苯板 (XPS 板) 是以聚苯乙烯树脂或其共聚物为主要成分，添加少量化学添加剂在一定温度下采用模压设备，通过热挤塑成型制得的具有闭孔结构的硬质泡沫塑料。由于在挤塑板内所形成的闭孔蜂窝状结构互相紧密连接，没有空隙，所以它不仅具有极低的热导率和吸水率，还有较高的抗压强度，更具有优越的抗湿、抗冲击和耐热等性能，在长期高湿或者浸水的环境下，仍能保持优良的保温性能。

例如，欧文斯科宁公司的粉红色 XPS 板、巴斯夫公司的绿色 XPS 板等，它们除在本国拥有广大的市场外,也在国外市场上取得了成功。XPS 板产品在问世的几十年间已经在各种建筑结构中得到了应用,并积累了成熟的经验。在居住建筑中作为绝缘材料特别是屋面绝缘材料,应用十分广泛,同时在商业和工业中也不乏成功的范例。如日本的大阪机场、美国的麦当劳公司总部大楼等。在我国新型建筑中,北京的中国银行大楼、东方广场、上海的可口可乐工厂、广州的雀巢冰淇淋厂都使用了 XPS 作为保温材料。XPS 板及其相关制品参见图 5-6。用于外墙保温的挤塑聚苯板主要性能指标参见表 5-9。

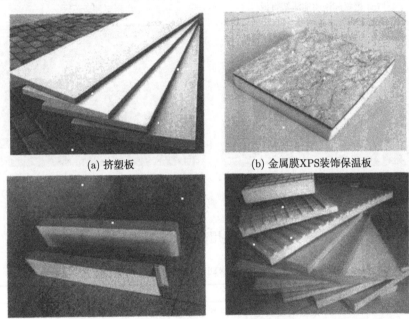

(a) 挤塑板   (b) 金属膜XPS装饰保温板

(c) 挤塑聚苯乙烯夹芯板   (d) 单面钢丝网及燕尾槽挤塑板

图 5-6　挤塑聚苯板及其相关制品

表 5-9　用于外墙保温的 XPS 板的主要性能指标

表观密度 /(kg/m³)	导热系数 /[W/(m·K)]	抗压强度 /MPa	抗拉强度 /MPa	体积吸水率/%	燃烧性能级别
25~35	0.026~0.0289	0.15~0.25	≥0.25	≤1	B2

3.聚氨酯泡沫塑料

聚氨酯泡沫塑料是由含有羟基的聚醚或聚酯树脂与异氰酸酯反应生成的聚氨酯主体,并由异氰酸酯与水反应生成的二氧化碳或用低沸点的氟氢化烷烃为发泡剂发泡,生产的内部具有无数小气孔的一种塑料制品,参见图 5-7。

(a) 聚氨酯硬质泡沫塑料板

(b) 聚氨酯夹芯板

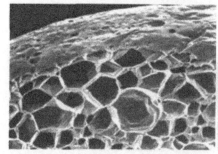

(c) 聚氨酯硬质泡沫塑料蜂窝结构

(d) 聚氨酯喷涂液

图 5-7 聚氨酯制品

聚氨酯泡沫塑料的分类、特点及适用范围参见表 5-10。

表 5-10 聚氨酯泡沫塑料的分类、特点及适用范围

分类		性能特点	制品种类	适用范围
按主要原料划分	聚醚型	聚氨酯硬质泡沫塑料具有密度小、强度大、耐温性好、吸水性小、热导率低,还有自熄性以及良好的吸声、防震性能	泡沫体 片材 型材 现场发泡	硬质材料在建筑工程上用做保温、吸声、防震等材料
	聚酯型			
按产品软硬划分	硬质	聚氨酯软质泡沫塑料俗称海绵,具有密度小、柔软、弹性大、压缩变形小、无味、不霉、不蛀、吸声性能好、保暖、防尘、使用温度范围广等特点,而且强度高、耐磨性好、耐油、耐皂水洗涤,并可做成各种颜色		软质材料广泛用于包装、吸声、隔热、过滤、吸尘、防潮、防冲击等方面,还可用于床垫、坐垫及其他日用家具中
	软质			

硬泡聚氨酯 (PU) 在建筑节能中的应用非常广泛,硬质聚氨酯泡沫塑料是建筑物的屋顶、顶棚、墙板、地板等部位保温隔热节能的理想材料。目前,我国开发应用硬泡聚氨酯外墙保温隔热技术并批量用于工程实践。硬泡聚氨酯根据其形态分

为两种：硬质聚氨酯板和硬泡聚氨酯现场喷涂，目前常用的为硬泡聚氨酯喷涂外墙外保温技术。硬泡喷涂聚氨酯是一种高分子热固性聚合物，是优良的保温材料，其导热系数为 0.015～0.025W/(m·K)。一般来说，永久性的机械锚固、临时性的固定、穿墙管道或者外墙上的附着物的固定往往会造成局部热桥，而采取硬泡聚氨酯喷涂工艺，由于硬泡喷涂聚氨酯与一般墙体材料黏结强度较高，无须胶粘剂和锚固件，是一种天然的胶粘材料，能形成连续的保温层，保证了保温材料与墙体的共同作用，并有效地阻断热桥。不同密度下的硬泡聚氨酯性能指标见表 5-11。

表 5-11 不同密度下的硬泡聚氨酯性能指标

密度/(kg/m³)	导热系数/[W/(m·K)]	抗压强度/MPa	抗拉强度/MPa	尺寸稳定性/%
35	0.0202	0.325	0.265	−0.5
45	0.0193	0.432	0.310	−0.3
55	0.0192	0.460	0.362	−0.3
65	0.0205	0.510	0.412	−0.2

注：表中数据均来自相关厂家的公开渠道，供参考

4.胶粉聚苯颗粒保温浆料

胶粉聚苯颗粒保温浆料由胶粉料与聚苯颗粒组成，两种材料分袋包装 (或直接在工厂混合后作为混合料)，使用时按比例加水搅拌制成。为了进一步提高胶粉聚苯颗粒保温浆料的防水抗渗能力，有时在胶粉料中适当掺入一些憎水剂，以提高整个外保温系统的长期稳定性。

将胶粉粒、聚苯颗粒按比例用水搅拌成灰浆状涂抹于外墙上，与主体墙结合成一体，干后质量轻，导热系数低，软化系数高，因此保温节能效果好，寿命长，不会出现拼缝热桥问题，其抗负风压性能和现有技术相比有很大程度的提高，且对门、窗、洞口施工容易，施工后保温墙体不开裂、不空、不鼓。图 5-8 为胶粉聚苯颗粒保温浆料施工中和施工后的实拍图片。

图 5-8 胶粉聚苯颗粒保温浆料施工中和施工后

胶粉料一般由以下质量百分比的成分组成：水泥 52%~72%、粉煤灰 20%~39%、耐碱纤维 0.24%~1.2%、纤维素 0.6%~1.2%、海泡石 0~9%、硬质酸盐 0~4%、偏硅酸钙 0~2.4%、氧化钙 0~4%。

聚苯颗粒按形成方式可分成原生颗粒和再生颗粒，俗称新颗粒和旧颗粒。聚苯颗粒本身质轻多孔、导热系数低、保温隔热性好，具有良好的憎水性和韧性，同时耐酸碱，化学稳定性好。聚苯颗粒粒径小于等于 5mm。

原生 EPS 颗粒 (新颗粒) 是采用聚苯乙烯单体及相应的悬浮稳定剂、液体发泡剂等材料经过发泡形成的。主要特征为密度低，隔热性能好，表面为封闭结构，其中球形结构对提高复合材料压缩强度有利。但是新颗粒光滑的表面将影响水泥材料与颗粒间的粘结强度，新颗粒的单一级配也不利于形成紧密堆积结构，这样的结构将影响保温砂浆的保温性能，另外新颗粒价格相对较高。

再生 EPS 颗粒 (旧颗粒) 是由回收的废弃包装材料经破碎加工制成的，基本保持了原生 EPS 颗粒的特性，即质轻、导热系数小、吸水率低，但其形状、表面状态和级配均发生了变化。再生 EPS 颗粒的级配较好，可使保温砂浆的和易性和粘结力得到提高。但是，用旧颗粒配制的保温砂浆相应的保温效果略低于新颗粒。

胶粉聚苯颗粒保温浆料的性能特点如下。

(1) 防火性能好，具有极好的耐候性，导热系数低，保温性能好，软化系数高，耐冻融及抗老化。

(2) 与其他施工作业配合较好，施工速度快。

(3) 适应于平整度要求不高的基层施工，可以减少大量的剔凿工序。

(4) 造价低，经济效益好。

胶粉聚苯颗粒保温浆料的主要性能指标见表 5-12。

表 5-12 胶粉聚苯颗粒保温浆料的主要性能指标

湿表观密度 /(kg/m³)	干表观密度 /(kg/m³)	导热系数 /[W/(m·K)]	抗压强度 /MPa	压剪粘结强度/MPa	线性收缩率/%	软化系数
≤420	180~250	≤0.06	≥0.20	≥0.05	≤0.3	≥0.5

5.水泥聚苯复合保温板

水泥聚苯复合保温板是粒状聚苯乙烯泡沫塑料下脚料破碎而成的颗粒，经掺加水泥、水、EC 起泡剂和稳定剂等材料加工而成的一种新型的建筑物屋面等保温隔热材料。水泥聚苯复合保温板具有质量轻、导热系数小、保温隔热性能好、耐水、难燃、安装施工方便、便于在其表面抹灰装修等优点，是国家重点推荐的建筑节能产品，参见图 5-9。

图 5-9 水泥聚苯保温板

水泥聚苯保温板的主要性能指标参见表 5-13。

表 5-13 水泥聚苯保温板的主要性能指标

密度/(kg/m³)	强度/MPa	抗弯强度/MPa	导热系数/[W/(m·K)]	抗冻性	自然含水
280~330	>0.3	>0.15	<0.09	<25	<15

5.2.6 玻化微珠及其制品

玻化微珠是一种新型的无机轻质骨料及绝热材料,它是利用含结晶水的酸性玻璃质火山岩 (如黑耀岩及松脂岩等) 经粉碎、脱水 (结晶水)、气化膨胀、熔融玻化等工艺生产而成。且颗粒呈不规则球状,其内部为多孔的空腔结构,而外表面封闭、光滑,具有质轻、绝热、防火、耐高温、耐老化、吸水率低等优异性能,可广泛用于建材、化工、冶金、轻工等诸多领域。玻化微珠可作为轻质骨料应用于干混砂浆中,它避免了传统轻质骨料的缺陷,更适宜用于轻质砂浆与抹灰材料中。玻化微珠参见图 5-10 和图 5-11。

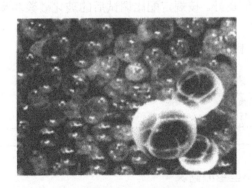

图 5-10 玻化微珠及其颗粒在显微镜下的形状

图 5-11   玻化微珠保温浆料施工中

玻化微珠保温浆料与膨胀珍珠岩、聚苯颗粒保温浆料相比，具有以下特点。

(1) 导热系数低。一般导热系数为 0.038~0.045 W/(m·K)。

(2) 压缩强度高。经高温膨化表面形成一层透亮的密封玻壁，壁厚为其直径的 8%~30%，可承受 1000~7000g/cm³ 的压力 (筒压强度)，不易破坏，可大大降低在受压、装卸、搅拌中的破损率，不但提高了材料在整体成型后的抗压强度，而且也使实际保温效果得到有效维护。

(3) 耐高温、不燃。熔点高于 1450°C，高温不变形，燃烧性能为 A 级，热稳定性和耐候性突出。

此外，玻化微珠还具有以下特性。

(1) 玻化微珠是无机材料，无污染，无放射，绿色环保。它的耐老化年限远远高于其他有机材料。

(2) 耐久性强。涂抹成型之后它与墙壁的接触面为 99%以上，而且玻化微珠砂浆类产品与现有各类墙体的亲和力较好，整体粘贴牢固且无任何孔洞，避免了负风压等恶劣环境所带来的严重后果，更使其与主墙体的寿命相匹配，牢固耐久。

(3) 施工操作性能良好。按规定配比调试后的玻化砂浆和易性突出，黏稠度适中，涂抹时非常简便。

玻化微珠保温浆料的主要性能指标见表 5-14。

表 5-14   玻化微珠保温浆料的主要性能指标

料浆密度 /(kg/m³)	干表观密度 /(kg/m³)	导热系数 /[W/(m·K)]	抗压强度 /MPa	粘结强度 /MPa	线性收缩率/%	软化系数
≤ 1000	≤ 300	≤ 0.07	≥ 0.30	≥ 0.10	≤ 0.3	≥ 0.60

5.2.7   普通混凝土小型空心砌块

普通混凝土小型空心砌块是用水泥作为胶结料，砂石作为集料，经搅拌、振动 (或压制) 成型、养护等工艺过程制成。其分为承重、非承重的普通混凝土小型空心砌块和装饰混凝土小型空心砌块,参见图 5-12,适用于承重墙体、外围护墙或内墙隔墙。

图 5-12 普通混凝土小型空心砌块

1.规格及主要技术参数

普通混凝土小型砌块的基本规格见表 5-15.

表 5-15 普通混凝土小型空心砌块的基本规格 (单位:mm)

90mm 宽度系列		190mm 宽度系列		用途
编号	外形尺寸 (长 × 宽 × 高)	编号	外形尺寸 (长 × 宽 × 高)	
K211	190×90×90	K221	190×190×90	辅助块
K311	290×90×90	K321	290×190×90	辅助块
K411	390×90×90	K421	390×190×90	主砌块
K212	190×90×190	K222	190×190×190	辅助块
K312	290×90×190	K322	290×190×190	辅助块
K412	390×90×190	K422	390×190×190	主砌块

2.强度等级

普通砌块的强度等级为 MU20.0、MU15.0、MU10.0、MU7.5、MU5.0。装饰砌块的强度等级为 MU20.0、MU15.0、MU10.0。砌块强度等级及抗压强度见表 5-16。

表 5-16 强度等级 (单位:MPa)

强度等级	砌块抗压强度		强度等级	砌块抗压强度	
	平均值	单块最小值		平均值	单块最小值
MU5.0	≥ 5.0	≥ 4.0	MU15.0	≥ 15.0	≥ 12.0
MU7.5	≥ 7.5	≥ 6.0	MU20.0	≥ 20.0	≥ 16.0
MU10.0	≥ 10.0	≥ 8.0			

5.2.8　轻集料混凝土小型空心砌块

　　轻集料混凝土小型空心砌块是指用轻集料混凝土制成的一类小型空心砌块 (参见图 5-13)，通常是以水泥为胶凝材料，火山渣、浮石、膨胀珍珠岩、煤渣、水淬矿渣、自燃煤矸石以及各种陶瓷等为骨料，经搅拌、振动等工艺成型，并经养护而成，适用于建筑内隔墙和框架填充墙。

图 5-13　轻集料混凝土小型空心砌块

　　根据集料的类型，轻集料混凝土小型空心砌块可分为天然轻集料 (如浮石、火山渣) 混凝土小型砌块、人造轻集料 (如黏土陶粒、页岩陶粒、粉煤灰陶粒) 混凝土小型砌块和工业废渣轻集料 (如煤渣、自燃煤矸石) 混凝土小型砌块等。

　　(1) 主规格尺寸为 390mm×190mm×190mm，其他规格尺寸可由供需双方商定。最小外壁厚和肋厚不应小于 20mm。

　　(2) 砌块的强度等级见表 5-17。

表 5-17　轻集料混凝土小型空心砌块强度等级

强度等级	抗压强度/MPa		密度等级范围/(kg/m³)
	平均值	单块最小值	
MU1.8	≥1.5	≥1.2	≤800
MU2.5	≥2.5	≥2.0	
MU3.5	≥3.5	≥2.8	≤1200
MU5.0	≥5.0	≥4.0	
MU7.5	≥7.5	≥6.0	≤1400
MU10.0	≥10.0	≥8.0	

　　注: 选自《轻集料混凝土小型空心砌块》(GB15229-2002)

5.2.9　加气混凝土及其制品

　　加气混凝土砌块是以硅质材料和钙质材料为主要原料，掺加铝粉发气剂，经加水搅拌、浇筑成型、养护切割、整齐养护等工艺过程制成的多孔硅酸盐砌块，具有质轻、保温隔热、防火等特点，并具有加工性能好、可锯、可刨的优点。我国目前生产的加气混凝土表观密度一般为 500～700kg/m³，其表观密度仅为黏土砖的 1/3，为钢筋混凝土的 1/5。加气混凝土砌块常用规格为长 600mm，宽 100(120/125/150/175/180/

200/240/250/300)mm，高 200(250/300)mm，其制品参见图 5-14 和图 5-15。

图 5-14 粉煤灰加气混凝土标准砖　　图 5-15 蒸压砂加气混凝土砌块

1.加气混凝土品种分类

加气混凝土品种分类参见表 5-18。

表 5-18 加气混凝土分类

分类	品种
按原材料划分	水泥 + 矿渣 + 砂；水泥 + 石灰 + 砂；水泥 + 石灰 + 粉煤灰
按强度等级划分	A1.0、A2.0、A2.5、A3.5、A5.0、A7.5、A10.0 七个级别
按干密度划分	B03、B04、B05、B06、B07、B08 六个级别
按养护方法划分	蒸养加气混凝土砌块、蒸压加气混凝土砌块

2.加气混凝土砌块使用注意事项

(1) 如无有效措施，不得用于下列部位：建筑物标高 ±0.000 以下，长期浸水、经常受干湿交替或经常受冻融循环的部位，受酸碱化学物质侵蚀的部位以及制品表面温度高于 80℃ 的部位。

(2) 蒸压加气混凝土砌块外墙墙面突出部分，如线脚、出檐、窗台等，应做泛水和滴水，避免流入墙中的水经多次冻融循环破坏墙面。

(3) 不同干密度和强度等级的加气混凝土砌块不应混砌，也不得与其他砖和砌块混砌。

蒸压加气混凝土制品的主要性能指标参见表 5-19。

表 5-19 蒸压加气混凝土制品的主要性能指标

项目	砂加气混凝土制品		粉煤灰加气混凝土制品	
	B05 级	B06 级	B05 级	B06 级
干密度/(kg/m³)	≤ 550	≤ 650	≤ 550	≤ 650
导热系数计算值/[W/(m·K)]	0.18	0.20	0.24	0.25
蓄热系数计算值/[W/(m·K)]	2.73	3.20	3.51	4.00

注：选自 DB/TJ08-206-2002，粉煤灰加气混凝土砌块考虑了灰缝影响系数 1.25

蒸压加气混凝土砌块 (容重 500kg/m³ 的砌块) 的耐火和隔音性能指标参见表 5-20。

表 5-20　蒸压加气混凝土砌块 (容重 500kg/m³ 的砌块) 的耐火和隔音主要性能指标

砌块厚度/mm	耐火性能/h	隔声性能/dB
100	3.75	40.6
150	5.75	43.0
200	8.00	—

注: 选自 GB/T11968-1997, 隔声性能为双面抹灰墙体

5.2.10　保温砌模

20 世纪 70 年代以来, 在欧美发达国家, 采用模板保温一体化的免拆模的现浇钢筋混凝土承重墙建造多层住宅和其他民用建筑, 应用效果很好, 很受设计人员、施工人员和开发商的欢迎。

保温砌模现浇钢筋混凝土网格剪力墙建筑, 是集结构、保温、隔热、隔声和防火于一体的新型建筑结构体系。该体系的现浇墙体模板由专用的保温模块砌筑, 墙体浇筑后不拆模, 模内形成的钢筋混凝土网格剪力墙作为体系的承重和抗侧力结构。该体系适用于抗震和非抗震地区的多层和中高层住宅及其他民用建筑, 并可满足不同气候区的保温、隔热需要。

保温砌模是以普通混凝土、轻骨料混凝土或 EPS 混凝土为原料, 经振动、机器加压强制成型, 砌块周边设有高低口, 内有竖直孔, 上下面有凹槽的砌块。根据用途可分为内墙砌模、外墙砌模、柱模、梁模和窗台砌模 5 种。

外墙砌模的主要物理性能指标应符合表 5-21 的规定。

表 5-21　外墙砌模的主要性能指标

序号	项目	指标	序号	项目	指标
1	干密度/(kg/m³)	≤ 330	6	蓄热系数/[W/(m·K)]	≥ 1.8
2	体积密度/(kg/m³)	≤ 405	7	自然含水率/%	≤ 5
3	抗压强度/MPa	≥ 0.5	8	吸水率/%	≤ 28
4	抗折强度/MPa	≥ 0.3	9	软化系数	≥ 0.7
5	导热系数/[W/m·(K)]	≤ 0.083	10	抗冻融/次	≥ 25

图 5-16~ 图 5-19 是保温砌模在工程当中的实景照片。

图 5-16 外墙阳角的砌筑

图 5-17 内外墙丁字砌筑

图 5-18 墙体砌筑

图 5-19 内外墙用的保温砌块

5.2.11 节能门窗及玻璃制品

1. 概述

建筑门窗通常是围护结构保温、隔热和节能的薄弱环节，是影响冬夏季室内热环境和造成采暖和空调能耗过高的主要原因。在采用普通钢窗的采暖建筑中，建筑物耗热量的一半甚至更多是由窗户的传热和空气渗透引起的。在空调建筑中，通过窗户，特别是向阳面的窗户进入室内的太阳辐射热是构成空调负荷的主体，而且这种空调负荷是随着窗墙面积比的增长而呈线性增长的。随着我国国民经济的迅速发展，人们对冬夏季室内热环境提高了要求，我国建筑工程规范和节能标准对窗户的保温隔热性能和气密性也提出了更高的要求，作出了新的规定，这大大促进了我国门窗业的发展。近些年是我国门窗产品更新换代，质量大幅提高的时期。不带密闭条的普通钢窗和木窗在建筑中已极少使用，曾经风行一时的铝合金窗因其保温隔热性能较差，目前在民用建筑，特别是节能建筑中的使用量已日益减少，取而代之的是带硬质聚氨酯断桥的铝合金窗以及保温隔热、气密、水密等性能都较好的塑钢窗等。近年来，我国已从国外引进先进技术和设备，生产具有国际先进水平的铝合金断热、充氩气 Low-E 值镀膜中空玻璃的高效保温节能窗；我国还自行研制开发了一些具有国际先进水平的带真空玻璃的高效保温节能窗。

提高门窗自身保温性能的措施主要有如下几个。

(1) 提高窗框的保温性能。窗户 (包括阳台门上部透明部分) 通常由窗框和玻璃两部分组成。窗框窗洞面积比通常要达到 25%~40%，如果采用金属窗框 (如钢材和铝合金框)，因其导热系数分别为 58W/(m·K) 和 203 W/(m·K)，要比木材或聚氯乙烯塑料大 360~1260 倍，所以金属窗的保温性能通常要比木窗和塑料窗差。而窗框采用木材或聚氯乙烯塑料，其导热系数仅为 0.16 W/(m·K) 左右，大大提高了窗户的保温性能。此外，铝合金窗框采用填充硬质聚氨酯泡沫这种隔热措施，也能大大提高窗户的保温性能。

(2) 提高门窗玻璃的保温性能。采用双玻或中空玻璃，在中空玻璃内填充氩气等惰性气体，或在中空玻璃内侧一面镀 Low-E 值镀膜等，均能有效地提高玻璃的保温性能。

2.断桥铝合金门窗

断桥铝合金门窗是高级铝合金门窗，它是继木窗、铁窗、塑钢门窗和普通彩色铝合金门窗之后的第五代新型保温节能性门窗。它的表面可以涂抹各种各样的颜色。

它利用机械方式把具有低传热性能的复合材料与铝合金组合起来，增加铝合金门窗型材的热阻。隔热断桥铝型材两面为铝材，中间用塑料型材腔体做断热材料，断桥窗玻璃必须是中空玻璃 5mm+9A+5mm 双面钢化。

隔热断桥铝合金门窗型材常见的有两种不同工艺生产隔热型材，一种是采用欧洲引进的穿条隔热工艺；另一种是由美国引进的灌注隔热工艺。穿条式隔热技术诞生于德国，大约有 40 年的历史。灌注式隔热技术的技术雏形早在 1937 年就在美国诞生，到了 20 世纪 70 年代，第一套灌注式隔热铝材生产线被引入中国广东。

隔热穿条型材由铝合金型材和热塑性混合材料隔热条组合而成，滚压式隔热铝合金型材是以隔热性能好的高密度聚酰胺尼龙 (PA66GF25)胶条或聚氯乙烯硬质塑料胶条经穿条滚压加工，使铝塑连成一体。灌注式隔热铝型材是利用隔热条把内外层铝型材连接嵌装成一体，在形成的隔热腔体内填充聚氨酯泡沫，成为隔热铝合金型材 "冷桥"，达到保温、节能的功效，其示意图参见图 5-20 和图 5-21。

3.塑钢门窗

塑钢门窗是以聚氯乙烯 (UPVC) 树脂为主要原料，加入一定比例的稳定剂、改性剂、紫外线吸收剂等助剂经挤出成型，然后通过切割、焊接等方式组装而成的门窗。为增加型材的强度，在型材的空腔里添加钢衬 (加强筋)，所以被称为塑钢门窗，其断面参见图 5-22。

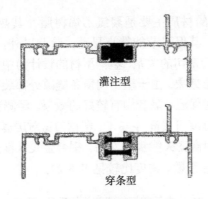

图 5-20 铝合金窗框两种断桥工艺示意图

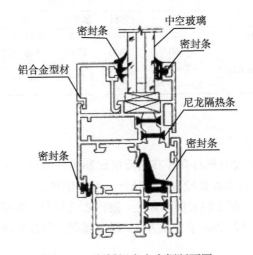

图 5-21 断桥铝合金窗框断面图

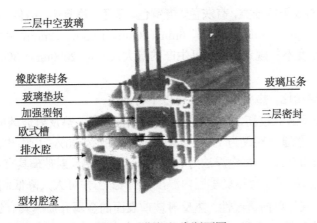

图 5-22 塑钢门窗断面图

由于塑钢门窗所用的材质主要是聚氯乙烯树脂，其热传导系数仅为钢材的 1/357，铝材的 1/1250，其保温节能特点显著，除此以外，塑钢门窗的节能效果还与不同的型材结构有着密切的关系，塑钢型材的设计为中空的多腔式结构，腔内静止的空气有很好的保温效果。由于塑钢门窗各缝隙处都装有橡塑密封条，能有效地减少缝隙渗透空气，对保温、隔音均有较好的效果。经测试，装有塑钢门窗的房间比其他窗的房间冬季温度可提高 4～5℃。塑钢门窗对房屋丧失的能量 (不论是采暖还是制冷空调) 只有钢窗丧失能量的 26%，铝合金丧失能量的 30%。

主要窗框材料的传热系数、密度比较见表 5-22。

表 5-22　主要窗框材料的传热系数、密度比较

项目	材料					
	铝	钢材	玻璃钢	杉木	PVC	空气
传热系数 K/[W/(m·K)]	174	58	0.5	0.17～0.35	0.13～0.29	0.04
密度 ρ/(kg/m³)	2700	7800	1780	300～400	40～50	1.2
窗框传热系数 K/[W/(m·K)]	4.2～4.8 (2.4～3.2)①		1.4～1.8	1.5～2	2～2.8	

①断桥铝合金

4. 热反射玻璃

热反射玻璃是对太阳光具有较高的反射比和较低的总透射比，可较好地隔绝太阳辐射能，并对可见光具有较高透射比的一种节能玻璃。它采用热解法、真空蒸镀法、阴极溅射法等，在玻璃表面涂以金、银、铜、铝、铬、镍和铁等金属或金属氧化物薄膜，或采用电浮法等离子交换方法，以金属离子置换玻璃表层原有离子而形成的热反射膜。

1) 品种及规格

热反射玻璃按颜色分类，有灰色、青铜色、茶色、浅蓝色、棕色、古铜色、褐色等；按厚度分为 3mm、4mm、5mm、6mm、8mm、10mm、12mm7 种规格。热反射玻璃的长度、宽度不作规定，目前可生产的最大尺寸达 2000mm×3000mm。

2) 特点

与其他玻璃相比，热反射玻璃具有以下特性。

(1) 太阳光反射比较高，遮蔽系数小，隔热性较高。热反射玻璃的太阳光反射比为 10%～40%(普通玻璃仅为 7%)，太阳光总透射比为 20%～40%(电浮法为 50%～70%)，遮蔽系数为 0.2～0.45(电浮法为 0.5～0.8)。因此，热反射玻璃具有良好的隔绝太阳辐射能的性能，可保证炎热夏季室内温度保持稳定，并可大大降低制冷空调费用。

(2) 镜面效应与单向透湿性。热反射玻璃表面的金属介质膜具有银镜效果，因此热反射玻璃也称镜面玻璃。镀金属的热反射玻璃还有单向透像的作用，即白天能

在室内看到室外景物，而在室外看不到室内的景象，提供了更好的隐私保护。

(3) 化学稳定性较高。热反射玻璃具有较高的化学稳定性，在5%的盐酸或5%的氢氧化钠溶液中浸泡 24h 后，膜层的性能不会发生明显的改变。

(4) 耐洗刷性较高。热反射玻璃具有较高的耐洗刷性，可用软纤维或动物毛刷任意洗刷，洗刷时可使用中性或低碱性洗衣粉水。

3) 应用

由于热反射玻璃具有良好的隔热性能，在建筑工程中获得了广泛应用。热反射玻璃多用来制成中空玻璃或夹层玻璃。如果用热反射玻璃与透明玻璃组成带空气层的隔热玻璃幕墙，其遮蔽系数仅为 0.1 左右。这种玻璃幕墙的导热系数约为 1.74W/(m·K)，比一砖厚两面抹灰的砖墙保暖性能还好。

5. 夹层玻璃

夹层玻璃是由两片或多片玻璃，用一层或多层 PVB 有机树脂薄膜，经高温高压作用而永久粘合成一体的复合玻璃产品 (见图 5-23)。

夹层玻璃可有效地减弱太阳光投射，并且在不损失可见光的同时有效地阻隔紫外线进入，使紫外线透过率小于 1%，有机树脂薄膜能有效吸收声波，降低噪声污染。

PVB 玻璃夹层膜是由聚乙烯醇缩丁醛树脂，经增塑剂 DHA 塑化挤压成型的一种高分子材料。PVB 玻璃夹层膜厚度一般为 0.38mm 和 0.76mm 两种，对无机玻璃具有良好的粘结性，具有透明、耐热、耐寒、耐湿、机械强度高等特性。

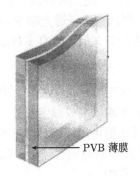

PVB 薄膜

图 5-23 夹层玻璃示意图

1) 分类及适用范围

夹层玻璃按形状可分为平面夹层玻璃和曲面夹层玻璃。其材料可使用平板玻璃、浮法玻璃、夹丝抛光玻璃、平钢化玻璃、镀膜玻璃及磨光玻璃等。

各类夹层玻璃在围护结构中主要可用于安全隔热、隔声，防紫外线需要的幕墙、门窗、屋顶、雨棚等处。

2) 常用规格

(1) 平面夹层玻璃。最大尺寸为 2500mm×7800mm，最小尺寸为 300mm×300mm，原片玻璃厚度为 3~19mm，夹层玻璃总厚度为 6.38~30mm，PVB 胶膜厚度为 0.38~2.28mm。

(2) 曲面夹层玻璃。最大尺寸为 2500mm×4500mm；常用尺寸长 500~3500mm，宽 500~2000mm；加工厚度为 5~19mm；弧长圆心角小于 90°。

3) 特性

夹层玻璃具有以下五大特点。

(1) 安全性。在受到外来撞击时,由于弹性中间层有吸收冲击的作用,可阻止冲击物穿透,即使玻璃破损,也只产生类似蜘蛛网状的细碎裂纹,其碎片牢固地粘附在中间层上,不会脱落四散伤人,并可继续使用,直到更换。

(2) 防盗性。PVB 夹层玻璃非常坚固,即使盗贼将玻璃敲裂,由于中间层同玻璃牢牢地粘附在一起,仍保持整体性,使盗贼无法进入室内。安装夹层玻璃后可省去护栏,既省钱又美观,还可摆脱牢笼之感。

(3) 隔音性。由于 PVB 薄膜具有对声波的阻尼功能,所以 PVB 夹层玻璃能有效地抑制噪音的传播, 特别是位于机场、车站、闹市及道路两侧的建筑物在安装夹层玻璃后,其隔音效果十分明显。

(4) 防紫外线性能。PVB 薄膜能吸收 99%以上的紫外线,从而保护了室内家具、塑料制品、纺织品、地毯、艺术品、古代文物或商品免受紫外线辐射而发生褪色和老化。

(5) 节能。PVB 薄膜制成的建筑夹层玻璃能有效地减少太阳光透过。同样的厚度,采用深色低透光率 PVB 薄膜制成的夹层玻璃阻隔热量的能力更强。目前,国内生产的夹层玻璃有多种颜色。

6.中空玻璃

中空玻璃又称密封隔热玻璃,它是由两片或多片性质与厚度相同或不相同的平板玻璃切割成预定尺寸,中间夹层充填干燥剂的金属隔离框,用胶粘结压合后,四周边部可用胶结、焊接或熔接的办法密封所制成的玻璃构件 (图 5-24)。其中干燥的、不对流的气体层可阻断热传导的通道,从而有效降低其传热系数,以达到节能的目的。

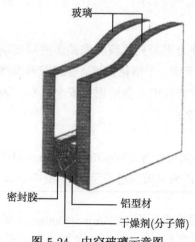

玻璃

密封胶   铝型材

干燥剂(分子筛)

图 5-24   中空玻璃示意图

中空玻璃的玻璃原片除普通浮法玻璃外，还可采用夹层、钢化、镀膜、压花玻璃等，构成具有各种不同物理性能的中空玻璃，如低辐射镀膜中空玻璃、阳光控制低辐射中空玻璃等，可依据建筑物实际需要使用。

中空玻璃原片玻璃厚度可为 5mm、6mm、8mm、10mm，空气层厚度可为 6mm、9mm、12mm，各种组合形式的中空玻璃热传导系数见表 5-23。

表 5-23　中空玻璃的热传导系数

玻璃安装形式	空气层/mm	导热系数/[W/(m·K)]
单层玻璃	—	5.9
双层玻璃	6	3.4
	9	3.1
	12	3
	15	2.9
三层玻璃	2×9	2.2
	2×12	2.1

中空玻璃隔音性能优良，可以大大减轻室外的噪声通过玻璃进入室内，可减低噪声 27~40dB。

中空玻璃的整个热透射系数几乎减少到一层玻璃的一半，由于在两片玻璃之间有空气隔离，室内外温差的减少和空气效率的提高使热透射能减少，这是中空玻璃最本质的特征，所以其热传导系数比普通平板玻璃低得多，其热传导系数为 1.6~3.23W/(m·K)。

中空玻璃的安装施工应严格按照有关施工规范的要求进行，要防止玻璃受局部不均匀力的作用发生破裂；中空玻璃与安装框架间不能有直接接触；镶嵌中空玻璃的腻子必须是不硬固化型的，而且不含有与中空玻璃密封胶产生化学反应的物质。

安装中空玻璃时的工作温度严格要求在 4℃ 以上，不得在 4℃ 以下的环境中进行安装施工。为了更好地利用中空玻璃的节能特性，可采用由热反射玻璃和热吸收玻璃组成的中空玻璃产品。

7. 真空玻璃

真空玻璃是在两片平板玻璃间采用适当分布的微粒支柱做间隔，然后将其四周密闭起来，间隙抽成真空并密封排气孔，两片玻璃之间的间隙为 0.1~0.2mm 的复合玻璃产品。其保温隔热性能和隔声性较好，是一种新型的节能型保温隔热玻璃。

(1) 分类及适用范围。真空玻璃可依据采用的玻璃原片不同分为普通真空玻璃、单面低辐射真空玻璃、双面低辐射真空玻璃等。依据产品性能的不同，可应用于建筑幕墙和门窗。

(2) 规格及主要技术参数。一般真空玻璃的玻璃原片厚度为 3~8mm，总厚度最薄只有 6mm 左右，最小尺寸为 600mm×400mm，最大尺寸为 3000mm×2000mm，真空层的层数一般为 1~2 层。表 5-24 列出了常用真空玻璃和中空玻璃的保温隔热性能指标。

表 5-24　常用真空玻璃与中空玻璃的保温隔热性能指标

玻璃类型	组合形式 (厚度/mm)	导热系数/[W/(m·K)]
低辐射真空复合中空玻璃	4C+0.12V+4L+12Ar−4C	1.02
低辐射真空玻璃	4C+0.12V+4L	1.1

注: 4C 表示 4mm 浮法玻璃, 0.12V 表示 0.12mm 真空层, 4L 表示 4mm 低辐射镀膜玻璃, 12Ar 表示 12mm 中空层为氩气层

(3) 真空玻璃与中空玻璃的区别。首先真空玻璃两片玻璃的间隔是真空，真空的概念是几乎没有气体，而中空玻璃的两片玻璃的间隔是干燥空气或是惰性气体。简单地说，真空玻璃中无气，中空玻璃中有气。真空玻璃的间隔只有 0.1~0.2mm，而中空玻璃间隔最小是 6mm，所以真空玻璃可以做得很薄，最薄达到 6mm，而中空玻璃最薄也得 12mm。真空玻璃四周用低熔点玻璃密封，而中空玻璃用有机胶密封。

8.Low−E 低辐射镀膜玻璃

Low−E 低辐射镀膜玻璃是指表面镀上拥有极低表面辐射率的金属或其他化合物组成的多层膜层的特种玻璃，对波长范围为 4.5~25um 的远红外线有较高反射比。Low−E 玻璃是一种绿色、节能、环保的玻璃产品。

普通玻璃的表面辐射率约为 0.84，Low−E 玻璃的表面辐射率在 0.25 以下。这种不到头发丝 1%厚度的低辐射膜层对远红外热辐射的反射率很高，能将80%以上的远红外热辐射反射回去，而普通透明浮法玻璃、吸热玻璃的远红外发射率仅在12%左右，所以 Low−E 玻璃具有良好的阻隔热辐射透过的作用。在冬季，它对室内暖气及室内物体散发的热辐射，可以像一面热反射镜一样，将绝大部分反射回室内，保证室内热量不向室外散失，节约取暖费用。Low−E 玻璃的可见光反射率一般在 11%以下，与普通白色玻璃相近，低于普通阳光控制镀膜玻璃的可见光反射率，避免造成反射光污染。

(1) 产品分类。

①产品按外观质量分为优等品和合格品。

②按生产工艺分为离线低辐射镀膜玻璃和在线低辐射镀膜玻璃。其中离线低辐射镀膜玻璃又可按照所镀膜层的不同分为单银高透型、遮阳型及双银低辐射镀

膜玻璃等。

③低辐射镀膜玻璃可以进一步加工，根据加工的工艺可以分为钢化低辐射镀膜玻璃、半钢化低辐射镀膜玻璃、夹层低辐射镀膜玻璃等。

(2) 适用范围。Low-E 低辐射镀膜玻璃的适用范围参见表 5-25。

(3) 常用规格。低辐射镀膜玻璃常用规格见表 5-26。

表 5-25　Low-E 低辐射镀膜玻璃特性及适用范围

类型	特性	适用范围
高透型	(1) 较高的可见光投射率，采光自然，效果通透 (2) 较高的太阳能透过率，透过玻璃的太阳热辐射多 (3) 极高的中远红外线反射率，优良的隔热性能，较低的 V 值 (传热系数)	(1) 在寒冷的北方地区，冬季太阳热辐射透过玻璃进入室内，增加室内的热能，而室内的暖气、家电、人体等发出的远红外线被阻隔反射回室内，有效地降低暖气能耗 (2) 适用于外观设计透明、通透、采光自然的建筑物，有效避免光污染的危害 (3) 制作成中空玻璃使用，节能效果更佳
遮阳型	(1) 适宜的可见光透过率，对室外的强光具有一定的遮蔽性 (2) 较低的太阳能透过率，有效组织太阳热辐射进入室内 (3) 极高的中远红外线反射率，限制室外的二次热辐射进入室内	(1) 适用于南方地区及北方地区，该产品不仅冬季限制部分太阳能进入室内，在夏季能限制更多的太阳能进入室内，因为冬季太阳能的强度仅为夏季的 1/8 左右，所以保温性能并未变到影响。从节能效果看，遮阳型不低于高透型 (2) 其丰富的装饰性能起到一定的室外实现的遮蔽作用，适用于各种类型的建筑物 (3) 制作成中空玻璃节能效果更加明显
双银	双银 Low-E 玻璃，因其膜层中有双层银层面而得名，其属于 Low-E 玻璃膜系结构中较复杂的一种，是高级 Low-E 玻璃。它突出了玻璃对太阳热辐射的遮蔽效果，将玻璃的高透光性与太阳热辐射的低透过性巧妙地结合在一起，因此与普通 Low-E 玻璃比较，在可见光透射率相同的情况下，具有更低的太阳能透过率	不受地区限制，适合于不同气候特点的广大地区

表 5-26　低辐射镀膜玻璃常用规格

类型	最大尺寸/(mm×mm)	最小尺寸/(mm×mm)	厚度/mm
在线镀膜	3300×4500	300×800	3~12
离线镀膜	2540×4200	300×700	3~12

9.吸热玻璃

吸热玻璃是一种既能吸收大量红外线辐射能，又能保持良好可见光透过率的平板玻璃,这种玻璃适当加入了某些成分,从而提高了对太阳辐射的吸收率,对红外线的透过率很低。应用玻璃幕墙能减少阳光进入室内的热量,在夏季有利于降低室内温度,能使空调能耗降低,达到节省费用的目的。

吸热玻璃因配料加入色料不同,产品颜色多种多样,有蓝、天蓝、茶、灰、蓝灰、金黄、蓝绿、黄绿、深黄、古铜、青铜色等。

吸热玻璃的厚度和色调不同,对太阳辐射的吸收程度也不同,依据地区日照情况可以选择不同品种的吸热玻璃,以达到节能的目的,见表 5-27。

表 5-27　普通玻璃与吸热玻璃太阳透过热值及透过率比较

品种	透过热值/[W/(m²·h)]	透热率/%	品种	透过热值/[W/(m²·h)]	透热率/%
空气 (暴露空间)	879	100	蓝色吸热玻璃 (3mm 厚)	551	62.7
普通玻璃 (3mm 厚)	726	82.55	蓝色吸热玻璃 (6mm 厚)	443	49.21
普通玻璃 (6mm 厚)	663	75.33			

吸热玻璃比普通玻璃吸收可见光多一些,所以能使刺目的阳光变得柔和,同时能减弱射入太阳光线的强度,起到防止眩光的作用。

复习思考题

1. 什么是保温材料?保温材料的品种有哪些?如何分类?
2. 简述玻化微珠的特性。
3. 什么是热反射玻璃?其主要特性有哪些?
4. 简述中空玻璃和真空玻璃的区别。

第6章 围护结构建筑节能设计

6.1 围护结构的建筑节能指标

改善围护结构热工性能是建筑节能的主要措施。实现建筑节能要通过采用保温隔热性能好的新型墙体材料和建筑节能材料,采用合理的节能措施与施工方法,设计合理的建筑节能构造实现。

浙江省建筑节能处于起步阶段,节能设计应选择构造简洁、施工方便、造价适中、性能良好的措施和材料,合理处理夏季隔热和冬季保温。在总结寒冷地区实用经验的基础上,结合当地气候特征、材料特性等具体情况,在实践中总结经验,逐步完善,使建筑节能工作落实推广。

根据浙江省《居住建筑节能设计标准》(DB33/1015-03) 的规定,围护结构各部分的传热系数和热惰性指标应符合表 6-1 的规定。其中外墙的传热系数应考虑结构性热桥的影响,取平均传热系数。

表 6-1　围护结构各部分的传热系数 $K[\mathrm{W}/(\mathrm{m}^2 \cdot \mathrm{K})]$ 和热惰性指标 D

屋顶	外墙	外窗 (含阳台门透明部分)	分户墙和楼板	底部自然通风 的架空楼板	户门
$K \leqslant 1.0$ $D \geqslant 3.0$	$K \leqslant 1.5$ $D \geqslant 3.0$	按表 6-2 的规定	$K \leqslant 2.0$	$K \leqslant 1.5$	$K \leqslant 3.0$
$K \leqslant 0.8$ $D \geqslant 2.5$	$K \leqslant 1.0$ $D \geqslant 2.5$				

注:当屋顶和外墙的 K 值满足要求,但 D 值不满足要求时,应按照《民用建筑热工设计规范》(GB 51076-1993) 第 5.1.1 条来验算隔热设计要求

6.2 外墙保温节能设计

根据浙江省《居住建筑节能设计标准》的规定,居住建筑外墙平均传热系数 K 和热惰性指标 D 应符合表 6-2 的规定。

表 6-2　外墙的热传导系数 $K_\infty [\mathrm{W}/(\mathrm{m}^2 \cdot \mathrm{K})]$ 和热惰性指标 D

围护结构	指标	
外墙	$K_\infty \leqslant 1.5\mathrm{W}/(\mathrm{m}^2 \cdot \mathrm{K})$ $D \geqslant 3.0$	$K_\infty \leqslant 1.0\mathrm{W}/(\mathrm{m}^2 \cdot \mathrm{K})$ $D \geqslant 2.5$

注: 当外墙的 K 值满足要求, 但 D 值不满足要求时, 应按照《民用建筑热工设计规范》(GB51076-1993) 第 6.1.1 条验算隔热设计要求

6.3　外墙外保温

6.3.1　外墙保温措施的分类、特点及比较

外墙节能有不同的保温方法, 可将保温材料与墙体复合, 构成复合保温材料, 或采用具有较高热阻的墙体实现墙体自保温。

复合保温墙体按保温层所在的位置分为外墙外保温、外墙内保温和外墙夹芯保温。3 种保温形式都有成功的工程实例, 在应用中也都出现过一些问题, 其优缺点比较分析参见表 6-3。

表 6-3　外墙外保温、外墙内保温和外墙夹芯保温的特点比较

比较项目	外墙外保温	外墙内保温	外墙夹芯保温
优点	(1) 适用范围广 (2) 保护主体结构, 延长建筑物寿命 (3) 基本消除热 (冷) 桥的影响 (4) 使墙体潮湿情况得到改善 (5) 有利于室温保持稳定, 改善室内热环境质量 (6) 有利于提高墙体的防水和气密性 (7) 便于对既有建筑物进行节能改造 (8) 避免室内装修对保温层的破坏	(1) 将绝热材料复合在重墙内侧, 技术简单, 施工简便易行 (2) 绝热材料强度要求较低, 技术性能要求比外墙外保温低 (3) 造价相对较低	(1) 将绝热材料设置在外墙中间, 有利于较好地发挥墙体本身对外界环境的防护作用 (2) 对保温材料的要求不严格
缺点	(1) 对保温体系材料的要求比较严格 (2) 对保温材料的耐候性和耐久性提出了较高的要求 (3) 材料要求配套, 对体系的抗裂、防火、透气、抗震和抗风压能力要求高 (4) 要求有严格的施工队伍和技术支持	(1) 难以避免热 (冷) 桥的产生, 在热桥部位外墙内表面易产生结露、潮湿甚至发霉和淌水等现象 (2) 内保温要设置隔气层, 以防止墙体产生冷凝现象 (3) 防水和气密性较差 (4) 不利于建筑外墙围护结构的保护 (5) 内保温材料出现裂缝是一种比较普遍的现象	(1) 易产生热 (冷) 桥 (2) 内部易形成空气对流 (3) 施工相对困难 (4) 内外墙保温两侧不同温度差使外墙建筑结构寿命缩短, 墙面裂缝不易控制 (5) 抗震性能差

6.3.2 外墙外保温措施的主要优点

外墙外保温技术是目前较为成熟的节能措施,在可能的条件下应采用外墙外保温。外墙采用外保温节能措施相对于内保温的优势所在主要有以下几点。

(1) 使用范围广。外保温适用于采暖和空调的工业与民用建筑,既可用于土建工程,又可用于旧建筑物的节能改造。

(2) 减少墙体受温度应力产生的裂缝,保护主体结构,提高主体结构的耐久性。由于保温层置于建筑物围护结构外侧,缓冲了因温度变化导致结构变形产生的应力,避免了雨、雪、冻、融、湿循环造成的结构破坏,减少了空气中有害气体和紫外线对围护结构的侵蚀。事实证明,只要墙体和房屋保温隔热材料选材适当、厚度合理,外保温可有效防止和减少墙体及屋面的温度变形,有效地消除了顶层横墙常见的斜裂缝或八字裂缝。

(3) 防止冷桥部位产生结露,消除冷桥造成的附加热损失。采用外保温在避免冷桥方面比内保温更有利, 如避免在内外墙交界部位、外墙圈梁、构造柱、框架梁、柱、门窗洞口以及顶层女儿墙与屋面板交界周边所产生的冷桥。

(4) 改善墙体潮湿情况,提高墙体的保温性能。由于蒸汽渗透性高的主体结构材料处于保温层的内侧,从稳态传湿理论进行冷凝分析,只要保湿材料选材适当,在墙体内部一般不会发生冷凝现象。同时,由于采取保湿措施后,结构层的整个墙身温度提高了,降低了它的含湿量,因而进一步改善了墙体的保湿性能。

(5) 有利于室温保持稳定,改善室内热环境质量。室内热环境质量受室内空气温度和围护结构表面温度的影响,由于蓄热能力较大的结构层在外保温墙体内侧,当室内受到不稳定热作用,室内空气温度上升或下降时,墙体结构层能够吸收或释放热量,故有利于保持室温稳定,从而有利于改善室内热环境。

(6) 有利于提高墙体的防水性和气密性。 外保温有利于提高墙体的防水和气密性,加气混凝土、混凝土空心砌块等墙体,在砌筑灰缝和面砖粘贴不密实的情况下, 其防水和气密性较差,采用外保温构造则可大大提高墙体的防水性和气密性。

(7) 便于对既有建筑物进行节能改造。 采用外保温方式对旧房进行节能改造,其最大的优点之一是无须临时搬迁,基本不影响用户的室内活动和正常生活。

(8) 避免室内装修对保温层的破坏。由于保温层在墙体外侧,住户在对房屋进行室内装修时,保温效果基本不受影响。

(9) 可相对减少保温材料用量。在达到同样节能效果的条件下,采用外保温墙体,由于基本消除了冷桥的影响,故可以减少保温材料用量。

从以上所述外墙外保温的主要优点可以看出,无论从建筑节能的机理或从实际节能效果来衡量，外保温做法是最佳选择。在国外采用外保温节能已有十余年的历史，近年来，在我国的严寒地区、寒冷地区和夏热冬冷地区相继建造了一大批外保温的建筑，取得了良好的经济效益、社会效益和环境效益。

6.3.3　外墙基层材料

围护结构建筑节能构造中选用了常用的 7 种基层墙体材料。

(1) 240mm 厚混凝土多孔砖 (二排孔以上)，导热系数 $\lambda=0.738$，修正系数 $\alpha=1.0$。

(2) 240mm 厚 KPI 型烧结多孔砖 (烧结页岩多孔砖)，导热系数 $\lambda=0.58$，修正系数 $\alpha=1.0$。

(3) 200mm 厚钢筋混凝土墙，导热系数 $\lambda=1.74$，修正系数 $\alpha=1.0$。

(4) 190mm 厚二排孔混凝土空心砌块，导热系数 $\lambda=0.792$，修正系数 $\alpha=1.0$。

(5) 190mm 厚三排孔混凝土空心砌块，导热系数 $\lambda=0.75$，修正系数 $\alpha=1.0$。

(6) 240mm 厚蒸压灰砂砖，导热系数 $\lambda=1.10$，修正系数 $\alpha=1.0$。

(7) 240mm 厚轻集料混凝土砌块，导热系数 $\lambda=0.75$，修正系数 $\alpha=1.0$。

6.3.4　外墙外保温材料

围护结构建筑节能构造中，根据保温材料板材类和保温浆料类各选择了两种不同导热系数的代表值，以便其他导热系数相近的保温材料调节应用。节能构造中选用了目前使用的 4 种外墙外保温材料。

(1) 挤塑聚苯板，导热系数 $\lambda=0.03$，修正系数 $\alpha=1.1$。

(2) 膨胀聚苯板，导热系数 $\lambda=0.042$，修正系数 $\alpha=1.1$。

(3) 胶粉聚苯颗粒保温浆料，导热系数 $\lambda=0.06$，修正系数 $\alpha=1.15$。

(4) 聚合物保温砂浆，导热系数 $\lambda=0.11$，修正系数 $\alpha=1.2$。

实际工程中应根据具体保温材料的导热系数作相应的调整。

外墙外保温材料还有许多，如聚氨酯保温材料、钢丝网聚苯板复合保温材料及其他保温材料，其技术要求、节能构造和施工方法均应按有关应用技术规程或建筑设计图集进行。

6.3.5　外墙外保温建筑节能构造

外墙外保温建筑节能构造及其热工参数详见表 6-4。

表 6-4 外墙外保温建筑节能构造及其热工参数

1. 外墙外保温 (一)

编号及简图	基本构造	厚度 δ /mm	干密度 ρ_0 /(kg/m³)	导热系数 λ/[W/(m·K)]	修正系数 α	主体部位		
						传热阻 R_0 /[(m²·K)/W]	传热系数 K /[(m²·K)/W]	热惰性指标D
① 内 外	1. 混合砂浆	20	1700	0.87	1	1.28	0.78	3.15
	2. 混凝土多孔砖	240	1450	0.738	1			
	3. 水泥砂浆	20	1800	0.93	1			
	4. 胶粘剂							
	5.(a) 挤塑聚苯板	25	28	0.03	1.1			
	(b) 挤塑聚苯板	30	28	0.03	1.1			
	6. 聚合物砂浆 (网格布)	3	1800	0.93	1	1.43	0.7	3.21
	高弹涂料							
② 内 外	1. 混合砂浆	20	1700	0.87	1	1.17	0.85	3.14
	2. 混凝土多孔砖	240	1450	0.738	1			
	3. 水泥砂浆	20	1800	0.93	1			
	4. 胶粘剂							
	5.(a) 膨胀聚苯板	30	20	0.042	1.1			
	(b) 膨胀聚苯板	40	20	0.042	1.1			
	6. 聚合物砂浆 (网格布)	3	1800	0.93	1	1.39	0.72	3.23
	高弹涂料							

续表

编号及简图	基本构造	厚度 δ /mm	干密度 ρ_0 /(kg/m³)	导热系数 λ/[W/(m·K)]	修正系数 α	主体部位		
						传热阻 R_0 /[(m²·K)/W]	传热系数 K /[(m²·K)/W]	热惰性指标 D
③ 1 2 3 4 内 外	1. 混合砂浆	20	1700	0.87	1	0.86	1.16	3.07
	2. 混凝土多孔砖	240	1450	0.738	1			
	界面剂							
	3.(a) 聚苯颗粒保温浆料	25	230	0.06	1.15			
	(b) 聚苯颗粒保温浆料	35	230	0.06	1.15	1.01	0.99	3.24
	4. 抗裂砂浆 (网格布)	3	1800	0.93	1			
	弹性底涂、柔性腻子							
	外墙涂料							
④ 1 2 3 4 内 外	1. 混合砂浆	20	1700	0.87	1	0.73	1.36	3.66
	2. 混凝土多孔砖	240	1450	0.738	1			
	界面剂							
	3.(a) 聚合物保温砂浆	30	650	0.11	1.2			
	(b) 聚合物保温砂浆	40	650	0.11	1.2	0.81	1.24	3.98
	4. 防水砂浆	8	1800	0.93	1			
	外墙涂料							

基层墙体: 混凝土多孔砖 (二排孔以上)

保温材料: 挤塑聚苯板、膨胀聚苯板、聚苯颗粒保温浆料、聚合物保温砂浆　　　　外墙外保温 (一)

2. 外墙外保温 (二)

编号及简图	基本构造	厚度 δ /mm	干密度 ρ0 /(kg/m³)	导热系数 λ/[W/(m·K)]	修正系数 α	主体部位		
						传热阻 R0 /[(m²·K)/W]	传热系数 K /[(m²·K)/W]	热惰性指标D
①	1. 混合砂浆	20	1700	0.87	1	1.37	0.73	4.07
	2.KP1 型烧结多孔砖	240	1400	0.58	1			
	3. 水泥砂浆	20	1800	0.93	1			
	4. 胶粘剂							
	5.(a) 挤塑聚苯板	25	28	0.03	1.1			
	(b) 挤塑聚苯板	30	28	0.03	1.1			
	6. 聚合物砂浆 (网格布)	3	1800	0.93	1	1.52	0.66	4.13
	高弹涂料							
②	1. 混合砂浆	20	1700	0.87	1	1.26	0.79	4.06
	2.KPI 型烧结多孔砖	240	1400	0.58	1			
	3. 水泥砂浆	20	1800	0.93	1			
	4. 胶粘剂							
	5.(a) 膨胀聚苯板	30	20	0.042	1.1			
	(b) 膨胀聚苯板	40	20	0.042	1.1			
	6. 聚合物砂浆 (网格布)	3	1800	0.93	1.1	1.48	0.68	4.15
	高弹涂料							
③	1. 混合砂浆					0.088	1.14	3.9
	2.KP1 型烧结多孔砖							
	界面剂							
	3.(a) 聚苯颗粒保温浆料	20	230	0.06	1.15			
	(b) 聚苯颗粒保温浆料	30	230	0.06	1.15			
	抗裂砂浆 (网格布)	3	1800	0.93	1	1.03	0.98	4.07
	弹性底涂、柔性腻子							
	外墙涂料							
④	1. 混合砂浆	20	1700	0.87	1	0.75	1.34	4.26
	2.KP1 型烧结多孔砖	240	1400	0.58	1			
	界面剂							
	3.(a) 聚合物保温砂浆	20	650	0.11	1.2			
	(b) 聚合物保温砂浆	30	650	0.11	1.2			
	4. 防水砂浆	8	1800	0.93	1	0.82	1.22	4.58
	外墙涂料							

基层墙体：KPI 型烧结多孔砖墙

保温材料：挤塑聚苯板、膨胀聚苯板、聚苯颗粒保温浆料、聚合物保温砂浆

外墙外保温 (二)

续表

3. 外墙外保温 (三)

编号及简图	基本构造	厚度 δ /mm	干密度 ρ_0 /(kg/m³)	导热系数 λ/[W/(m·K)]	修正系数 α	主体部位		
						传热阻 R_0 /[(m²·K)/W]	传热系数 K /[(m²·K)/W]	热惰性指标 D
①	1. 混合砂浆	20	1700	0.87	1	1.07	0.93	2.77
	2. 钢筋混凝土墙	200	2500	1.74	1			
	3. 水泥砂浆	20	1800	0.58	1			
	4. 胶粘剂							
	5.(a) 挤塑聚苯板	25	28	0.03	1.1			
	(b) 挤塑聚苯板	38	20	0.03	1.1	1.282	0.78	3.15
	6. 聚合物砂浆 (网格布)	3	1800	0.93	1			
	高弹涂料					1.43	0.7	3
②	1. 混合砂浆	20	1700	0.87	1	1.07	0.93	2.81
	2. 钢筋混凝土墙	200	2500	1.74	1			
	3. 水泥砂浆	20	1800	0.93	1			
	4. 胶粘剂							
	5.(a) 膨胀聚苯板	35	20	0.042	1.1			
	(b) 膨胀聚苯板	40	20	0.042	1.1			
	6. 聚合物砂浆 (网格布)	3	1800	0.93	1	1.18	0.85	2.85
	高弹涂料							
③	1. 混合砂浆	20	1700	0.87	1	0.94	1.06	3.03
	2. 钢筋混凝土墙	200	2500	1.74	1			
	界面剂							
	3.(a) 聚苯颗粒保温浆料	45	230	0.06	1.15			
	(b) 聚苯颗粒保温浆料	50	230	0.06	1.15			
	4. 抗裂砂浆 (网格布)	3	1800	0.93	1	1.02	0.98	3.11
	弹性底涂、柔性腻子							
	外墙涂料							
④	1. 混合砂浆	20	1700	0.87	1	0.68	1.48	3.91
	2. 钢筋混凝土墙	200	2500	1.74	1			
	界面剂							
	3. 聚合物保温砂浆	50	650	0.11	1.2			
	4. 防水砂浆	8	1800	0.93	1			
	外墙涂料							

基层墙体：200 厚钢筋混凝土墙 (大于 200 厚钢筋混凝土墙可参照)
保温材料：挤塑聚苯板、膨胀聚苯板、聚苯颗粒保温浆料、聚合物保温砂浆

外墙外保温 (三)

4. 外墙外保温 (四)

编号及简图	基本构造	厚度 δ /mm	干密度 ρ₀ /(kg/m³)	导热系数 λ/[W/(m·K)]	修正系数 α	主体部位		
						传热阻 R₀ /[(m²·K)/W]	传热系数 K /[(m²·K)/W]	热惰性指标 D
①	1. 混合砂浆	20	1700	0.87	1	1.2	0.84	2.82
	2. 二排孔混凝土空心砌砖	190	1100	0.792	1			
	3. 水泥砂浆	20	1800	0.93	1			
	4. 胶粘剂							
	5.(a) 挤塑聚苯板	25	28	0.03	1.1			
	(b) 挤塑聚苯板	30	28	0.03	1.1	1.35	0.74	2.87
	6. 聚合物砂浆 (网格布)	3	1800	0.93	1			
	高弹涂料							
②	1. 混合砂浆	20	1700	0.87	1	1.09	0.92	2.81
	2. 二排孔混凝土空心砌砖	190	1100	0.792	1			
	3. 水泥砂浆	20	1800	0.93	1			
	4. 胶粘剂							
	5.(a) 膨胀聚苯板	30	20	0.042	1.1			
	(b) 膨胀聚苯板	40	20	0.042	1.1	1.3	0.77	2.89
	6. 聚合物砂浆 (网格布)	3	1800	0.93	1			
	高弹涂料							
③	1. 混合砂浆	20	1700	0.87	1	1	1	2.98
	2. 二排孔混凝土空心砌砖	190	1100	0.792	1			
	界面剂							
	3.(a) 聚苯颗粒保温砂浆	40	230	0.06	1.15			
	(b) 聚苯颗粒保温砂浆	50	230	0.06	1.15			
	4. 抗裂砂浆 (网格布)	3	1800	0.93	1	1.14	0.88	3.15
	弹性底涂、柔性腻子							
	外墙涂料							
④	1. 混合砂浆	20	1700	0.87	1	0.73	1.38	3.64
	2. 二排孔混凝土空心砌砖	190	1100	0.792	1			
	界面剂							
	3.(a) 聚合物保温砂浆	40	650	0.11	1.2			
	(b) 聚合物保温砂浆	50	650	0.11	1.2			
	4. 防水砂浆	8	1800	0.93	1	0.83	1.25	3.96
	外墙涂料							

基层墙体: 二排孔混凝土空心砌块

保温材料: 挤塑聚苯板、膨胀聚苯板、聚苯颗粒保温浆料、聚合物保温砂浆

外墙外保温 (四)

续表

5. 外墙外保温 (五)

编号及简图	基本构造	厚度 δ/mm	干密度 ρ_0/(kg/m³)	导热系数 λ/[W/(m·K)]	修正系数 α	主体部位		
						传热阻 R_0/[(m²·K)/W]	传热系数 K/[(m²·K)/W]	热惰性指标 D
① (内/外)	2. 三排孔混凝土空心砌砖	190	1300	0.75	1	1.21	0.83	2.80
	3. 水泥砂浆	20	1800	0.93	1			
	4. 胶粘剂							
	5.(a) 挤塑聚苯板	25	28	0.03	1.1			
	(b) 挤塑聚苯板	30	28	0.03	1.1	1.36	0.74	2.86
	6. 聚合物砂浆 (网格布)	3	1800	0.93	1			
	高弹涂料							
② (内/外)	1. 混合砂浆	20	1700	0.87	1	1.1	0.91	2.79
	2. 三排孔混凝土空心砌砖	190	1300	0.75	1			
	3. 水泥砂浆	20	1800	0.93	1			
	4. 胶粘剂							
	5.(a) 膨胀聚苯板	30	20	0.042	1.1			
	(b) 膨胀聚苯板	40	20	0.042	1.1	1.32	0.76	2.88
	6. 聚合物砂浆 (网格布)	3	1800	0.93	1			
	高弹涂料							
③ (内/外)	1. 混合砂浆	20	1700	0.87	1		0.99	2.97
	2. 三排孔混凝土空心砌砖	190	1300	0.75	1			
	界面剂							
	3.(a) 聚苯颗粒保温砂浆	40	230	0.06	1.15	1.01		
	(b) 聚苯颗粒保温砂浆	50	230	0.06	1.15	1.15		
	4. 抗裂砂浆 (网格布)	3	1800	0.93	1		0.87	3.14
	弹性底涂、柔性腻子							
	外墙涂料							
④ (内/外)	1. 混合砂浆	20	1700	0.87	1		1.36	3.62
	2. 三排孔混凝土空心砌砖	190	1300	0.75	1			
	界面剂							
	3.(a) 聚合物保温砂浆	40	650	0.11	1.2	0.74		
	(b) 聚合物保温砂浆	50	650	0.11	1.2	0.81		
	4. 防水砂浆	8	1800	0.93	1		1.23	3.94
	外墙涂料							

基层墙体: 三排孔混凝土空心砌块

保温材料: 挤塑聚苯板、膨胀聚苯板、聚苯颗粒保温浆料、聚合物保温砂浆

外墙外保温 (五)

续表

6. 外墙外保温 (六)

编号及简图	基本构造	厚度 δ /mm	干密度 ρ₀ /(kg/m³)	导热系数 λ/[W/(m·K)]	修正系数 α	主体部位		
						传热阻 R_0 /[(m².K)/W]	传热系数 K /[(m².K)/W]	热惰性指标D
①	1. 混合砂浆	20	1700	0.87	1			
	2. 蒸压灰砂砖	240	1900	1.1	1	1.17	0.85	3.57
	3. 水泥砂浆	20	1800	0.93	1			
	4. 胶粘剂							
	5.(a) 挤塑聚苯板	25	28	0.03	1.1			
	(b) 挤塑聚苯板	30	28	0.03	1.1			
	6. 聚合物砂浆 (网格布)	3	1800	0.93	1	1.33	0.76	3.62
	高弹涂料							
②	1. 混合砂浆	20	1700	0.87	1			
	2. 蒸压灰砂砖	240	1900	1.1	1	1.07	0.94	3.56
	3. 水泥砂浆	20	1800	0.93	1			
	4. 胶粘剂							
	5.(a) 膨胀聚苯板	30	20	0.042	1.1			
	(b) 膨胀聚苯板	40	20	0.042	1.1			
	6. 聚合物砂浆 (网格布)	3	1800	0.93	1	1.28	0.78	3.65
	高弹涂料							
③	1. 混合砂浆	20	1700	0.87	1			
	2. 蒸压灰砂砖	240	1900	1.1	1	0.76	1.32	3.48
	界面剂							
	3.(a) 聚苯颗粒保温砂浆	25	230	0.06	1.15			
	(b) 聚苯颗粒保温砂浆	30	230	0.06	1.15			
	4. 抗裂砂浆 (网格布)	3	1800	0.93	1	0.83	1.21	3.57
	弹性底涂、柔性腻子							
	外墙涂料							
④	1. 混合砂浆	20	1700	0.87	1			
	2. 蒸压灰砂砖	240	1900	1.1	1	0.7	1.42	4.39
	界面剂							
	3.(a) 聚合物保温砂浆	40	650	0.11	1.2			
	(b) 聚合物保温砂浆	50	650	0.11	1.2			
	4. 防水砂浆	8	1800	0.93	1	0.78	1.28	4.71
	外墙涂料							

基层墙体: 蒸压灰砂砖

保温材料: 挤塑聚苯板、膨胀聚苯板、聚苯颗粒保温浆料、聚合物保温砂浆

外墙外保温 (六)

续表

7. 外墙外保温 (七)

编号及简图	基本构造	厚度 δ/mm	干密度 ρ₀/(kg/m³)	导热系数 λ/[W/(m·K)]	修正系数 α	主体部位		
						传热阻 R₀/[(m².K)/W]	传热系数 K/[(m².K)/W]	热惰性指标D
① 内　外	1. 混合砂浆	20	1700	0.87	1	1.28	0.78	2.72
	2. 轻集料混凝土空心砌砖	240	1500	0.75	1			
	3. 水泥砂浆	20	1800	0.93	1			
	4. 胶粘剂							
	5.(a) 挤塑聚苯板	25	28	0.03	1.1			
	(b) 挤塑聚苯板	30	28	0.03	1.1	1.43	0.7	2.77
	6. 聚合物砂浆 (网格布)	3	1800	0.93	1			
	高弹涂料							
② 内　外	1. 混合砂浆	20	1700	0.87	1	1.17	0.86	2.71
	2. 轻集料混凝土空心砌砖	240	1500	0.75	1			
	3. 水泥砂浆	20	1800	0.93	1			
	4. 胶粘剂							
	5.(a) 膨胀聚苯板	30	20	0.042	1.1			
	(b) 膨胀聚苯板	40	20	0.042	1.1	1.38	0.72	2.79
	6. 聚合物砂浆 (网格布)	3	1800	0.93	1			
	高弹涂料							
③ 内　外	1. 混合砂浆	20	1700	0.87	1	1	1	2.8
	2. 轻集料混凝土空心砌砖	240	1500	0.75	1			
	界面剂							
	3.(a) 聚苯颗粒保温砂浆	35	230	0.06	1.15			
	(b) 聚苯颗粒保温砂浆	40	230	0.06	1.15			
	4. 抗裂砂浆 (网格布)	3	1800	0.93	1	1.08	0.93	2.89
	弹性底涂、柔性腻子							
	外墙涂料							
④ 内　外	1. 混合砂浆	20	1700	0.87	1	0.73	1.37	3.22
	2. 轻集料混凝土空心砌砖	240	1500	0.75	1			
	界面剂							
	3.(a) 聚合物保温砂浆	30	650	0.11	1.2			
	(b) 聚合物保温砂浆	40	650	0.11	1.2			
	4. 防水砂浆	8	1800	0.93	1	0.81	1.24	3.54
	外墙涂料							

基层墙体: 轻集料混凝土空心砌块

保温材料: 挤塑聚苯板、膨胀聚苯板、聚苯颗粒保温浆料、聚合物保温砂浆　　　　　外墙外保温 (七)

6.4 外墙内保温

6.4.1 外墙内保温措施

(1) 外墙内保温可采用保温砂浆抹灰、硬质建筑保温带制品内贴以及保温层挂装等做法。对于需要补充热阻较多的墙体,应采用硬质建筑保温制品内贴或保温层挂装做法。

(2) 根据建设部第 218 号《关于发布〈建设部推广应用和限制禁止使用技术〉的公告》,限制使用外墙内保温浆体材料,并规定于 2004 年 7 月 1 日起,外墙内保温浆体材料不得用于大城市民用建筑外墙内保温工程。

(3) 夏热冬冷地区的建筑节能处于起步阶段,外墙内保温施工方便,造价相对较低,一些试点工程采用了外墙内保温节能措施。但内保温做法存在诸多弊端,如采用内保温使内外墙体分处于两个温度场,建筑物结构受热应力影响失稳,结构寿命缩短,保温层易出现裂缝。内保温是建筑节能的一种过渡性做法,从发展的趋势看,随着建筑节能工作的深入,必将被外保温所取代。

(4) 设计人员在选用外墙内保温时,应对冷 (热) 桥部位进行处理。

(5) 外墙内保温的做法有许多,目前石材幕墙的内围护轻质墙体的保温构造、钢结构房屋的墙体构造均宜采用保温复合构造。围护结构建筑节能构造的编制主要考虑的应用范围为居住建筑,故对一些特殊结构体系的保温构造均未列入,今后可逐步完善。

6.4.2 外墙基层墙体材料

围护结构建筑节能构造中选用了常见的 6 种基层墙体材料。

(1) 240mm 厚混凝土多孔砖 (二排孔以上),导热系数 $\lambda=0.738$,修正系数 $\alpha=1.0$。

(2) 240mm 厚 KPI 型烧结多孔砖 (烧结页岩多孔砖),导热系数 $\lambda=0.58$,修正系数 $\alpha=1.0$。

(3) 190mm 厚二排孔混凝土空心砌块,导热系数 $\lambda=0.792$,修正系数 $\alpha=1.0$。

(4) 190mm 厚三排孔混凝土空心砌块,导热系数 $\lambda=0.75$,修正系数 $\alpha=1.0$。

(5) 240mm 厚蒸压灰砂砖,导热系数 $\lambda=1.10$,修正系数 $\alpha=1.0$。

(6) 240mm 厚轻集料混凝土砌块,导热系数 $\lambda=0.75$,修正系数 $\alpha=1.0$。

6.4.3　外墙内保温材料

围护结构建筑节能构造中，根据砂浆抹灰、保温板内贴以及保温层挂装的做法，各选择了不同导热系数的代表值，以便其他导热系数相近的保温材料调整应用。节能构造中选用了目前使用的 4 种保温材料。

(1) 保温砂浆抹灰。海泡石保温砂浆，导热系数 $\lambda=0.013$，修正系数 $\alpha=1.2$。

(2) 保温砂浆抹灰。聚合物保温砂浆，导热系数 $\lambda=0.15$，修正系数 $\alpha=1.2$。

(3) 硬质保温制品内贴。泡沫玻璃，导热系数 $\lambda=0.066$，修正系数 $\alpha=1.1$。

(4) 保温层挂装。矿棉、岩棉或玻璃棉，导热系数 $\lambda=0.048$，修正系数 $\alpha=1.3$。

实际工程中应根据具体保温材料的导热系数作相应调整。

6.4.4　外墙内保温抹灰浆料的基本要求

(1) 保温砂浆内保温的构造层次一般为界面层、保温层和护面层。

(2) 保温砂浆抹灰可采用的材料有复合硅酸盐保温砂浆 (包括海泡石保温砂浆)、聚合物珍珠岩保温砂浆以及稀土复合保温砂浆等。

(3) 界面层和护面层材料应与保温砂浆配套，其中海泡石保温砂浆护面层应采用抗裂砂浆，并有相应的玻纤网布增强 (或局部增强)。护面层厚度不应小于 3mm。稀土复合保温砂浆可不做护面层，直接采用腻子批嵌括平后饰面。

(4) 外墙内保温在应用上应符合下列要求：

①保温材料应选用导热系数较小的不燃或难燃材料；

②采用不对室内环境产生污染的材料；

③除保温材料可允许不设护面层外，保温层应有护面层；

④需要在有保温层的墙面上悬挂重物时，其挂钩的埋件必须固定于基层墙体内。

(5) 硅酸盐复合保温材料的主要保温原料采用石棉，由于石棉制品的环保问题逐步被其他材料替代，如海泡石、珍珠岩等，这些材料在绝对干的状态下，工业保温性能良好，但在常温常湿的状态下，出现的工程问题较多，致使保温层与非保温层交界处易产生冷凝水。

由于内保温浆体材料易产生裂缝，修补比较麻烦，而且无法从根本上改变裂缝问题，在寒冷和严寒地区引起许多纠纷。浙江省全年温差在 40°C 左右，内保温措施同样易产生裂缝。而且江南地区雨水较多，湿度大，易产生结露现象。

6.4.5 外墙内贴的硬质建筑保温制品的基本要求

(1) 外墙内贴的硬质建筑保温制品的构造层次为粘贴层、保温层和护面层。

(2) 用于墙面内贴的硬质建筑保温制品有硬质矿棉板、石膏玻璃棉板、水泥聚苯板、砂加气块、泡沫玻璃保温板以及有硬质面板复面的水泥聚苯板。

(3) 护面层材料应与保温制品配套。一般情况下，护面层宜采用下列做法：

①硬质矿棉板和水泥聚苯板采用有耐碱玻纤网布增强的聚合物砂浆；

②石膏玻璃棉板采用饰面石膏，其底层为石膏砂浆 (粉刷石膏加中砂)5mm 厚，面层为粉刷石膏 1~2mm 厚；

③砂加气块采用专用腻子批嵌括平，厚度为 3~4mm；

④泡沫玻璃保温板采用柔性腻子批嵌括平，厚度为 2~3mm；

⑤有硬质面板 (硅酸钙板或水泥纤维加压板) 复面的水泥聚苯板制品采用柔性腻子批嵌括平，板缝处用耐碱玻纤网布增强，宽度不小于 60mm；

⑥其他能满足内表面不开裂要求的做法。

6.4.6 外墙内保温层挂装的基本要求

(1) 外墙内侧保温层挂装由龙骨、保温层和硬质面板组成。

(2) 保温层可采用半硬质矿 (岩) 棉板、矿 (岩) 棉毡及其他性能良好的适用材料，并应采取防止保温材料顺滑的措施。

(3) 保温层挂装的龙骨和硬质面板宜采用下列材料和做法：

①龙骨可采用石膏龙骨或木龙骨，龙骨宽度 50mm，@60mm 单向或双向设置，或根据硬质面板规格配置，其中，木龙骨应作防腐处理；

②硬质面板可采用纸面石膏板、无石棉硅酸钙板或无石棉大幅度水泥纤维加压板，纸面石膏板的厚度不应小于 10mm；硅酸钙板和水泥纤维加压板的厚度不应小于 6mm；

③硬质面板面层采用批泥括膏后饰面，板缝用宽度不小于 100mm 的配套纸粘带粘贴 (对纸面石膏板) 或宽度为 60mm 的耐碱玻纤网布局部增强 (对硅酸钙板、水泥纤维加压板)。

(4) 内保温挂装的做法能够有效地增加热阻值，却较多地增加了墙体的厚度，围护结构建筑节能构造选择了 3 种有代表性的半砖墙体，编制了外墙内保温，希望在不增加墙体厚度的同时，能够达到节能保温的目的。此做法应注意墙体不应有较大的受力情况，如空调的安装等；同时产生结露的可能性也将增大。

6.4.7 外墙内保温建筑节能构造

外墙内保温建筑节能构造及其热工参数详见表 6-5。

表 6-5　外墙内保温建筑节能构造及其热工参数

1. 外墙内保温 (一)

编号及简图	基本构造	厚度 δ /mm	干密度 ρ_0/(kg /m³)	导热系数 λ/[W/ (m·K)]	修正系数 α	主体部位		
						传热阻 R_0 /[(m²· K)/W]	传热系数 K /[(m²· K)/W]	热惰性指标 D
① 1 2 3 4 内　外	1. 柔性腻子					0.79	1.27	3.02
	抗裂石膏 (网格布)	5	1050	0.33	1			
	2.(a) 海泡石保温砂浆	20	300	0.06	1.2			
	(b) 海泡石保温砂浆	30	300	0.06	1.2	0.93	1.08	3.19
	界面剂							
	3. 混凝土多孔砖	240	1450	0.738	1			
	4. 水泥砂浆	20	1800	0.93	1			
② 1 2 3 4 内　外	1. 混合砂浆	10	1700	0.87	1	0.74	1.36	3.68
	2.(a) 聚合物保温砂浆	30	650	0.11	1.2			
	(b) 聚合物保温砂浆	40	650	0.11	1.2	0.81	1.23	4
	界面剂							
	3. 混凝土多孔砖	240	1450	0.738	1			
	4. 水泥砂浆	20	1800	0.93	1			
③ 1 2 3 4 5 内　外	1. 混合砂浆	10	1700	0.87	1	0.79	1.26	3.09
	2.(a) 泡沫玻璃	20	150	0.066	1			
	(b) 泡沫玻璃	30	150	0.066	1	0.93	1.07	3.33
	胶粘剂							
	3. 水泥砂浆	10	1800	0.93	1			
	4. 混凝土多孔状	240	1450	0.738	1.3			
	5. 水泥砂浆	20	1800	0.93	1.3			
④ 1 2 3 4 5 内　外	1. 纸面石膏板	12	1050	0.33	1	0.88	1.14	3.36
	2.(a) 矿 (岩) 棉或玻璃棉板	20	100	0.048	1.3			
	(b) 矿 (岩) 棉或玻璃棉板	30	100	0.048	1.3	1.04	0.97	3.52
	50 防腐木筋双向							
	3. 水泥砂浆	20	1800	0.93	1			
	4. 混凝土多孔砖	240	1450	0.738	1			
	5. 水泥砂浆	20	1800	0.93	1			

基层墙体: 混凝土多孔砖 (二排孔以上)

保温材料: 海泡石保温砂浆、聚合物保温砂浆、泡沫玻璃、矿 (岩) 棉或玻璃棉板　　　　　　　外墙内保温 (一)

续表

2. 外墙内保温 (二)

编号及简图	基本构造	厚度 δ /mm	干密度 ρ_0/(kg /m³)	导热系数 λ/[W/ (m·K)]	修正系数 α	主体部位		
						传热阻 R_0 /[(m²· K)/W]	传热系数K /[(m²· K)/W]	热惰性指标D
① 内 外 1 2 3 4	1. 柔性腻子					0.88	1.14	3.94
	抗裂石膏 (网格布)	5	1050	0.33	1			
	2.(a) 海泡石保温砂浆	20	300	0.06	1.2			
	(b) 海泡石保温砂浆	30	300	0.06	1.2	1.02	0.98	4.11
	界面剂							
	3.KPI 型烧结多孔砖	240	1400	0.58	1			
	4. 水泥砂浆	20	1800	0.93	1			
② 内 外 1 2 3 4	1. 混合砂浆	10	1700	0.87	1	0.75	1.34	4.28
	2.(a) 聚合物保温砂浆	20	650	0.11	1.2			
	(b) 聚合物保温砂浆	30	650	0.11	1.2	0.82	1.21	4.6
	界面剂							
	3.KPI 型烧结多孔砖	240	1400	0.58	1			
	4. 水泥砂浆	20	1800	0.93	1			
③ 内 外 1 2 3 4 5	1. 混合砂浆	10	1700	0.87	1.1	0.88	1.13	4.01
	2.(a) 泡沫玻璃	20	150	0.066	1.1			
	(b) 泡沫玻璃	30	150	0.066	1.1	1.02	0.98	4.14
	胶粘剂							
	3. 水泥砂浆	10	1800	0.93	1			
	4.KPI 型烧结多孔砖	240	1400	0.58	1			
	5. 水泥砂浆	20	1800	0.93	1			
④ 内 外 1 2 3 4 5	1. 纸面石膏板	12	1050	0.33	1	0.96	1.04	4.28
	2.(a) 矿 (岩) 棉或玻璃棉板	20	100	0.048	1.3			
	(b) 矿 (岩) 棉或玻璃棉板	30	100	0.048	1.3	1.12	0.89	4.44
	防腐木筋双向							
	3. 水泥砂浆	20	1800	0.93	1			
	4.KPI 型烧结多孔砖	240	1400	0.58	1			
	5. 水泥砂浆	20	1800	0.93	1			

基层墙体: KPI 型烧结多孔砖墙

保温材料: 海泡石保温砂浆、聚合物保温砂浆、泡沫玻璃、矿 (岩) 棉或玻璃棉板

外墙内保温 (二)

续表

3. 外墙内保温 (三)

编号及简图	基本构造	厚度 δ /mm	干密度 ρ₀/(kg /m³)	导热系数 λ/[W/ (m·K)]	修正系数 α	主体部位		
						传热阻 R₀ /[(m²· K)/W]	传热系数 K /[(m²· K)/W]	热惰性指标 D
① 内　外	1. 柔性腻子							
	抗裂石膏 (网格布)	5	1050	0.33	1			
	2.(a) 海泡石保温砂浆	40	300	0.06	1.2	0.98	1.02	3.02
	(b) 海泡石保温砂浆	50	300	0.06	1.2	1.12	0.89	3.19
	界面剂							
	3. 二排孔混凝土空心砌块	190	1100	0.792	1			
	4. 水泥砂浆	20	1800	0.93	1			
② 内　外	1. 混合砂浆	10	1700	0.87	1			
	2.(a) 聚合物保温砂浆	40	650	0.11	1.2	0.73	1.38	3.66
	(b) 聚合物保温砂浆	50	650	0.11	1.2	0.8	1.25	3.98
	界面剂							
	3. 二排孔混凝土空心砌块	190	1100	0.792	1			
	4. 水泥砂浆	20	1800	0.93	1			
③ 内　外	1. 混合砂浆	10	1700	0.87	1			
	2.(a) 泡沫玻璃	40	150	0.066	1.1	0.99	1.02	3
	(b) 泡沫玻璃	50	150	0.066	1.1	1.12	0.89	3.12
	胶粘剂							
	3. 水泥砂浆	10	1800	0.93	1			
	4. 二排孔混凝土空心砌块	190	1100	0.792	1			
	5. 水泥砂浆	20	1800	0.93	1			
④ 内　外	1. 纸面石膏板	12	1050	0.33	1			
	2.(a) 矿 (岩) 棉或玻璃棉纸	20	100	0.048	1.3	0.79	1.27	3.02
	(b) 矿 (岩) 棉或玻璃棉纸	30	100	0.048	1.3	0.95	1.05	3.18
	50 防腐木筋双向							
	3. 水泥砂浆	20	1800	0.93	1			
	4. 二排孔混凝土空心砌块	190	1100	0.792	1			
	5. 水泥砂浆	20	1800	0.93	1			

基层墙体: 二排孔混凝土空心砌块

保温材料: 海泡石保温砂浆、聚合物保温砂浆、泡沫玻璃、矿 (岩) 棉或玻璃棉纸　　　　　　　　　外墙内保温 (三)

续表

4. 外墙内保温 (四)

编号及简图	基本构造	厚度 δ /mm	干密度 ρ_0/(kg /m³)	导热系数 λ/[W/ (m·K)]	修正系数 α	主体部位		
						传热阻 R_0 /[(m²· K)/W]	传热系数 K /[(m²· K)/W]	热惰性指标 D
①内 外	1. 柔性腻子 抗裂石膏 (网格布)	5	1050	0.33	1			
	2.(a) 海泡石保温砂浆	40	300	0.060	1.2	1	1	3.01
	(b) 海泡石保温砂浆	50	300	0.06	1.2	1013	0.88	3.18
	界面剂							
	3. 三排孔混凝土空心砌块	190	1300	0.75	1			
	4. 水泥砂浆	20	1800	0.93	1			
②内 外	1. 混合砂浆	10	1700	0.87	1			
	2.(a) 聚合物保温砂浆	40	650	0.11	1.2	0.74	1.35	3.65
	(b) 聚合物保温砂浆	50	650	0.11	1.2	0.82	1.23	3.97
	界面剂							
	3. 三排孔混凝土空心砌块	190	1300	0.75	1			
	4. 水泥砂浆	20	1800	0.93	1			
③内 外	1. 混合砂浆	10	1700	0.87	1			
	2.(a) 泡沫玻璃	40	150	0.066	1.1	1	1	3
	(b) 泡沫玻璃	50	150	0.066	1.1	1.13	0.88	3.11
	胶粘剂							
	3. 水泥砂浆	10	1800	0.93	1			
	4. 三排孔混凝土空心砌块	190	1300	0.75	1			
	5. 水泥砂浆	20	1800	0.93	1			
④内 外	1. 纸面石膏板	12	1050	0.33	1			
	2.(a) 矿 (岩) 棉或玻璃棉板	20	100	0.048	1.3	0.8	1.25	3.01
	(b) 矿 (岩) 棉或玻璃棉板	30	100	0.048	1.3	0.96	1.04	3.17
	50 防腐木筋双向							
	3. 水泥砂浆	20	1800	0.93	1			
	4. 三排孔混凝土空心砌块	190	1300	0.75	1			
	5. 水泥砂浆	20	1800	0.93	1			

基层墙体: 三排孔空心砌块

保温材料: 海泡石保温砂浆、聚合物保温玻璃、泡沫玻璃、矿 (岩) 棉或玻璃棉纸

外墙内保温 (四)

续表

5. 外墙内保温 (五)

编号及简图	基本构造	厚度 δ /mm	干密度 ρ_0/(kg /m³)	导热系数 λ/[W/ (m·K)]	修正系数 α	主体部位		
						传热阻 R_0 /[(m²· K)/W]	传热系数 K /[(m²· K)/W]	热惰性指标 D
1 2 3 4 ① 内 外	1. 柔性腻子 抗裂石膏 (网格布)	5	1050	0.33	1	0.75	1.33	3.53
	2.(a) 海泡石保温砂浆	25	300	0.06	1.2			
	(b) 海泡石保温砂浆	30	300	0.06	1.2	0.82	1.22	3.61
	界面剂							
	3. 蒸压灰砂砖	240	1900	1.1	1			
	4. 水泥砂浆	20	1800	0.93	1			
1 2 3 4 ② 内 外	1. 混合砂浆	10	1700	0.87	1	0.7	1.42	4.42
	2.(a) 聚合物保温砂浆	40	650	0.11	1.2			
	(b) 聚合物保温砂浆	50	650	1.11	1.2	0.87	1.28	4.73
	界面剂							
	3. 蒸压灰砂砖	240	1900	1.1	1			
	4. 水泥砂浆	20	1800	0.93	1			
1 2 3 4 5 ③ 内 外	1. 混合砂浆	10	1700	0.87	1	0.83	1.21	3.63
	2.(a) 泡沫玻璃	30	150	0.066	1.1			
	(b) 泡沫玻璃	40	150	0.066	1.1	0.96	1.04	3.76
	胶粘剂							
	3. 水泥砂浆	10	1800	0.93	1			
	4. 蒸压灰砂砖	240	1900	1.1	1			
	5. 水泥砂浆	20	1800	0.93	1			
1 2 3 4 5 ④ 内 外	1. 纸面石膏板	12	1050	0.33	1	0.77	1.3	3.87
	2.(a) 矿 (岩) 棉或玻璃棉板	20	100	0.048	1.3			
	(b) 矿 (岩) 棉或玻璃棉板	30	100	0.048	1.3	0.93	1.08	3.94
	50×8 防腐木筋双向							
	3. 水泥砂浆	20	1800	0.93	1			
	4. 蒸压灰砂砖	240	1900	1.1	1			
	5. 水泥砂浆	20	1800	0.93	1			

保温材料: 海泡石保温砂浆、聚合物保温砂浆、泡沫玻璃、矿 (岩) 棉或玻璃板

基层墙体: 蒸压灰砂砖

外墙内保温 (五)

续表

6. 外墙内保温 (六)

编号及简图	基本构造	厚度 δ /mm	干密度 ρ_0/(kg /m³)	导热系数 λ/[W/(m·K)]	修正系数 α	主体部位		
						传热阻 R_0 /[(m².K)/W]	传热系数K /[(m².K)/W]	热惰性指标D
12 3 4 内 外 ①	1. 柔性腻子抗裂石膏 (网格布)	5	1050	0.33	1	1.06	0.94	2.93
	2.(a) 海泡石保温砂浆	40	300	0.06	1.2			
	(b) 海泡石保温砂浆	50	300	0.06	1.2	1.2	0.83	3.1
	界面剂							
	3. 轻集料混凝土砌块	240	1500	0.75	1			
	4. 水泥砂浆	20	1800	0.93	1			
12 3 4 内 外 ②	1. 混合砂浆	10	1700	0.87	1	0.73	1.37	3.24
	2.(a) 聚合物保温砂浆	30	650	0.11	1.2			
	(b) 聚合物保温砂浆	40	650	0.11	1.2	0.81	1.24	3.56
	界面剂							
	3. 轻集料混凝土砌块	240	1500	0.75	1			
	4. 水泥砂浆	20	180	0.93	1			
123 4 5 内 外 ③	1. 混合砂浆	10	1700	0.87	1	1.07	0.94	2.9
	2.(a) 泡沫玻璃	40	150	0.066	1.1			
	(b) 泡沫玻璃	50	150	0.066	1.1	1.2	0.83	3.03
	胶粘剂							
	3. 水泥砂浆	110	1800	0.93	1			
	4. 轻集料混凝土空心砌块	240	1500	0.75	1			
	5. 水泥砂浆	20	180	0.93	1			
123 4 5 内 外 ④	1. 纸面石膏板	12	1050	0.33	1	0.95	1.05	3
	2.(a) 矿 (岩) 棉或玻璃棉板	25	100	0.048	1.3			
	(b) 矿 (岩) 棉或玻璃棉板	30	100	0.048	1.3	1.03	0.97	3.08
	50×8 防腐木筋双向							
	3. 水泥砂浆	20	1800	0.93	1			
	4. 轻集料混凝土空心砌块	240	1500	0.75	1			
	5. 水泥砂浆	20	1800	0.93	1			

基层墙体: 轻集料混凝土空心砌块

保温材料: 海泡石保温砂浆、聚合物保温砂浆、泡沫玻璃、矿 (岩) 棉或玻璃棉板

外墙内保温 (六)

7. 外墙内保温 (七) 基层墙材 (半砖墙)　　　　　　　　　　　　　　　　　　　　续表

编号及简图	基本构造	厚度 δ /mm	干密度 ρ₀/(kg/m³)	导热系数 λ/[W/(m·K)]	修正系数 α	主体部位		
						传热阻 R_0 /[(m²·K)/W]	传热系数 K /[(m²·K)/W]	热惰性指标 D
1 2 3 4 5 内①外	1. 纸面石膏板	12	1050	0.33	1	1.03	0.97	2.5
	2.(a) 矿 (岩) 棉或玻璃棉板	40	100	0.048	1.3			
	(b) 矿 (岩) 砂或玻璃棉板	50	100	0.048	1.3	1.19	0.84	2.66
	50×8 防腐木筋双向							
	3. 混合砂浆	20	1700	0.87	1			
	4. 混凝土多孔砖	120	1450	0.738	1			
	5. 水泥砂浆	20	1800	0.93	1			
1 2 3 4 5 内②外	1. 纸面石膏板	12	1050	0.33	1	1.08	0.93	2096
	2.(a) 矿 (岩) 棉或玻璃棉板	40	100	0.048	1.3	1.08	0.93	2.96
	(b) 矿 (岩) 棉或玻璃棉板	50	100	0.048	1.3	1.42	0.81	3.12
	50×8 防腐木筋双向							
	3. 混合砂浆	20	1700	0.87	1			
	4.KPI 型烧结多孔砖	120	1400	0.58	1			
	5. 水泥砂浆	20	1800	0.93	1			
1 2 3 4 5 内③外	1. 纸面石膏板	12	1050	0.33	1			
	2.(a) 矿 (岩) 棉或玻璃棉板	50	100	0.048	1.3			
	(b) 矿 (岩) 棉或玻璃棉板	60	100	0.048	1.3	1.3	0.77	3.03
	3. 混合砂浆	20	1700	0.87	1			
	4. 蒸压灰砂砖	120	1900	1.1	1			
	5. 水泥砂浆	20	1800	0.93	1			
基层墙体 (半砖墙): 混凝土多孔砖、KPI 型烧结多孔砖、蒸压灰砂砖 保温材料: 矿 (岩) 棉或玻璃棉板						外墙内保温 (七)		

6.5　外墙自保温

6.5.1　外墙自保温的节能要求

(1) 能满足外墙自保温要求的墙体材料有蒸压加气混凝土制品(砌块和外墙板)以及其他能满足外墙平均传热系数(K_∞)和热惰性指标 (D) 要求的轻质混凝土制品或复合制品。用于单一材料外墙 (低层建筑或填充墙) 的蒸压粉煤灰加气混凝土制品应采用 B07 级；蒸压砂加气混凝土制品应采用 B05 级或 B06 级。

(2) 围护结构建筑节能结构中，外墙自保温墙体选用了蒸压加气混凝土制品和复合轻质墙体。

(3) 新型墙体系统产品发展迅速，TCK 节能防火墙体作为节能复合墙体的代表,该墙体的传热阻是根据复合墙体实测数据,并复合 50mm 厚岩棉计算求得。轻质墙体的热惰性指标不够理想,建议填充有一定容重的保温材料。

6.5.2 外墙自保温建筑节能构造

外墙自保温建筑节能构造及其热工参数详见表 6-6。

表 6-6　外墙自保温建筑节能构造及其热工参数

编号及简图	基本构造	厚度 δ/mm	干密度 ρ_0/(kg/m³)	导热系数 λ/[W/(m²·K)]	修正系数 α	主体部位		
						传热阻 R_0/[(m²·K)/W]	传热系数 K/[(m²·K)/W]	热惰性指标 D
① 1 2 3 内 外	1. 聚合物水泥石灰砂浆	8	1800		1.0	1.06	0.94	4.32
	界面剂							
	2. 加气混凝土砌块 (B07)	240	700		1.25			
	界面剂							
	3. 聚合物水泥砂浆	25	1800	0.060	1.0			
	防水腻子							
	乳胶漆或涂料							
② 1 2 3 内 外	1. 聚合物水泥石灰砂浆	8	1800		1.0	1.54	0.65	6.44
	界面剂							
	2. 砂加气混凝土砌块 (B05)	240	500		1.36			
	界面剂							
	3. 聚合物水泥砂浆	25	1800		1.0			
	防水腻子							
	乳胶漆或涂料							
③ 1 2 内 外	1.TCK 节能防火墙体	175				1.52	0.66	2.50
	塑钢中空内膜 (双面防火板)							
	C 型钢龙骨 (50mm 厚岩棉)							
	塑钢中空内膜 (双面防火板)							
	2. 水泥砂浆 (金属网)	10	1800		1.0			
④ 1 2 内 外	1.TCK 节能防火墙体	143				1.35	0.74	2.50
	塑钢中空内膜 (双面防火板)							
	C 型钢龙骨 (50mm 厚岩棉)							
	塑钢中空内膜 (双面防火板)							
	2. 水泥砂浆 (金属网)	10	1800		1.0			
墙体: 加气混凝土砌块 (B07)、砂加气混凝土砌块 (B05) TCK 节能防火墙体						外墙自保温		

6.6　分　户　墙

6.6.1　分户墙的节能设计指标

浙江省《居住建筑节能设计指标》第 4.2.4 条规定，居住建筑分户墙的传热系数 $K_\infty \leqslant 2.0\text{W}/(\text{m}^2\cdot\text{K})$。

6.6.2　分户墙节能的基本要求

(1) 分户墙两侧的表面换热阻均应按内表面换热阻 (R_i) 取值，两侧表面换热阻之和可取 0.22 $\text{W}/(\text{m}^2\cdot\text{K})$。

(2) 分户墙采用下列墙体材料，可不采取保温措施：

①砌体厚度不小于 190mm 的三排孔混凝土小砌块，以及二排孔或多排孔混凝土多孔砖、KPI 型页岩多孔砖；

②厚度不小于 100mm 的蒸压加气混凝土砌块或墙板；

③热阻值不小于 0.28$(\text{m}^2\cdot\text{K})/\text{W}$ 的其他材料墙体。

(3) 分户墙采用普通混凝土小砌块、混凝土砖以及钢筋混凝土墙体等，应采取复合保温措施。其可选用的保温做法如下：

①在墙体一侧或两侧粉刷保温浆料，以达到节能的要求 (护面层另加)；

②在墙体一侧粘贴有 5mm 厚水泥纤维加压板复面的水泥聚苯板制品。制品中水泥聚苯板的厚度可取 10mm 或 15mm。硬质面板拼缝用宽 60mm 的耐碱玻纤网布增强；

③可采用石膏砂浆 (粉刷石膏加中砂) 取代原水泥混合砂浆抹灰层，墙体两侧石膏砂浆的厚度之和不应小于 55mm。

(4) 分户墙应符合强度、隔声和厚度等要求，如单层 GRC 墙板、钢丝网夹芯板等轻质墙体仅适用于内隔墙。因此，均未列入分户墙部分。

6.6.3　分户墙建筑的节能构造

分户墙建筑节能构造及其热工参数详见表 6-7。

表 6-7　分户墙建筑节能构造及其热工参数

1. 分户墙 (一)

编号及简图	基本构造	厚度	干密度	热导系数	修正系数	主体部位	
						传热阻	传热系数
1 2 3 ①	1. 混合砂浆	20	1700	0.87	1	0.59	1.69
	2. 混凝土多孔砖	240	1450	0.738	1		
	3. 混合砂浆	20	1700	0.87	1		

续表

编号及简图	基本构造	厚度	干密度	热导系数	修正系数	主体部位	
						传热阻	传热系数
②	1. 混合砂浆	20	1700	0.87	1	0.68	1.47
	2.KPI 型烧结多孔砖	240	1400	0.58	1		
	3. 混合砂浆	20	1700	0.87	1		
③	1. 混合砂浆	20	1700	0.87	1	0.52	1.93
	2. 三排孔混凝土空心砌块	190	1300	0.75	1		
	3. 混合砂浆	20	1700	0.87	1		
④	1. 聚合物水泥石灰砂浆	6	1800	0.93	1	1.24	0.8
	界面剂						
	2. 加气混凝土砌块	240	500	0.19	1.25		
	界面剂						
	3. 聚合物水泥石灰砂浆	6	1800	0.93	1		

无保温措施墙体：混凝土多孔砖、KPI 型烧结多孔砖、三排孔混凝土空心砌块、粉煤灰加气混凝土砌块	分户墙 (一)

2. 分户墙 (二)

编号及简图	基本构造	厚度	干密度	热导系数	修正系数	主体部位	
						传热阻	传热系数
①	1. 混合砂浆	20	1700	0.87	1	0.64	1.57
	2. 钢筋混凝土墙	200	2500	1.74	1		
	界面剂						
	3. 海泡石保温砂浆	20	300	0.06	1.2		
	4. 抗裂石膏	5	1050	0.33	1		
	柔性腻子						
②	1. 混合砂浆	10	1700	0.87	1	0.57	1.76
	2. 聚合物保温砂浆	15	650	0.11	1.2		
	界面剂						
	3. 钢筋混凝土墙	200	2500	1.74	1		
	界面剂						
	4. 聚合物保温砂浆	15	650	0.11	1.2		
	5. 混合砂浆	10	1700	0.87	1		

续表

编号及简图	基本构造	厚度	干密度	热导系数	修正系数	主体部位	
						传热阻	传热系数
③	1. 混合砂浆	20	1700	0.87	1	0.69	1.44
	2. 二排孔混凝土空心砌块	190	1100	0.792	1		
	界面剂						
	3. 海泡石保温砂浆	15	300	0.06	1.2		
	4. 抗裂石膏（网格布）	5	1050	0.33	1		
	柔性腻子						
④	1. 混合砂浆	10	1700	0.87	1	0.69	1.44
	2. 聚合物保温砂浆	15	650	0.11	1.2		
	界面剂						
	3. 二排孔混凝土空心砌块	190	1100	0.792	1		
	界面剂						
	4. 聚合物保温砂浆	15	650	0.11	1.2		
	5. 混合砂浆	10	1700	0.87	1		

有保温措施墙体：钢筋混凝土墙、二排孔混凝土空心砌块　　　　　分户墙（二）
保温材料：海泡石保温砂浆、聚合物保温砂浆

3. 分户墙（三）

编号及简图	基本构造	厚度	干密度	热导系数	修正系数	主体部位	
						传热阻	传热系数
①	1. 水泥砂浆（金属网）	10	1800	0.93	1	1.6	0.63
	2.TCK 节能防火墙体（C01）	175					
	C 型钢龙骨（50 厚岩棉）						
	塑钢中空内模（双面防火板）						
	3. 水泥砂浆（金属网）	10	1800	0.93	1		
②	1. 水泥砂浆（金属网）	10	1800	0.93	1	1.43	0.7
	2.TCK 节能防火墙（C02）	143					
	中空防火复合层						
	C 型钢龙骨（50 厚岩棉）						
	塑钢中空内膜（双面防火板）						
	3. 水泥砂浆（金属网）	10	1800	0.93	1		
③	1. 混合砂浆	10	1700	0.87	1	1.4	0.71
	2.GRC 轻质墙板	60					
	3. 矿（岩）棉或玻璃棉板	50	100	0.048	1.3		
	4.GRC 轻质墙板	60					
	5. 混合砂浆	10	1700	0.87	1		

编号及简图	基本构造	厚度	干密度	热导系数	修正系数	主体部位	
						传热阻	传热系数
	1. 双层纸面石膏板	24	1050	0.33	1		
	2. 轻钢龙骨	100				1.35	0.74
	矿(岩)棉或玻璃棉板	50	100	0.048	1.3		
	3. 双层纸面石膏板	24	1050	0.33	1		
复合墙体：TCK 节能防火墙体、GRC 轻质保温墙体、轻质龙骨保温墙体						分户墙（三）	

6.7 屋面保温隔热节能技术

6.7.1 屋面的类型

屋面按其保温层所在位置分，目前主要有单一保温屋面、外保温屋面、内保温屋面和夹芯保温屋面 4 种类型，目前绝大多数为外保温屋面。

屋面按保温层所用材料分，目前主要有加气混凝土保温屋面，乳化沥青珍珠岩保温屋面，憎水型珍珠岩保温屋面，聚苯板保温屋面，水泥聚苯板保温屋面，岩棉、玻璃棉板保温屋面，浮石砂保温屋面，彩色钢板聚苯乙烯泡沫夹芯保温屋面，彩色钢板聚氨酯硬泡夹芯保温屋面等。为叙述和使用方便，本章屋面按保温层所用材料来命名和分类。

根据浙江省《居住建筑节能设计标准》的规定，居住建筑屋顶传热系数 K 和热惰性指标 D 应符合表 6-8 的规定。

表 6-8 外墙的热传导系数 $K_\infty[W/(m^2 \cdot K)]$ 和热惰性指标 D

围护结构	指标	
屋顶	$K_\infty \leqslant 1.0W/(m^2 \cdot K)$ $D \geqslant 3.0$	$K_\infty \leqslant 0.8W/(m^2 \cdot K)$ $D \geqslant 2.5$

当屋顶的 K 值满足要求，但 D 值不满足要求时，应按照《民用建筑热工设计规范》(GB 51076-1993) 第 6.1.1 条验算隔热设计要求进行设计。

6.7.2 屋面的节能措施

屋面保温、隔热及防水要求应符合《屋面工程技术规范》(GB 50345-2004) 的规定。

(1) 屋面的节能构造中均未注明几道防水，设计人员可根据单体设计的需要注明几道防水、防水材料及防水层的厚度。屋面热工指标计算均未考虑防水层的传热阻。

(2) 平屋面的保温构造采用保温层倒置和保温层正置的做法，设计人员可根据采用的保温材料设计合适的构造。

(3) 倒置式屋面是将传统屋面构造中保温隔热层与防水层颠倒，即将保温隔热层设置在防水层之上。由于倒置式屋面为外隔热保温形式，外隔热保温材料层的热阻作用对室外综合温度首先进行了衰减，使其后产生在屋面重实材料上的内部温度分布低于传统保温隔热屋顶内部温度分布，屋面所蓄有的热量始终低于传统屋面保温隔热方式蓄有的热量，向室内散热也小，因此，是一种隔热保温效果较好的节能屋面构造形式。

(4) 在室内空气湿度常年大于 80% 的地区，若采用吸湿的保温材料做保温层，应选用气密性、水密性好的防水卷材或防水涂料做隔气层。

6.7.3 屋面的节能设计构造

聚苯板保温屋面热工性能指标见表 6-9，挤塑型聚苯板保温屋面热工性能指标见表 6-10。

表 6-9 聚苯板保温屋面热工性能指标

编号	屋面构造	保温层厚度 δ/mm	屋面总厚度 δ/mm	热惰性指标 D 值	热阻 R /[(m²·K)/W]	传热系数 K /[(m²·K)/W]
(1)	卷材防水层 水泥砂浆找平层 水泥焦渣找坡层 聚苯板 ($\rho_0 = 20$, $\lambda = 0.063$) 钢筋混凝土圆孔板	50	310	3.57	1.14	0.76
		60	320	3.65	1.30	0.69
		70	330	3.74	1.46	0.62
		80	340	3.63	1.62	0.50
		90	350	3.91	1.78	0.52
		100	360	4.00	1.94	0.48
(2)	屋面构造同 (1) 屋面板为 180mm 厚的钢筋混凝土多孔板	50	360	3.64	1.19	0.75
		60	370	3.72	1.35	0.67
		70	380	3.81	1.51	0.60
		80	390	3.90	1.67	0.55
		90	400	3.98	1.83	0.51
		100	410	4.07	1.99	0.47
(3)	屋面构造同 (1) 屋面板为 110mm 厚的钢筋混凝土板	50	290	3.44	1.09	0.81
		60	300	3.02	1.25	0.71
		70	310	3.61	1.41	0.61
		80	320	3.70	1.57	0.58
		90	330	3.78	1.73	0.53
		100	340	3.87	1.89	0.49

表 6-10　挤塑型聚苯板保温屋面热工性能指标

编号	屋面构造	保温层厚度 δ/mm	屋面总厚度 δ/mm	热惰性指标 D 值	热阻 R /[(m²·K)/W]	传热系数 K /[(m²·K)/W]
(1)	卷材防水层 水泥砂浆找平层 水泥焦渣找坡层 聚苯板 (ρ_0 = 20, λ = 0.063) 钢筋混凝土圆孔板	30	340	4.05	1.15	0.77
		40	350	4.17	1.40	0.65
		50	360	4.29	1.65	0.56
		60	370	4.41	1.90	0.49
		70	380	4.52	2.15	0.43
		80	390	4.61	2.40	0.39
(2)	屋面构造同 (1) 屋面板为 70mm 厚的钢筋混凝土多孔板	30	390	4.12	1.20	0.74
		40	400	4.24	1.45	0.63
		50	410	4.36	1.70	0.54
		60	420	4.48	1.95	0.48
		70	430	4.59	2.20	0.43
		80	440	4.71	2.45	0.38
(3)	屋面构造同 (1) 屋面板为 110mm 厚的钢筋混凝土板	30	320	3.92	1.10	0.80
		40	330	4.04	1.35	0.67
		50	340	4.16	1.60	0.57
		60	350	4.28	1.85	0.50
		70	360	4.39	2.10	0.44
		80	370	4.51	2.85	0.40
(4)	砾石屋,粒径 20~40mm 合成纤维无纺布 挤塑型聚苯板 (ρ_0 = 20, λ = 0.063) 屋面防水膜 水泥砂浆找平层 水泥焦渣找坡层 钢筋混凝土圆孔板	30	340	4.05	1.15	0.77
		40	350	4.10	1.40	0.65
		50	360	4.22	1.65	0.56
		60	370	4.41	1.90	0.49
		70	380	4.52	2.15	0.43
		80	390	4.64	2.40	0.39

6.7.4　屋面保温隔热系统

　　屋面保温隔热系统指屋面保温隔热构造及保温材料的选择。保温隔热构造包括非上人屋面、上人屋面、倒置式屋面、坡屋面、架空屋面、种植屋面等。屋面保温隔热构造、材料与屋面防水密切相关。构造不合理、选材选择不当会直接影响防水层的寿命及整个屋面系统的寿命,也会直接影响人们的生活和工作。因此,屋面保温隔热系统的设计,保温材料的选择、施工都必须重视,才能确保屋面工程的使用功能。

　　1. 非上人屋面

　　1) 构造示意图

　　非上人屋面是指一般屋面不允许上人行走 (维修人员除外)、活动的屋面。因此屋面防水层的保护常选用浅色涂料、细沙、云母粉、蛭石颗粒等保护层。非上人屋面的构造示意图见图 6-1，屋面保温材料厚度及传热系数见表 6-11。

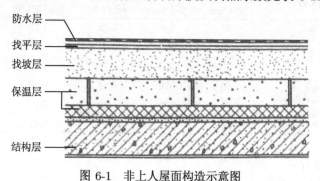

防水层
找平层
找坡层
保温层
结构层

图 6-1　非上人屋面构造示意图

表 6-11　非上人屋面保温材料厚度及传热系数

非上人屋面	保温材料厚度/mm		传热阻 R_0 /[(m²·K)/W]	传热系数 K /[W/(m²·K)]	热惰性指标 D
	加气块	聚苯板 (挤塑聚苯板)			
(1) 防水层 (2) 20mm 厚水泥砂浆找平层 (3) 最薄 30mm 厚轻骨料混凝土找坡层 (4) 加气混凝土块保温层和聚苯板保温层 (挤塑聚苯板) (5) 钢筋混凝土屋面板	100	50(40)	1.74(1.76)	0.57(0.57)	4.18(4.19)
	100	60(50)	1.84(2.03)	0.54(0.49)	4.23(4.31)
	100	70(60)	2.04(2.31)	0.49(0.43)	4.31(4.43)
	100	80(70)	2.24(2.59)	0.45(0.39)	4.40(4.55)
	100	90(80)	2.24(2.87)	0.41(0.35)	4.49(4.67)
	100	100(90)	2.64(3.14)	0.38(0.32)	4.57(4.79)

注：聚苯板导热系数修正系数 $\alpha=1.2$，导热系数计算值 $\lambda_c=0.042\times1.2=0.05[W/(m^2·K)]$，挤塑聚苯板导热系数修正系数 $\alpha=1.2$，导热系数计算值 $\lambda_c=0.03\times1.2=0.036[W/(m^2·K)]$，加气块导热系数修正系数 $\alpha=1.5$，导热系数计算值 $\lambda_c=0.19\times1.5=0.29[W/(m^2·K)]$

2) 技术特点及要求

(1) 屋面荷载设计较小，最好选用表观密度小、导热系数小、蓄热量大的保温隔热材料，使屋面既有较好的保温效果，又不会使荷载过大。

(2) 屋面保温隔热材料及其厚度应根据节能建筑热工要求确定。当屋面同时使用两种保温材料复合时，应注意保温材料的排列。当选用加气混凝土砌块及聚苯保温材料时，加气混凝土砌块宜铺设在聚苯板保温材料上面。

(3) 复合保温材料除可以采用加气混凝土砌块与聚苯板复合外,还可采用加气混凝土砌块与挤塑聚苯板复合,以及加气混凝土砌块与聚氨酯泡沫板复合。

(4) 复合保温材料常用于公共建筑及高层民用建筑的屋面保温。

2.上人屋面

1) 构造示意图

上人屋面是指屋面允许人经常行走、活动,因此屋面防水层的保护层为刚性保护层,如铺设块体材料、抹灰泥砂浆、细石混凝土等。上人屋面的构造示意图见图 6-2。屋面保温材料厚度及传热系数见表 6-12。

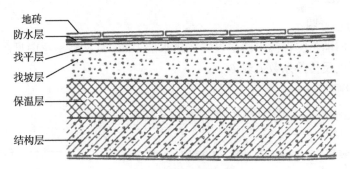

图 6-2 上人屋面构造示意图

表 6-12 上人屋面保温材料厚度及传热系数

上人屋面	保温材料厚度 /mm	传热阻 R_0 /[(m²·K)/W]	传热系数 K /[W/(m²·K)]	热惰性系数 D
(1)25~50mm 厚铺地砖水泥砂浆	50	1.69	0.59	2.76
(2) 防水层	60	1.97	0.51	2.86
(3) 20mm 厚 1:3 水泥砂浆找平层	70	2.24	0.45	2.96
(4) 最薄 30mm 厚轻骨料混凝土找坡层	80	2.52	0.40	3.06
(5) 挤塑聚苯板保温层	90	2.80	0.36	3.16
	100	3.08	0.33	3.26
(6) 钢筋混凝土屋面板	110	3.35	0.30	3.36

注: 挤塑聚苯板导热系数修正系数 $\alpha = 1.2$, 导热系数 $\lambda_c = 0.03 \times 1.2 = 0.036[\text{W/(m·K)}]$

2) 技术特点及要求

(1) 屋面设计荷载比非上人屋面大，增加了刚性保护层的荷载。

(2) 屋面保温隔热材料不宜选用吸水率大的材料，避免屋面湿作业时，保温隔热材料大量吸水，降低其热工性能。

(3) 要确保防水质量，若防水层产生渗漏，不易维修。

(4) 根据热工要求，保温材料除选用挤塑聚苯板外，还可选用聚苯板、聚氨酯泡沫板保温材料。

(5) 单一保温隔热材料适用于一般工业与民用建筑的屋面保温隔热。

3.倒置式屋面

1) 构造示意图

倒置式屋面是将保温隔热层设置在防水层上面，其构造示意图见图 6-3，屋面保温材料厚度及传热系数见表 6-13。

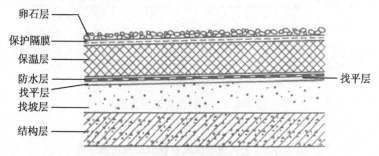

图 6-3　倒置式屋面构造示意图

表 6-13　倒置式屋面保温材料厚度及传热系数

倒置式屋面	保温材料厚度 /mm	传热阻 R_0 /[(m²·K)/W]	传热系数 K /[W/(m²·K)]	热惰性系数 D
(1) 卵石层 (2) 透水保护薄膜 (3) 挤塑聚苯板保温层	50	1.68	0.59	2.69
	60	1.96	0.51	2.79
(4) 防水层	70	2.24	0.45	2.89
(5) 15mm 厚水泥砂浆找平层	80	2.52	0.40	2.99
(6) 最薄 30mm 厚轻骨料混凝土找坡层	90	2.79	0.36	3.09
	100	3.07	0.33	3.19
(7) 钢筋混凝土屋面板	110	3.35	0.30	3.29

注：挤塑聚苯板导热系数修正系数 $\alpha = 1.2$，导热系数 $\lambda_c = 0.03 \times 1.2 = 0.036[W/(m \cdot K)]$

2) 技术特点及要求

(1) 倒置式屋面将保温层设置在防水层之上，大大减弱了防水层受大气、温差、紫外线照射的影响，使防水层不易老化，可延长防水层的使用寿命。

(2) 倒置式屋面省去了传统屋面中的隔气层及保湿层上的水泥砂浆找平层，简化了施工工序，且易于维修。

(3) 倒置式屋面应采用吸水率低的保温隔热材料，除采用挤塑聚苯板外，还可选用聚氨酯硬泡体喷涂保温层、聚氨酯泡沫板等。

(4) 倒置式屋面保温隔热材料应采用卵石或块体材料做保护层兼压置材料，防止大风将保温隔热材料刮走。

(5) 倒置式屋面应选用防水性、耐霉烂性和耐腐蚀性好的防水材料，不得采用以植物纤维或含植物纤维为胎体的防水材料。

(6) 倒置式屋面在公共建筑中应用较多。

4. 坡屋面

1) 构造示意图

坡屋面是指坡度较大的屋面，坡度一般大于 10%。在现代城市建设中，根据建筑风格及景观的要求，如别墅、大屋盖等，常采用坡屋面，且用瓦材装饰屋顶的较多。如彩色沥青瓦用于小别墅，西班牙瓦、小青瓦用于公共建筑等。坡屋面构造示意图见图 6-4，其保温材料厚度及传热系数见表 6-14。

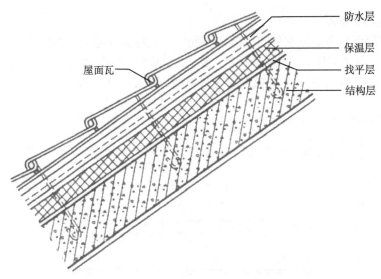

图 6-4 坡屋面构造示意图

表 6-14   坡屋面保温材料厚度及传热系数

坡屋面	保温材料 厚度/mm	传热阻 R_0 /[(m²·K)/W]	传热系数 K /[W/(m²·K)]	热惰性系数 D
(1) 屋面瓦	50	1.77	0.59	1.94
(2) 防水涂料层	60	1.91	0.52	2.00
(3) 挤塑聚苯板 保温层	70	2.19	0.46	2.11
(4) 15mm 厚水 泥砂浆找平层	80	2.46	0.41	2.23
(5) 钢筋混凝土 屋面板	90	2.74	0.36	2.34
	100	3.02	0.33	2.46

注: 挤塑聚苯板导热系数修正系数 $\alpha = 1.2$, 导热系数 $\lambda_c = 0.03 \times 1.2 = 0.036[\mathrm{W/(m \cdot K)}]$

2) 技术特点及要求

(1) 坡屋面宜选用吸水率小、导热系数小、表面密度小的保温隔热材料, 如挤塑聚苯板、聚氨酯硬泡体喷涂等。

(2) 当选用彩色沥青瓦时, 防水层设置在最上面, 兼有装饰作用。

(3) 坡屋面屋顶采用西班牙瓦、小青瓦、水泥瓦等, 防水层宜选用耐水性、耐腐蚀性优良的防水涂料, 如聚氨酯防水涂料、丙烯酸防水涂料等, 易于施工。

(4) 坡屋面保温隔热材料也可采用聚氨酯硬泡体喷涂施工, 保湿防水一体化。

5. 架空屋面

1) 构造示意图

架空屋面利用通风空气间层散热快的特点来提高屋面的隔热能力。一般是由隔热构件、通风空气间层、支承构件、基层 (结构层、保温层、防水层) 组成。架空屋面构造示意图见图 6-5, 其保温隔热材料的厚度及传热系数见表 6-15。

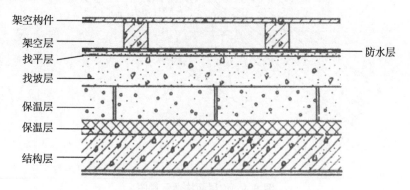

图 6-5   架空屋面构造示意图

表 6-15　架空屋面保温隔热材料厚度及传热系数

架空屋面	保温材料厚度/mm		传热阻 R_0 /[(m²·K)/W]	传热系数 K /[W/(m²·K)]	热惰性系数 D
	加气块	聚苯板 (挤塑聚苯板)			
(1)500mm×500mm ×500mm 钢筋混凝土板	100	60(40)	1.84(1.75)	0.54(0.57)	4.17(4.15)
(2)150mm 厚架空层	100	70(50)	2.04(2.03)	0.49(0.49)	4.25(4.27)
(3) 防水层 (4)15mm 厚水泥砂浆找平层	100	80(60)	2.24(2.31)	0.45(0.43)	4.34(4.39)
(5) 最薄 30mm 厚轻骨料混凝土找坡层	100	90(70)	2.44(2.58)	0.41(0.39)	4.43(4.51)
(6) 加气混凝土砌块保温层	100	100(80)	2.64(2.86)	0.38(0.35)	4.51(4.63)
(7) 聚苯板 (挤塑聚苯板) 保温层	100	110(90)	2.84(3.14)	0.35(0.32)	4.60(4.75)
(8) 钢筋混凝土屋面板	100	120(100)	3.04(3.42)	0.33(0.29)	4.68(4.87)

注：聚苯板导热系数修正系数 $\alpha = 1.2$，导热系数 $\lambda_c = 0.042 \times 1.2 = 0.05[\text{W}/(\text{m} \cdot \text{K})]$，挤塑聚苯板导热系数修正系数 $\alpha = 1.2$，导热系数 $\lambda_c = 0.03 \times 1.2 = 0.036[\text{W}/(\text{m} \cdot \text{K})]$，加气块热系数修正系数 $\alpha = 1.2$，导热系数 $\lambda_c = 0.19 \times 1.5 = 0.29[\text{W}/(\text{m} \cdot \text{K})]$

2) 技术要点及要求

(1) 架空屋面由于带有通风的空气间层构造，大大提高了屋面隔热能力。

(2) 架空屋面的进风口宜设在炎热季节最大频率方向的正压区，出风口宜设在负压区。

(3) 架空屋面的坡度不宜大于 5%，架空隔热层的高度应根据屋面宽度与坡度大小的变化确定，一般为 100~300mm。

(4) 架空隔热板与山墙或女儿墙间应留出 250mm 距离。

(5) 支座底面的防水层应采取加强措施。

(6) 架空屋面宜在通风良好的建筑物上采用，不宜在寒冷地区采用。一般在天气较暖的南方架空屋面使用较多，且在南方采用架空屋面隔热，屋面可不做保温层。

6. 种植屋面

1) 构造示意图

在屋面上铺以种植土，并种植作物，起到隔热及改善环境作用的屋面称为种植屋面。种植屋面可以改善城市生态环境，在屋面上种植花草树木，不但可以极大限度地提高城市的绿化覆盖率,而且夏季可以降低室内气温,有较好的隔热保温效果。发展种植屋面可以美化城市景观,改善人文环境,其发展前景广阔。

种植屋面包括屋顶绿化及地下车库顶板花园式绿化。为了保证种植屋面上的植物正常生长,做到土层湿润并排除积水,同时做到防水层不渗不漏,满足建筑工程的使用功能,种植屋面比一般屋面防水难度大,因此对种植屋面的构造必须高度重视。

种植屋面构造层次如下。

(1) 种植土。种植屋面应具有良好水土保持功能的种植植被。要求种植介质具有自重轻、不板结、保水保肥、适于植物生长、施工简便和经济环保等功能。

(2) 过滤层。为了防止种植土流失,应在种植土下设置一层过滤层,一般采用聚酯无纺布 (质量宜为 $200\sim250\text{g/m}^2$) 或玻纤毡。

(3) 排 (蓄) 水层。过滤层的下部为排 (蓄) 水层。在大雨或人工灌水过多时种植土吸水饱和,多余的水应排出屋面,防止植物烂根。排水层可采用专用的塑料排 (蓄) 水板或橡胶排 (蓄) 水板,也可采用粒径 $20\sim40\text{mm}$ 的卵石或轻质陶粒。

(4) 耐根穿刺层。植物根有很强的穿刺能力,一般的防水材料经受不住植物根生长刺穿,因而会导致屋面渗漏。因此在种植屋面上必须在柔性防水层上空铺或粘结一层耐植物根穿刺的材料。

耐根穿刺层宜选用合金防水卷材、铜复合胎基改性沥青阻根防水卷材、聚氨乙烯防水卷材、高密度聚乙烯土工膜、金属铜胎改性沥青防水卷材、聚乙烯丙纶防水卷材以及聚乙烯胎高聚物改性沥青防水卷材等。

(5) 防水层。种植屋面的防水层应采用耐腐蚀、耐霉烂、耐水性好及耐久性优良的防水材料。

(6) 保温层。保温层应采用吸水率低、导热系数小,并具有一定强度的保温材料,宜选用挤塑聚苯板、聚氨酯硬泡体喷涂等。保温层的厚度由热工计算确定。

(7) 结构层。种植屋面必须根据屋面的结构和荷载能力,在建筑物整体荷载允许范围内实施。

种植屋面的构造示意图见图 6-6。

2) 技术特点及要求

(1) 种植屋面应设置保温层,地下建筑顶板覆土较厚或不采暖时,可不设保温层。

(2) 种植屋面四围应设置足够高的实体防护墙和一定高度的内挑防护栏杆。

(3) 种植屋面应设置冬季防冻胀保护措施。在女儿墙及山墙周边应设置缓冲带,当建筑物的排水系统设在屋面周边时,周边的排水沟可以作为防冻胀缓冲带。

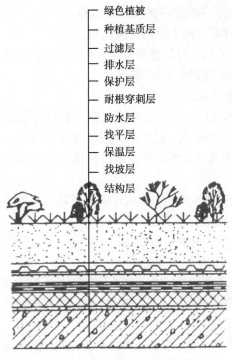

绿色植被
种植基质层
过滤层
排水层
保护层
耐根穿刺层
防水层
找平层
保温层
找坡层
结构层

图 6-6　种植屋面构造示意图

(4) 种植屋面施工完成后的防水层、耐根穿刺层应按相关材料特性进行养护，并进行蓄水或淋水测试，确认无渗漏后再做保护层、排水层并铺种植土等。

(5) 种植屋面应选择适应性强、耐旱、耐贫瘠、喜光、抗风、不易侧伏且根系不发达的园林植物，不宜种植高大乔木。

(6) 种植屋面进行绿化时应避免损坏耐根穿刺层、防水层。

6.7.5　屋面热工设计要点

(1) 保温隔热屋面适用于具有保温隔热要求的屋面工程。保温隔热屋面的类型和构造设计应根据建筑物的功能要求、屋面的结构形式、环境气候条件、防水处理方法和施工条件等因素，经技术经济比较后确定。

(2) 屋面保温可采用板式材料或整体现喷保温层，屋面隔热可采用架空、蓄水、种植等隔热层。

(3) 屋面保温层的厚度设计应根据所在地区现行建筑节能设计标准计算确定。

(4) 屋面保温层的构造应符合下列规定：

①保温层设置在防水层上部时，保温层的上面应做保护层；

②保温层设置在防水层下部时，保温层的下面应做找平层；

③屋面坡度较大时,保温层应采取防滑措施;

④吸湿性保温材料不宜用于封闭式保温层。

(5) 架空屋面宜在通风较好的建筑物上采用,不宜在寒冷地区采用。

(6) 架空屋面的设计应符合下列规定:

①架空屋面的坡度不宜大于 5%;

②架空隔热层的高度应按屋面宽度或坡度大小的变化确定;

③当屋面宽度大于 10m 时,架空屋面应设置通风屋脊;

④架空隔热层的进风口宜设置在当地炎热季节最大频率风向的正压区,出风口宜设置在负压区。

(7) 蓄水屋面不宜在寒冷地区、地震地区和震动较大的建筑物上采用。当屋面防水为 I 、II 级时,不宜采用蓄水屋面。

(8) 蓄水屋面的设计应符合下列规定:

①蓄水屋面的坡度不宜大于 5%;

②蓄水屋面应划分为若干蓄水区,每个区的边长不宜大于 10m,在变形缝的两侧应分成两个互不连通的蓄水区;长度超过 40m 的蓄水屋面应设分仓缝,分仓隔墙可采用混凝土或砖砌体;

③蓄水屋面应设置排水管、溢水口和给水管,排水管应与水落管或其他排水出口连通;

④蓄水屋面的蓄水深度宜为 150~200mm;

⑤蓄水屋面应设置人行通道。

(9) 种植屋面应根据地域、气候、建筑环境、建筑功能等条件,选择相适应的屋面构造形式。

(10) 种植屋面的设计应符合下列规定:

①在寒冷地区应根据种植屋面的类型确定是否设置保温层,保温层的厚度应根据屋面的热工性能要求经计算确定;

②种植屋面所用材料及植物等应符合环境保护要求;

③种植屋面根据植物及环境布局的需要,可分区布置,也可整体布置,分区布置应设挡墙 (板),其形式应根据需要确定;

④排水层材料应根据屋面功能、建筑环境、经济条件等进行选择;

⑤种植土层材料应根据种植植物的要求,选择综合性良好的材料,种植土层厚度应根据不同种植土和植物种类等确定;

⑥种植屋面可用于平屋面或坡屋面,屋面坡度较大时,其排水层、种植土应采取防滑措施。

(11) 倒置式屋面的设计应符合下列规定:

①倒置式屋面的坡度不宜大于 3%;

②倒置式屋面的保温层应采取吸水率低且长期浸水不腐烂的保温材料；

③保温层可采用干铺或粘贴板状保温材料，也可采用现喷硬质聚氨酯泡沫塑料；

④保温层的上面采用卵石保护层时，保护层与保温层之间应铺设隔离层；

⑤现喷硬质聚氨酯泡沫塑料与涂料保护层间应具相容性；

⑥倒置式屋面的檐沟、水落口等部位应采用现浇混凝土或砖砌堵头，并做好排水处理，防水层下面应用适当的保温层。

6.7.6 屋面保温材料要求

(1) 屋面保温材料常用板状保温材料，如聚苯板、聚氨酯泡沫塑料板、加气混凝土板 (泡沫混凝土板) 等，各类保温材料质量要求见表 6-16。

表 6-16　板状保温材料质量要求

项目	质量要求					
	聚苯乙烯泡沫塑料		硬质聚氨酯泡沫塑料	泡沫玻璃	加气混凝土类	膨胀珍珠岩类
	挤压	模压				
表面密度/(kg/m^2)	—	15～30	≥ 30	≥ 150	400～600	200～350
压缩密度/kPa	≥ 250	60～150	≥ 150	—	—	—
抗压密度/MPa	—	—	—	≥ 0.4	≥ 2.0	≥ 0.3
导热系数/[W(m·K)]	≤ 0.030	≤ 0.041	≤ 0.027	≤ 0.062	≤ 0.220	≤ 0.087
70°C, 48h 后尺寸变化率/%	≤ 2.0	≤ 4.0	≤ 5.0	—	—	—
吸水率/%	≤ 1.5	≤ 6.0	≤ 3.0	≤ 0.5	—	—
外观	板材表面基本平整，无严重凹凸不平					

(2) 进场的保温隔热材料应抽样复验。抽样数量应按使用的数量确定，同一批材料至少应抽样一次。

(3) 进场后的保温隔热材料物理性能应检验下列项目：

①板状保温材料应检验表观密度、压缩密度、抗压密度；

②现喷硬质聚氨酯泡沫应先在实验室试配，达到要求后再进行现场施工。

(4) 保温隔热材料的储运、保管应符合下列规定：

①保温材料应采取防雨、防潮措施，并应分类堆放，防止混杂；

②板状保温材料在搬运时应轻放，防止损伤断裂、缺棱掉角，保证板的外形完整；

③面层材料有较强的吸湿性，具有对表面水分的"吞吐"作用，不宜使用硬质地面砖或石材等做面层；

④采用空气层防潮技术，勒脚处的通风口应设置活动遮挡板；

⑤当采用空铺实木地板或胶结强化木地板做面层时，下面的垫层应有防潮层。

6.8　门窗节能技术

6.8.1　门窗在建筑节能中的作用

　　在建筑围护结构的门窗、墙体、屋面、地面四大围护部件中，门窗的绝热性能最差，是影响室内热环境质量和建筑节能的主要原因之一。就我国目前典型的围护部件而言 (表 6-17)，门窗的耗能约为墙体的 4 倍、屋面的 5 倍、地面的 20 多倍，约占建筑围护部件总耗能的 40%~50%。据统计，在采暖或空调的条件下，冬季单玻窗所损失的热量约占供热负荷的 30%~50%，夏季因太阳辐射热透过单玻窗射入室内而消耗的冷量约占空调负荷的 20%~30%。因此，增强门窗的保温隔热性能，减少门窗能耗，是改善室内外两种环境的两个互相矛盾的任务，不仅要求具有良好的绝热性能，同时还应具有采光、通风、装饰、隔音、防火等多项功能，因此，在技术处理上相对于其他围护部件难度更大，涉及的问题也更为复杂。

表 6-17　我国目前典型围护部件的传热系数

部件名称	构造形式	传热系数 $K/[\mathrm{W}/(\mathrm{m^2 \cdot K})]$
外墙	黏土、页岩实芯砖 240mm	1.95
	黏土、页岩实芯砖 370mm	1.57
屋面	混凝土通风屋面	1.45
外窗	单玻金属窗	6.40
地面	土壤	0.30
门	金属门	6.40
	木门	2.70

　　从建筑节能的角度看，建筑外窗一方面是能耗大的构件，另一方面它也可能成为得热构件，即通过太阳光透射入室内而获得太阳能，因此，应根据当地的建筑气候条件、功能要求以及其他围护部件的情况等因素来选择适当的门窗材料、窗型和相应的节能技术，这样才能取得良好的节能效果。

6.8.2　建筑门窗的有关规定

　　(1) 根据建设部第 218 号《关于〈建设部推广应用和限制禁止使用技术〉的公告》，推广应用的建筑门窗有以下几种。

　　① 中空玻璃塑料平开窗，适用于房屋建筑 (其中，外平开窗仅适用于多层建筑)。

主要技术性能及特点：抗风压强度 $P \geqslant 2.5\text{kPa}$，气密性 $q \leqslant 1.5\text{m}^3/(\text{m·h})$，水密性 $\Delta P \geqslant 250\text{Pa}$，隔声性能 $R_\text{w} \geqslant 30\text{dB}$，传热系数 $K \leqslant 2.8\text{W}/(\text{m}^2\text{·K})$; 并符合当地建筑节能设计标准要求，采用三元乙丙胶条密封，铰链与型材应采用增强型钢或内衬局部加强板相连接、型材局部加强或固定螺钉穿透两道以上型材内筋等可靠的连接措施。

② 中空玻璃断热型材铝合金平开窗，适用于房屋建筑 (其中，外平开窗仅适用于多层建筑)。

主要技术性能及特点：抗风压强度 $P \geqslant 2.5\text{kPa}$，气密性 $q \leqslant 1.5\text{m}^3/(\text{m· h})$，水密性 $\Delta P \geqslant 250\text{Pa}$，隔声性能 $R_\text{W} \geqslant 30\text{dB}$，传热系数 $K \leqslant 3.2\text{W}/(\text{m}^2\text{· K})$，并符合当地建筑节能设计标准要求，采用三元乙丙胶条密封，以及增强板或局部加强板的铰链连接技术。

③ 中空玻璃断热型材钢平开窗，适用于房屋建筑 (其中，外平开窗仅适用于多层建筑)。

主要技术性能及特点：用断热型钢和中空玻璃制成，抗风压强度 $P \geqslant 2.5\text{kPa}$，气密性 $q \leqslant 1.5\text{m}^3/(\text{m· h})$，水密性 $\Delta P \geqslant 250\text{Pa}$，隔声性能 $R_\text{W} \geqslant 30\text{dB}$，传热系数 $K \leqslant 3.0\text{W}/(\text{m}^2\text{· K})$，并达到当地建筑节能设计标准要求，防火、防盗性能良好，采用三元乙丙胶条密封，空腹型材应采用增强板或局部加强板的铰链连接技术。

④ 单扇平开多功能钢户门，适用于房屋建筑。

主要技术性能及特点：性能指标应符合《单扇平开多功能门户》(JG/T3054-1999) 要求。防盗性能大于 15min，隔声性能 $R_\text{W} \geqslant 30\text{dB}$，传热系数 $K \leqslant 3.0\text{W}/(\text{m}^2\text{· K})$，防火性能大于等于 0.6h，可制作成同时具备两种以上的门户，采用三元乙丙胶条密封，用增强板或局部加强板的铰链安装技术。

(2) 根据建设部第 218 号《关于发布〈建设部推广应用和限制禁止使用技术〉的公告》，限制使用的建筑门窗有以下几种：

① 无预热功能焊接机制作的塑料门窗，不得用于严寒、寒冷和夏热冬冷地区的房屋建筑;

② 非中空玻璃单框双玻门窗，不得用于具有节能要求的房屋建筑;

③ 框厚 50mm(含 50mm) 以下单腔结构型材的塑料平开窗，不得用于城镇住宅建筑和公共建筑;

④ 非断热金属型材制作的单玻窗，不得用于具有节能要求的房屋建筑;

⑤ 32 系列实腹钢窗，不得用于住宅建筑;

⑥ 25 系列、35 系列空腹钢窗，不得用于住宅建筑。

(3) 根据建设部第 218 号《关于发布〈建设部推广应用和限制禁止使用技术〉的公告》，禁止在房屋建筑中使用手工机具制作的塑料门窗。

(4) 根据国家发展和改革委员会、建设部等四部委关于《建筑安全玻璃管理规定》(发改运行 [2003]2116 号)，7 层及 7 层以上建筑物外开窗、面积大于 $1.5m^2$ 的窗玻璃或玻璃底边离最终装修面小于 500mm 的落地窗、倾斜装配窗、天窗、采光顶等，必须使用安全玻璃。安全玻璃是指符合现行国家标准的钢化玻璃、夹层玻璃及由钢化玻璃或夹层玻璃组合加工而成的其他玻璃制品，如安全中空玻璃等。

需要说明的是，单片半钢化玻璃 (热增强玻璃)、单片夹丝玻璃不属于安全玻璃。

6.8.3   建筑户门的节能设计标准

(1) 建筑户门的传热系数 (K) 不应大于 $3.0W/(m^2 \cdot K)$。

(2) 建筑户门及阳台门的传热系数参见表 6-18。

表 6-18   建筑户门及阳台门的传热系数

建筑户门及阳台门名称	传热系数 $K/[W/(m^2 \cdot K)]$
多功能户门 (具有保温、隔声、防盗等功能)	1.50
夹板门或蜂窝夹板门	2.50
双层玻璃门	2.50

(3) 建筑户门的做法可采取下列几种：

①双层金属门板，中间填设 15~18mm 厚的玻璃棉板或矿棉板 (毡)；

②木或塑料的夹层门，空气间层厚度不小于 40mm，内衬钢板；

③阳台门的不透明部分 (门心板) 可采用双层中空塑料板 (空气间层厚度不小于 40mm)；

④其他能满足传热系数要求的保温型户门。

6.8.4   建筑外窗的节能设计指标

(1) 外窗 (包括阳台门的透明部分) 的面积不应过大。不同朝向、不同窗墙面积比的外窗，其传热系数 (K) 应符合表 6-19 的规定。

(2) 建筑物 1~6 层的外窗及阳台门的气密性等级，不应低于现行国家标准《建筑外窗气密性能分级及检测方法》(GB/T 7106-2008) 规定的 3 级；7 层及 7 层以上的外窗及阳台门的气密性等级不应低于该标准规定的 4 级。

(3) 外窗宜设置活动外遮阳，天窗必须采取遮阳措施。

表 6-19 不同朝向、不同窗墙面积比的外窗传热系数

朝向		北 (偏东60° 到偏西60° 范围)		东 (偏北30° 到偏南60° 范围)		西 (偏北30° 到偏南60° 范围)		南 (偏东30° 到偏西30° 范围)
窗外环境条件		冬季最冷月室外平均气温 >5°C	冬季最冷月室外平均气温 ≤5°C	无外遮阳措施	有外遮阳(其太阳辐射透过率≤20%)	无外遮阳措施	有外遮阳(其太阳辐射透过率≤20%)	
外窗的传热系数 $K/[\mathrm{W}/(\mathrm{m^2 \cdot K})]$	窗墙面积比 ≤0.25	4.7	4.7	4.7	4.7	4.7	4.7	4.7
	窗墙面积比 >0.25 且 ≤0.30	4.7	3.2	3.2	3.2	3.2	3.2	4.7
	窗墙面积比 >0.30 且 ≤0.35	3.2	3.2	—	3.2	2.5	3.2	3.2
	窗墙面积比 >0.35 且 ≤0.45	2.5	2.5	—	2.5	2.5	2.5	2.5
	窗墙面积比 >0.45 且 ≤0.50	—	—	—	2.5	2.5	2.5	2.5
	窗墙面积比 >0.50 且 ≤0.55	—	—	—	—	2.5	2.5	2.5
	窗墙面积比 >0.55 且 ≤0.60	—	—	—	—	2.5	2.5	2.5
	窗墙面积比 >0.60 且 ≤0.65	—	—	—	—	2.5	2.5	2.5
	窗墙面积比 >0.65 且 ≤0.70	—	—	—	—	—	2.5	2.5
	窗墙面积比 >0.70 且 ≤0.75	—	—	—	—	—	2.5	—
	窗墙面积比 >0.75 且 ≤0.80	—	—	—	—	—	2.5	—

注：①为便于执行本标准,窗墙面积比可采用平均窗墙面积比

②凸窗面积计算：当窗凸出墙体不大于 600mm 时,按展开面积计算窗面积,凸窗所在墙面积按投影面积计算；当窗凸出墙体大于 600mm 时,按不同朝向分别计算

③角窗按朝向分别计算窗面积

6.8.5　建筑外窗的节能技术

随着《夏热冬冷地区居住建筑节能设计标准》及浙江省《居住建筑节能设计标准》的贯彻实施,居住建筑对外窗的保温性能 (传热系数) 和气密性两项指标提出了要求,并要求采用符合节能设计标准的节能门窗。

(1) 节能门窗可以是单层窗、双层窗,也可以是三层窗。不同建筑外窗的传热系数存在着差异,工程用窗的传热系数应根据经计量认证的质检机构提供的检测值采用。浙江省《居住建筑节能设计标准》规定的外窗的传热系数参见表 6-20。

表 6-20　建筑外窗的传热系数

窗框材料	窗户类型	窗框窗洞面积比/%	传热系数 $K/[\mathrm{W}/(\mathrm{m^2 \cdot K})]$
铝合金	单层普通玻璃窗	20~30	6.0~6.5
	单框普通中空玻璃窗	20~30	3.6~4.2
	单框低辐射中空玻璃窗	20~30	2.7~3.4
	双层普通玻璃窗	20~30	3.0
断热铝合金	单框普通中空玻璃窗	20~30	3.3~3.5
	单框低辐射中空玻璃窗	20~30	2.3~3.0
塑料	单层普通玻璃窗	30~40	4.5~4.9
	单框普通中空玻璃窗	30~40	2.7~3.0
	单框低辐射中空玻璃窗	30~40	2.0~2.4
	双层普通玻璃窗	30~40	2.3

(2) 在夏热冬冷地区,当窗墙面积比小于等于 0.25 时,要求各朝向外窗的传热系数 $K \leqslant 4.7\mathrm{W}/(\mathrm{m^2 \cdot K})$,可采用塑料或钢塑复合的单层普通玻璃窗。

(3) 当窗墙面积比大于 0.3 时,要求各朝向外窗的传热系数 $K \leqslant 3.2\mathrm{W}/(\mathrm{m^2 \cdot K})$,单层普通玻璃窗均不能满足节能设计要求。应选择满足节能要求的门窗型材,如塑料及钢塑复合型材、断热金属型材等,并采用传热系数低的节能玻璃。

6.8.6　节能玻璃的应用

(1) 一般来说,建筑门窗占建筑耗能 40% 以上,因此,正确地选用窗玻璃尤为重要。目前采用的节能玻璃有中空玻璃、低辐射镀膜玻璃和带薄膜型热反射玻璃等。

(2) 中空玻璃具有突出的保温隔热性能,是提高建筑门窗保温隔热性能的重要材料。中空玻璃作为节能门窗优良的窗用建材和成熟的高科技产品,受到各方的重视。中空玻璃由 2 片 (或 3 片) 玻璃与空气层组合而成,采用双道密封。中空玻璃空气间层为空气或惰性气体,传热系数小于 $3.0\mathrm{W}/(\mathrm{m^2 \cdot K})$,具有优良的保温隔热与隔声特性。中空玻璃能够减少室内外通过门窗的热交换,降低建筑采暖空调能耗,限制表面结露,形成舒适的室内环境。

(3) 低辐射镀膜玻璃的太阳能反射率达 50% 以上,可见光透过率高达 70%~85%,

具有较好的保温隔热和采光性能。

(4) 目前检测部门的检测结果分析及相关资料显示,在夏热冬冷地区采用 2 片 5mm 厚的玻璃,空气层为 10mm 左右,并在内侧玻璃的外侧面镀低辐射膜,单面镀低辐射膜中空玻璃塑料门窗的传热系数 $K \leqslant 2.5\mathrm{W}/(\mathrm{m}^2 \cdot \mathrm{K})$,既能满足节能要求,又有良好的性价比。

6.8.7 建筑门窗的节能设计

夏热冬冷地区夏季时间长,太阳辐射强度大,建筑门窗的节能应侧重夏季隔热,同时兼顾冬季保温。因此,在建筑节能设计时应注意以下几方面,以提高门窗的保温隔热性能。

1. 控制窗墙面积比

由于建筑外门窗传热系数比墙体大得多,节能门窗应根据建筑的性质、使用功能以及建筑所处的气候环境条件设计,外门窗的面积不应过大,窗墙面积比宜控制在 0.3 左右。

2. 加强窗户的隔热性能

窗户的隔热性能主要是指夏季窗阻挡太阳辐射热射入室内的能力。采用各种特殊的热反射玻璃或贴热反射薄膜有很好的效果,特别是选用对太阳光中红外线反射能力强的热反射材料更理想,如低辐射玻璃。但在选用这些材料时要考虑到窗的采光问题,不能以损失窗的透光性为代价来提高隔热性能,否则它的节能效果会适得其反。

3. 采用合理的遮阳措施

根据夏热冬冷地区冬季日照、夏季遮阳的特点,应合理地设计挑檐、遮阳板、遮阳篷和采用活动式遮阳措施,以及在窗户内侧设置镀有金属膜的热反射织物窗帘或安装具有一定热辐射作用的百叶窗帘,以降低夏季空调能耗。

4. 改善窗户的保温性能

改善建筑外窗的保温性能主要是指提高窗的热阻。选择导热系数小的窗框材料,如塑料、断热金属框材等;采用中空玻璃,利用空气间层热阻大的特点从门窗的制作、安装和加设密封材料等方面,提高其气密性等,均能有效地提高窗的保温性能,同时也提高了隔热性能。

6.8.8 建筑外窗的物理性能指标

在节能设计时,同时应对建筑外窗的耐久性、适用性,尤其是安全性予以足够的重视。建筑外窗的抗风压性、气密性、水密性、保温性、隔声性等综合性能指标，是建筑设计可靠的质量保障。建筑外窗的各项物理性能分级见表 6-21～表 6-26。

表 6-21 保温性能分级(GB/T 8484-2008)

分级	5	6	7	8	9	10
指标值/[W/(m²·K)]	$4.0>K \geqslant 3.5$	$3.5>K \geqslant 3.0$	$3.0>K \geqslant 2.5$	$2.5>K \geqslant 2.0$	$2.0>K \geqslant 1.5$	$1.5>K \geqslant 1.0$

表 6-22 气密性能分级(GB/T 7106-2008)

分级	2	3	4	5
单位缝长指标值 q_1/[m³/(m·h)]	$4.0 \geqslant q_1 > 2.5$	$2.5 \geqslant q_1 > 1.5$	$1.5 \geqslant q_1 > 0.5$	$q_1 \leqslant 0.5$
单位缝长指标值 q_2/[m³/(m·h)]	$12 \geqslant q_2 > 7.5$	$7.5 \geqslant q_2 > 4.5$	$4.5 \geqslant q_2 > 1.5$	$Q_2 \leqslant 1.5$

表 6-23 抗风压性能分级(GB/T 7106-2008)

分级	1	2	3	4	5
指标值/kPa	$1.0 \leqslant P_3 < 1.5$	$1.5 \leqslant P_3 < 2.0$	$2.0 \leqslant P_3 < 2.5$	$2.5 \leqslant P_3 < 3.0$	$3.0 \leqslant P_3 < 3.5$
分级	6	7	8	X.X	
指标值/kPa	$3.5 \leqslant P_3 < 4.0$	$4.0 \leqslant P_3 < 4.5$	$4.5 \leqslant P_3 < 5.0$	$P_3 \geqslant 5.0$	

注: X.X 表示用 ≥5.0kPa 具体值取代分级代号

表 6-24 水密性能分级(GB/T 7106-2008)

分级	1	2	3	4	5	XXXX
指标值/Pa	$100 \leqslant \Delta P < 150$	$150 \leqslant \Delta P < 250$	$250 \leqslant \Delta P < 350$	$350 \leqslant \Delta P < 500$	$500 \leqslant \Delta P < 700$	$\Delta P \geqslant 700$

注: XXXX 表示用 ≥700 Pa 的具体值取代分级代号

表 6-25 空气隔声性能分级(GB/T 8485-2008)

分级	1	2	3	4	5
指标值/dB	$25 \leqslant R_w < 30$	$30 \leqslant R_w < 35$	$35 \leqslant R_w < 40$	$40 \leqslant R_w < 45$	$R_w \geqslant 45$

表 6-26 采光性能分级(GB/T 11976-2002)

分级	1	2	3	4	5
指标值/LUX	$0.20 \leqslant T_r < 0.30$	$0.30 \leqslant T_r < 0.40$	$0.40 \leqslant T_r < 0.50$	$0.50 \leqslant T_r < 0.60$	$T_r \geqslant 0.60$

6.9 楼地面保温

楼地面是建筑围护结构的组成部分，尤其是直接接触空气、土壤或进行自然通风以及地下室底板等楼地面，在现行的节能设计规范中对其传热系数等指标均有明确要求。本节主要针对此部分节能要求及相关应用技术进行介绍,供设计人员在设计及进行节能计算时参考。

6.9.1 楼面节能技术

1. 简介

依据相关的节能设计标准,对公共建筑中底面接触室外空气的架空楼板或外挑楼板、非采暖房间与采暖房间分隔楼板以及居住建筑中的楼板传热系数均有明确的要求。本节阐述了楼板保温的常用技术,介绍了各类技术采用材料及构造供设计人员在进行节能计算时参考。

2. 分类及适用范围

楼板保温层做法主要分为两大类,即保温层在楼板下及保温层在楼板上。

1) 保温层在楼板下的做法

保温层在楼板下的基本构造如图 6-7 所示。

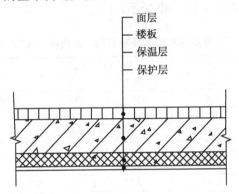

图 6-7 保温层在楼板下的基本构造

保温层在楼板下的做法较适合下部直接暴露在大气中的楼板,如阳台及外挑楼板等。保温层在楼板下时,可依据保温要求选择多种保温材料,如膨胀聚苯板、挤塑聚苯板、聚氨酯泡沫塑料、胶粉聚苯颗粒保温浆料、水泥聚苯板、泡沫玻璃保温板、矿棉板及岩棉板。

保温层在楼板下的做法由于保温层不直接接触面层,可使用的保温材料种类较多,适合外露或外挑楼板的保温。

2) 保温层在楼板上的做法

保温层在楼板上的基本构造如图 6-8 所示。

保温层在楼板上的做法较适合下部直接暴露在大气中的楼板,如阳台及外挑楼板等。保温层在楼板上时,由于直接承受楼面荷载,其保温材料有挤塑聚苯板、胶粉聚苯颗粒保温浆料、泡沫玻璃保温板、矿棉板及岩棉板。

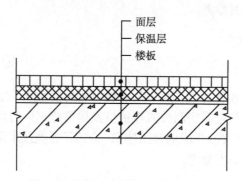

图 6-8　保温层在楼板上的基本构造

3.楼板节能设计指标

依据国家现行规范要求，不同建筑气候区以及建筑功能对楼板节能设计有不同的要求，具体如表 6-27~ 表 6-30 所示。

表 6-27　严寒及寒冷地区楼板节能设计指标 (K^{***} 值上限)

公共建筑	严寒地区 A 区		严寒地区 B 区		寒冷地区	
	I 类 *	II 类 *	I 类 *	II 类 *	I 类 *	II 类 *
A**	0.45	0.40	0.50	0.45	0.60	0.50
B**	0.6	0.6	0.8	0.8	1.5	1.5
居住建筑	采暖室外平均温度					
	$-1 \sim 2°C$	$-5.0 \sim -1.1°C$	$-8 \sim -5.1°C$	$-11 \sim -8.1°C$		$-14.5 \sim -11°C$
A**	0.60	0.50	0.40	0.30		0.25
B**	0.65	0.55	0.55	0.50		0.45

　* I 类为形体系数 ≤0.3，II 类为 0.3 < 形体系数 ≤0.4，形体系数为建筑物与外大气接触的外表面面积与其所包围的体积的比值

　** A 为底面接触空气或外挑楼板，B 为非采暖及采暖房间分隔楼板

　*** K 为围护结构传热系数，指稳态条件下，围护结构两侧空气差为 1K，单位时间内通过单位面积传递的热量，单位为 W/(m²·K)

表 6-28　夏热冬冷地区楼板节能设计指标 (K^{***} 值上限)

公共建筑	1.0
居住建筑	分户楼板：2.0
	底部自然通风架空楼板：1.5

表 6-29　夏热冬暖地区楼板节能设计指标 (K^{***} 值上限)

公共建筑	1.0
居住建筑	分户楼板：2.0
	底部自然通风架空楼板：1.5

常用楼板保温材料主要技术性能见表 6-30。

表 6-30　常用楼板保温材料主要技术性能

保温材料名称	干密度 /(kg/m³)	导热系数 * /[W/(m²·K)]	抗压强度 /MPa	吸水率 /%	尺寸变化率/%	燃烧性能
膨胀聚苯板	18~20	≤ 0.042	≥ 0.01	≤ 4	≤ 5	氧指数 ≥30
高密度膨胀聚苯板	30~35	≤ 0.040	≥ 0.15	≤ 2	≤ 2	氧指数 ≥32
挤塑聚苯板	25~38	≤ 0.030	0.15~0.25	<2	<2	氧指数 ≥26
半硬质矿 (岩) 棉板	100~180	≤ 0.038	—	—	—	难燃
半硬质玻璃棉板	32~48	≤ 0.045	—	—**	—	难燃
聚氨酯泡沫塑料	55~70	≤ 0.027	≥ 0.10	≤ 4	≤ 5	氧指数 ≥26
胶粉聚苯颗粒保温浆料	250	≤ 0.060	≥ 0.20	—	—	难燃 B1 级
泡沫玻璃保温板	150~180	≤ 0.066	≥ 0.40	≤ 0.5	—	不燃

* 导热系数为常温绝干状态值，其中挤塑聚苯板导热系数为存放 90 天值

** 半硬质矿棉板中的憎水型制品，其憎水率应大于等于 98%

4.设计选用要点

1) 保温层在楼板下的做法

此种做法由于保温层在楼板之下，不直接承受楼面荷载，可选择的保温材料种类较多，基本常用的保温材料均可用于此体系当中。此做法一般不影响室内净高，较适合于底层架空自然通风楼板。

对于外挑或外露楼板采用此方式进行外保温处理时，也可使用和外墙保温系统相同或类似的材料及系统进行处理。但有可能会使建筑物的线脚发生变化，所以建筑师应当在设计方案时统筹考虑，以免破坏建筑物的外立面设计。

2) 保温层在楼板上的做法

此种做法保温层在楼板之上，直接承受楼面荷载，应当选择吸水率小且压缩强度高的保温材料，如挤塑聚苯板、半硬质矿 (岩) 棉板以及泡沫玻璃等。此做法可能会影响室内净高，但其施工较为方便且对外立面线脚影响较小，较适合外挑楼板 (如阳台、露台等) 使用。

6.9.2　地面节能技术

1.简介

本节中的地面指距离建筑物外墙一定距离内的室外硬质地面，或建筑一层非

架空地面。由于地面面积一般较大且直接与土壤接触,尤其在严寒及寒冷地区的采暖建筑中,地面保温对采暖效果有明显的影响。

2. 分类及适用范围

地面保温做法一般结合建筑室内外地面构造进行,主要有以下几大类。

1) 地面下铺设碎砖、灰土保温层

此方法施工方便、造价低廉,但对保温效果难以进行有效控制。

2) 对部分室内地面可结合装修进行处理

如使用浮石混凝土面层、珍珠岩砂浆面层或使用各类木地板铺装等。此种做法可以通过使用不同的保温材料及不同厚度对节能效果进行控制,但受室内装修材料选择影响,只可在特定建筑场所内使用。

3) 依据不同地面面层的构造在面层下设置保温层

使用与本章中楼板保温层在楼板上的类似做法,依据不同地面面层的构造在面层下设置保温层。但由于地面均需要承受一定的荷载,此类保温层材料均需选用抗压强度较高的产品,如挤塑聚苯板、泡沫玻璃等。

3. 地面节能设计指标

依据国家现行规范要求,不同建筑气候地区以及建筑功能对地面节能设计有不同的要求,具体如表 6-31 和表 6-32 所示。

表 6-31   节能设计指标

公共建筑	严寒地区 A 区	严寒地区 B 区	寒冷地区
周边地面 *	$R^{**} \geqslant 2.0$	$R^{**} \geqslant 2.0$	$R^{**} \geqslant 1.5$
非周边地面	$R^{**} \geqslant 1.8$	$R^{**} \geqslant 1.8$	$R^{**} \geqslant 1.5$
居住建筑	采暖期室外平均温度		
	$2\sim5°C$	$-14.5 \sim -5.1°C$	
周边地面 *	$K^{**} \leqslant 0.52$	$K^{**} \leqslant 0.30$	
非周边地面	$K^{**} \leqslant 0.30$	$K^{**} \leqslant 0.30$	

* 周边地面指建筑物外墙内表面 2m 以内的地面

** R 值为表示围护结构本身或其中某层材料阻抗传热能力的物理量,单位是 $(m^2 \cdot K)/W$,此处为建筑基础持力层以上各层材料的热阻之和

表 6-32   夏热冬暖地区节能设计指标

公共建筑	$R^{**} \geqslant 1.2$
居住建筑	无具体指标要求

常用地面保温材料主要技术性能指标见表 6-33。

表 6-33　常用地面保温材料主要技术性能指标

保温材料名称	干密度/(kg/m³)	导热系数*/[W/(m²·K)]	抗压强度/MPa	吸水率/%	尺寸变化率/%	燃烧性能
高密度膨胀聚苯板	30～35	≤ 0.040	≥ 0.15	≤ 2	≤ 2	氧指数 ≥32
挤塑聚苯板	25～38	≤ 0.030	0.15～0.25	<2	<2	氧指数 ≥26
浮石混凝土	1100～1500	0.42～0.67	—	—	—	不燃
半硬质矿(岩)棉板	100～180	≤ 0.048	—	—	—	难燃
半硬质玻璃棉板	32～48	≤ 0.045	—	—**	—	难燃
聚氨酯泡沫塑料	55～70	≤ 0.027	≥ 0.10	≤ 4	≤ 5	氧指数 ≥26
胶粉聚苯颗粒保温浆料	250	≤ 0.060	≥ 0.20			难燃 B1 级
泡沫玻璃保温板	150～180	≤ 0.066	≥ 0.40	≤ 0.5	—	不燃

* 导热系数为常温绝干状态值,其中挤塑聚苯板导热系数为存放 90 天值

** 半硬质矿棉板中的憎水型制品,其憎水率应大于等于 98%

4.设计选用要点

(1) 作为围护结构的一部分,地面的热工性能与建筑环境及能耗密切相关。尤其当室内地面温度过低或过高时,不但会使采暖制冷负荷增加,而且还可能造成使用者脚部不适。

(2) 对于室内地面的节能设计,可充分结合地面荷载要求及室内装修进行。如对地面负荷较大的商业项目,可考虑使用挤塑聚苯板以及泡沫玻璃等抗压强度较好的保温材料。在使用木地板等需要架空的材料进行室内地面装修时,可在计算地面热工性能时考虑木地板及其架空层的作用。

(3) 对于室外周边地面的节能设计,应当结合使用条件及地面构造进行。在对地面热工要求相对较低的夏热冬冷及夏热冬暖的居住建筑中,可充分结合地面构造使用,例如,采用碎砖垫层、灰土层等相对经济的材料,既满足了构造要求,也没有对造价产生较大的影响,同时还起到了一定的节能作用。对于地面热工性能较高的地区和建筑,除了可利用挤塑聚苯板以及泡沫玻璃等抗压强度较好的保温材料在地面下设置保温层外,在某些情况下也可利用加大部分热工指标较高的构造层厚度等相对较经济的做法实现。

5.楼地面建筑节能构造

底部不通风的架空楼板建筑节能构造及其热工参数见表 6-34。

表 6-34　底部不通风的架空楼板建筑节能构造及其热工参数

编号及简图	基本构造	厚度 δ /mm	干密度 ρ_0 /(kg /m³)	导热系数 λ/[W/ (m²·K)]	修正系数 α	主体部位	
						传热阻 R_0 /[(m²· K)/W]	传热系数 K /[(m²· K)/W]
①	1.C20 细石混凝土	30	2300	0.53	1.0	0.51	1.97
	2. 现浇钢筋混凝土楼板	100	2500	0.74	1.0		
	3. 海泡石保温砂浆	15	300	0.060	1.2		
	4. 柔性腻子	5	1050	0.33	1.0		
②	1.C20 细石混凝土	30	2300	0.53	1.0	0.52	1.93
	2. 现浇钢筋混凝土楼板	100	2500	0.74	1.0		
	3. 聚苯颗粒保温浆料	15	230	0.060	1.15		
	4. 抗裂砂浆 (网格布)	5	1050	0.93	1.0		
	柔性腻子						
③	1. 实木地板	18	700	0.17	1.0	0.60	1.68
	2. 30mm×40mm 杉木格栅 @400	40	500	0.14	1.0		
	3. 水泥砂浆	20	1800	0.93	1.0		
	4. 现浇钢筋混凝土楼板	100	2500	0.74	1.0		
④	1. 实木地板	12	700	0.17	1.0	0.72	1.39
	2. 细木工板	15	300	0.093	1.0		
	3. 30mm×40mm 杉木格栅 @400	40	500	0.14	1.0		
	4. 水泥砂浆	20	1800	0.93	1.0		
	5. 现浇钢筋混凝土楼板	100	2500	0.71	1.0		
楼板: 底部不通风的架空楼板 保温材料: 海泡石保温砂浆、聚苯颗粒保温浆料						底部不通风的架空楼板	

底部自然通风的架空楼板建筑节能构造及其热工参数见表 6-35。

表 6-35　底部自然通风的架空楼板建筑节能构造及其热工参数

编号及简图	基本构造	厚度 δ/mm	干密度 ρ0 /(kg/m³)	导热系数 λ/[W/(m²·K)]	修正系数 α	主体部位	
						传热阻 R0 /[(m²·K)/W]	传热系数 K /[(m²·K)/W]
①	1.C20 细石混凝土	30	2300	0.53	1.0	0.81	1.25
	2. 现浇钢筋混凝土楼板	100	2500	0.74	1.0		
	胶粘剂						
	3. (a) 挤塑聚苯板	20	28	0.030	1.1	0.95	1.05
	(b) 挤塑聚苯板	25	28	0.030	1.1		
	4. 聚合物砂浆（网格布）	3	1800	0.93	1.0		
	高弹涂料						
②	1.C20 细石混凝土	30	2300	0.51	1.0	0.73	1.36
	2. 现浇钢筋混凝土楼板	100	2500	0.74	1.0		
	胶粘剂						
	3. (a) 膨胀聚苯板	25	20	0.042	1.1	0.84	1.19
	(b) 膨胀聚苯板	30	20	0.042	1.1		
	4. 聚合物砂浆（网格布）	3	1800	0.93	1.0		
	高弹涂料						
③	1. 实木地板	18	700	0.17	1.0	0.62	1.09
	2. 矿(岩)棉或玻璃棉板	30	100	0.14	1.3		
	30mm×40mm 杉木格栅 @400	40					
	3. 水泥砂浆	20	1800	0.93	1.0		
	4. 现浇钢筋混凝土楼板	100	2500	0.74	1.0		
④	1. 实木地板	12	700	0.17	1.0	1.05	0.95
	2. 细木工板	15	300	0.093	1.0		
	3. 矿(岩)棉或玻璃棉板	30	100	0.14	1.3		
	30mm×40mm 杉木格栅 @400	40					
	4. 水泥砂浆	20	1800	0.93	1.0		
	5. 现浇钢筋混凝土楼板	100	2500	0.74	1.0		
模板：底部自然通风的架空楼板 保温材料：挤塑聚苯板、膨胀聚苯板、矿(岩)棉板或玻璃棉板						底部自然通风的架空楼板	

复习思考题

1. 外墙外保温、外墙内保温和外墙自保温各有什么特点？

2. 外墙外保温有什么优点？

3. 分别画出一种外保温、内保温、自保温、楼面保温、屋面保温的保温体系。

第7章　建筑节能保温体系施工

7.1　外墙外保温

7.1.1　EPS板薄抹灰外墙外保温系统

1. 系统构造

该系统集墙体保温、抗裂防护、装饰功能为一体，采用粘钉结合的方式将EPS板固定。

在基层墙体上形成保温层，然后在EPS板表面涂抹聚合物抹面胶浆，同时铺贴耐碱玻璃纤维（简称玻纤）网格布增强层，再在网格布上涂抹抹面胶浆形成抗裂抹面层，最后在抹面层表面刮抗裂柔性外墙腻子涂装外墙涂料形成饰面层。其基本构造如图7-1所示。

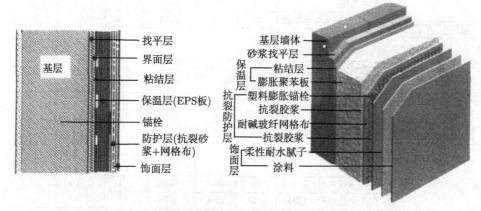

图7-1　EPS板薄抹灰外墙外保温系统基本构造及三维示意图

2. 施工工艺流程

EPS板薄抹灰外墙外保温系统施工工艺流程如图7-2所示。

3. 施工要点

(1) 施工环境温度和基层墙体表面温度不小于5℃，风力不大于5级。

(2) 外墙和外门窗口施工及验收完毕（门窗框已安装完毕）。

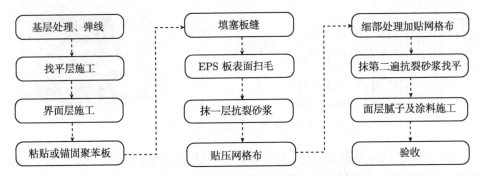

图 7-2 EPS 板薄抹灰外墙外保温系统施工工艺流程

(3) 基层墙体必须清理干净，墙面应无油、灰尘、污垢、隔离剂、涂料、防水剂、霜、泥土等污染物或其他有碍粘结的材料，并应剔除墙面的凸出物，再用水冲洗墙面，使之干净平整。

(4) 基层墙体表面平整度不符合要求时，可采用 1:3 水泥砂浆找平。

(5) 基层墙体处理完毕，应将墙面略微湿润，以备进行粘贴 EPS 板工序的施工。

(6) EPS 板粘贴可以采用以下两种方法。

① 点粘法。用抹子在每块 EPS 板 (标准尺寸为 600mm×1200mm) 四周边上涂上宽约 60mm、厚约 10mm 的胶粘剂，然后在中部均匀抹上 8 块直径约 120mm、厚约 10mm 的粘结点，此粘结点要布置均匀，必须保证聚苯板与基层墙面的粘结面积达到 40%，板口宜留 50mm 排气口。50m 以上的墙面贴 EPS 板时，四周胶粘剂的宽度为 80mm，厚约 10mm，中间点的直径为 120mm，厚约 10mm，粘结面积应达到 50%以上。EPS 板点粘法如图 7-3 所示。

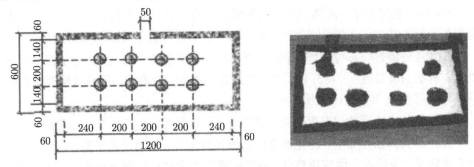

图 7-3 聚苯板点粘法示意图及实际施工图片

② 条粘法。在板的背面涂满粘结胶浆，然后用专用的锯齿抹子紧压保温板板面，并保持 45° 角，刮除锯齿多余的粘结胶浆，使聚苯板面留有若干条宽为 10mm、厚度为 13mm、中心距为 40mm 平行于板短边的浆带，见图 7-4。

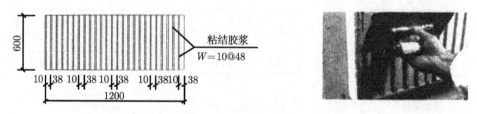

图 7-4　聚苯板条粘法示意图及实际施工图片

(7) EPS 板抹完粘结胶浆后，应立即将板平贴在基层墙体墙面上滑动就位。粘贴时动作应轻柔，均匀挤压。为了保持墙面的平整度，应随时用一根长度超过 2m 的靠尺进行压平操作。

(8) EPS 板应由建筑外墙勒脚部位开始，自下而上，沿水平方向横向铺设，每排板应互相错缝 1/2 长，见图 7-5。

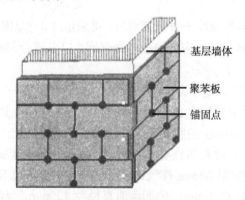

图 7-5　EPS 板排列图

(9) EPS 板粘牢后，应随时用专用的搓抹子将半边的不平处搓平，尽量减少板与板间的高差接缝。当板缝间隙较大时，则应切割保温板条将缝填实后磨平。

(10) 在外墙转交部位，上下排保温板间的相接缝应为垂直交错连接，保证转角处板材杆状的垂直度，并将标有厂名的板边露在外侧。门窗洞口四角处保温板接缝应离开角部至少 200mm，见图 7-6。

(11) 粘贴上墙后的保温板应用粗砂纸磨平，然后再将整个保温板面打磨一遍。

(12) 涂抹抹面胶浆前，应先检查保温板是否干燥，表面是否平整，去除板面上的有害物质、杂质或表面变质部分，并用细麻面的木抹子将保温板表面扫毛，扫净浮屑。

(13) 在薄层抹面胶浆上自上而下铺贴标准玻纤网格布 (见图 7-7)。网格布应平而不皱折，网格布对接，用木抹子将网格布压入抹面胶浆内。对于设计切成 V 形或 U 形的分格缝，网格布不应切断，应将网格布压入 V 形或 U 形分格缝内，用抹面胶浆在表面做成 V 形或 U 形缝。

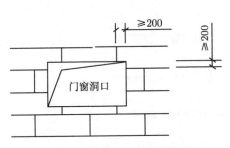
图 7-6 门窗洞口 EPS 板排列

图 7-7 耐碱玻纤网格布

(14) 面层涂饰工程按《建筑装饰装修工程质量验收规范》(GB50210) 施工验收。

(15) 锚固使用注意事项如下：

① 当采用点粘式固定保温板时，锚栓应钉在胶粘点上，否则会使 EPS 板因受压而产生弯曲变形，对系统产生不利影响；

② 宜在胶粘点硬化后再钉锚栓。如果想在粘贴保温板的同时用锚栓临时帮助固定，固定锚栓时应适当掌握紧固压力，以保证保温板粘贴的平整度；

③ 应根据不同的基层墙体选用不同类型的锚栓，图 7-8 为一种锚固件；

图 7-8 锚固件

④ 锚栓在基层墙体中应有一定的锚固深度，一般不小于 25mm。

7.1.2 玻化微珠外墙外保温系统

玻化微珠保温砂浆墙体保温系统由基层墙体、界面砂浆、玻化微珠保温砂浆、抗裂砂浆复合耐碱网格布或热镀锌钢丝网、饰面涂料或面砖组成。墙体保温系统构造见图 7-9 和图 7-10。

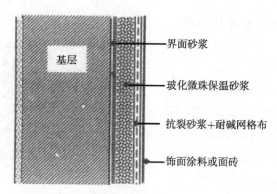

图 7-9　玻化微珠外墙外保温系统基本构造

图 7-10　某施工现场玻化微珠外保温构造实景图

玻化微珠外墙外保温系统的主要优点如下。

(1) 施工工艺简单，与传统抹灰工艺相似，特别适合建筑立面丰富的建筑物。

(2) 抗压强度高，很好地解决了保温材料强度和保温性能不能兼顾的矛盾。

(3) 整体性好，无空腔，不易发生渗漏。

(4) 透气性好，不会发生湿气往室内渗透散发的现象。

(5) 蓄热系数大，隔热性能好，特别适合夏热冬冷地区、夏热冬暖地区的墙体隔热保温。

(6) 保温块墙面粉刷施工应按清扫基层 (保温块面)、刷界面剂、底层粉刷、面层粉刷及刷涂料等工序依次进行。找平层厚度大于 10mm 时，宜分次抹平，再做粉刷面层。

(7) 保温块墙面饰面砖施工均采用满粘法。粘贴时，应将陶瓷面砖粘合剂满涂在面砖 (瓷砖) 背面，24h 后应用嵌缝剂进行嵌缝作业。饰面砖的厚度应小于等于 10mm。

(8) 内保温墙面上的各种预留孔洞、管线槽、接线盒等应在安装后专门用修补材料修补，也可用砌块碎屑拌以水泥、石灰膏及适量的建筑胶水进行修补，配合比为水泥:石灰膏:砌块碎屑 =1:1:3。

(9) 既有建筑宜采用双接线盒的方式，以满足内保温墙面管线埋设的需要，新建、改建和扩建的建筑宜先铺贴保温块，后埋设管线。

7.2 外墙自保温及夹芯保温

7.2.1 加气混凝土砌块墙体自保温系统

1.作业条件

(1) 砌筑施工前，基面应经验收合格，应将基面上的灰渣杂物及高出部分清除干净，并在砌筑前洒水湿润。

(2) 在结构墙、柱上弹出 500mm 标高水平线、加气混凝土墙边线、门口位置线。

(3) 做好地面垫层。在砌块墙底部，应砌筑烧结普通砖或浇筑混凝土基础带，其高度不宜小于 200mm。

(4) 按照设计要求预先在结构墙柱上每 500mm 左右焊好预留拉结钢筋。

(5) 加气混凝土砌块应在砌筑前 1~2 天浇水湿润。

2.技术准备

(1) 按墙段实量尺寸和砌块规格尺寸绘制砌块排列平立面图和构造详图。

(2) 根据砌块尺寸和灰缝厚度计算皮数和排数，制作好皮数杆，并将皮数杆竖立在墙的两端。

(3) 遇有穿墙管线，应预先核实其位置、尺寸，以预留为主，减少剔凿，避免损害墙体。

3.施工工艺流程

该系统的施工工艺流程如图 7-11 所示。

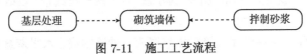

图 7-11 施工工艺流程

4.施工要点

(1) 砂浆应随拌随用，常温下拌好的砂浆应在拌和后 3~4h 内用完，当气温超过 30°C 时，应在拌和后 2~3h 内使用完毕。对掺有缓凝剂的砌筑砂浆，其使用时间应视其具体情况适当延长。

(2) 当砌筑砂浆出现泌水现象时，应在砌筑前再次拌和。

(3) 凡砂浆中掺有有机塑化剂、悍强剂、缓凝剂、防冻剂等，应经检验和试配符合要求后，才可使用。有机塑化剂应有砌体强度的形式检验报告。

(4) 每一检验批不超过 250m² 砂浆试块。对于砌体的各种类型及强度等级的砌筑砂浆，每台搅拌机至少做一组试块 (一组 6 块)。

(5) 墙体砌筑前按砌块平立面构造图排列摆块，不足整块的可以锯截成需要的尺寸，但不得小于砌块长度的 1/3。最下一层的灰缝厚度大于 20mm 时，应用细石混凝土找平铺砌。

(6) 砌筑加气混凝土砌块单层墙，应将加气混凝土砌块立砌，墙厚为砌块的宽度；砌双层墙时，将加气混凝土砌块立砌两层，中间加空气层 (厚度为 70~80mm)，两层砌块间每隔 500mm 墙高应在水平灰缝中放置 $\Phi 4\sim6$ 的钢筋扒钉，扒钉间距为 600mm。

(7) 砌筑加气混凝土砌块应采用满铺满挤法，上下皮砌块的竖向灰缝应相互错开，长度不宜小于砌块长度的 1/3 并且不小于 150mm。当不能满足要求时，应在水平灰缝中放置 $2\Phi 6$ 的拉结钢筋或 $\Phi 4$ 的钢筋网片，拉结钢筋或钢筋网片的长度不小于 700mm。转角处应使纵横墙的砌块相互咬砌搭接，隔皮砌块露端面。砌块墙的丁字交接处应使横墙砌块隔皮露头，并坐中于纵墙砌块。

(8) 加气混凝土砌块墙体拉结钢筋的设置。

① 承重墙的外墙转角处、墙体交接处，均应沿墙高 500mm 左右在水平灰缝中放置拉结钢筋，拉结钢筋为 $3\Phi 6$，钢筋伸入墙内不小于 1000mm。

② 非承重墙的外墙转角处与承重墙体交界处，均应沿墙高 500mm 左右在水平灰缝中放置拉结钢筋，拉结钢筋为 $2\Phi 6$，钢筋伸入墙体内不小于 1000mm。

③ 墙的窗口处，窗台下第一皮砌块下面应设置 $3\Phi 6$ 拉结钢筋，拉结钢筋伸过窗口侧边应不小于 500mm。墙洞口上边也应放置 $2\Phi 6$ 钢筋，并伸过墙洞口每边长度不小于 500mm。

④ 加气混凝土砌块墙的高度大于 3m 时，应按设计规定做钢筋混凝土拉结带。如无设计规定，一般每隔 1.5m 加设 $2\Phi 6$ 或 $3\Phi 6$ 钢筋拉结带，以确保墙体的整体稳定性。

⑤ 加气混凝土砌块墙体灰缝应横平竖直，砂浆饱满，水平灰缝厚度不得大于 15mm，竖向灰缝宽度宜不大于 20mm。

(9) 加气混凝土砌块墙每天砌筑不宜超过 1.8m。

(10) 砌块与门窗口连接。当采用后塞口时，应预留好埋有木砖或铁件的混凝土块，按洞口高度，2m 以内每边砌筑 3 块，洞口高度大于 2m 时，每边砌筑 4 块，混凝土块四周的砂浆要饱满密实。安装门框时用手电钻在边框预先钻出钉眼,然后用钉子将木框与混凝土内预埋木砖钉牢。

(11) 冬期施工。

① 冬期施工砌体工程应有完整的冬期施工方案。当日最低气温低于 0°C 时,即使在冬期施工以外,也应按冬期施工处理。

② 冬期施工砂浆宜用普通硅酸盐水泥拌制,石灰膏等掺和料应防止受冻。如遭冻结,经融化后方可使用。

③ 拌制砂浆用砂不得含有冰块或直径大于 10mm 的冻结块。

④ 砌块不得遭水浸冻,使用前应清除表面冰雪,在气温低于 0°C 的条件下砌筑时,砌块不得浇水,但必须增大砂浆的稠度。

⑤ 冬期砌筑砂浆的拌和宜采用两步投料法。材料加热时,水加热温度不超过 80°C,砂加热时不超过 40°C,砂浆使用温度不应低于 5°C。当采用掺盐砂浆砌筑时,宜将砂浆强度等级较常温提高一级,配筋砌体内不得采用掺盐砂浆法施工。

⑥ 冬期施工砂浆试块的留置,应增加不少于一组与砌体同条件养护的试块,测试检验其 28 天的强度。

7.2.2　岩棉外墙外保温系统

1. 系统构造

该保温系统由基层墙体、岩棉保温层、找平层、抗裂防护层和饰面层组成,见图 7-12。岩棉板保温层用塑料膨胀锚栓配合热镀锌电焊网锚固在基层墙体上,岩棉板外表面及热镀锌电焊网上均需喷涂喷砂界面剂,以提高岩棉板的防水性及热镀锌电焊网的防腐蚀性,同时也有利于将找平层材料与岩棉板牢固地粘结在一起。找平层采用胶粉聚苯颗粒保温浆料,起补充保温及找平的双重作用,找平层厚度不应低于 20mm。饰面层采用弹性涂料。

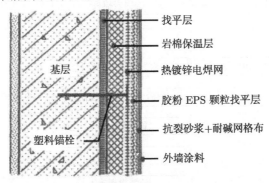

图 7-12　岩棉外墙外保温系统基本构造

岩棉板作为一种保温材料,适用于新建建筑物,也适用于既有建筑物的改造。

它可直接粘贴在水泥砂浆抹面层上，也可直接粘贴在不同基层上。因其具有不燃性，特别适用于对防火要求较高的高层建筑。

在德国，20m 以上的建筑物均使用岩棉板铺以锚钉作为保温材料。如果使用聚苯乙烯材料等有机保温材料，发生火灾时会释放出的有害气体，可能会造成人员窒息而导致人员伤亡。因而在采用 10cm 以上普通阻燃型板做保温材料的系统中，在门窗洞孔上部或周边应采用岩棉保温材料设一防火隔离带，在一定的范围内可以阻止或延缓火苗的蔓延。

图 7-13 是岩棉外墙外保温的构造实景图。

图 7-13　岩棉外墙外保温的构造实景图

2. 施工工艺流程

岩棉外墙外保温系统施工工艺流程如图 7-14 所示。

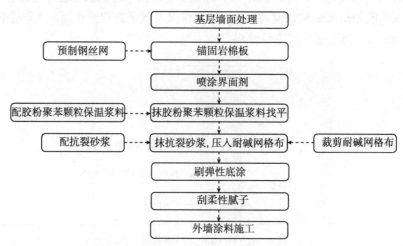

图 7-14　岩棉外墙外保温系统施工工艺流程

3.施工要点

(1) 雨天或当风力大于 5 级时，应停止施工，同时避免在高温阳光直射的环境下施工，空气温度或基层温度低于 5°C 时也不宜施工。

(2) 彻底清除基层墙体表面浮灰、油污、隔离剂、空鼓及风化物等影响墙面施工的物质。墙体表面凸起物大于 10mm 时应剔除。

(3) 在建筑物墙大角 (阳角、阴角) 及其他必要处挂垂直基准钢线，在每个楼层适当位置挂水平线，以控制岩棉板的垂直度和平整度。

(4) 保温层施工。

① 根据岩棉板定位线安装岩棉板，岩棉板要错缝拼接，可用普通水泥砂浆将岩棉板预固定在基层墙体上。

② 在岩棉板垂直墙面上用电锤钻孔，钻孔深度不得小于锚固深度，每平方米墙面至少要钻 4 个锚固孔，锚固孔从距离墙角、门窗侧壁 100~150mm 以及从檐口与窗台下方 150mm 处开始设置，沿窗户四周，每边至少应钻 3 个锚固孔。

③ 在岩棉板上铺设热镀锌电焊网，用塑料锚栓根据锚固孔的位置锚固岩棉板及热镀锌电焊网。门窗侧壁及墙体底部要用预制的 U 形热镀锌电焊网片包边，墙体转角处用 L 形热镀锌电焊网包边，这些包边网片要随岩棉板一起被锚固件穿过，并一边用手压紧，一边定位。热镀锌电焊网采用单孔搭接，搭接处每米至少应用塑料锚栓锚固 3 处。

④ 岩棉板固定好后，按每平方米至少 4 个的密度在热镀锌电焊网下安装塑料垫片，将热镀锌电焊网垫起 5mm，以保证岩棉板与热镀锌电焊网能存在一定的距离，有利于找平层的施工。

⑤ 采用专用喷枪将喷砂界面剂均匀喷到岩棉板表面，确保岩棉板表面及热镀锌电焊网上均喷满喷砂界面剂，以增强岩棉板表面强度及防水性能和热镀锌电焊网的防腐性能。

(5) 找平层施工。

① 吊胶粉聚苯颗粒找平层垂直于控制线、套方做口，按设计厚度用胶粉聚苯颗粒做标准厚度的贴饼、冲筋。

② 抹胶粉聚苯颗粒进行找平应分两边施工，每遍间隔在 24h 以上。抹头遍胶粉聚苯颗粒时应压实，厚度不宜超过 10mm。抹第二遍胶粉聚苯颗粒时应达到冲筋厚度，用大杠搓平，用抹子局部修补平整；30min 后，用抹子再赶抹墙面，用托线尺检测后应达到验收标准。

③ 找平层固化干燥后 (用手掌按不动表面为宜，一般为 3~7 天)，方可进行抗裂防护层施工。

(6) 抗裂防护层及饰面施工。

① 将 3~4mm 厚的抗裂砂浆均匀地抹在保温层表面,立即将裁好的耐碱网格布用抹子压入抗裂砂浆内,网格布之间的搭接不应小于 50mm,并不得使网格布褶皱、空鼓、翘边。首层应铺贴双层耐碱网格布,第一层铺贴加强耐碱网格布,加强耐碱网格布应对接,然后进行第二层普通耐碱网格布的铺贴,两层耐碱网格布之间抗裂砂浆必须饱满。

在首层墙面阳角处设 2m 高的专用金属护角,护角应夹在两层耐碱网格布之间。其余楼层阳角处两侧耐碱网格布双向绕角互相搭接,各侧搭接宽度不小于 200mm。门窗洞口四角应预先沿 45° 方向增贴 300mm×400mm 的附加耐碱网格布。

② 刷弹性底涂。在抗裂砂浆施工 2h 后刷弹性底涂,使其表面形成防水透气层。涂刷应均匀,不得漏涂,以渗入抗裂砂浆层内不形成可剥离的弹性膜为宜。

③ 刮柔性腻子。在抗裂砂浆层基本干燥后刮柔性腻子,一般刮两遍,使其表面平整光洁。

④ 外饰面施工。浮雕涂料可直接在弹性底涂上进行喷涂,其他涂料在腻子层干燥后进行刷涂或喷涂。

7.3　屋面保温

7.3.1　板状材料保温屋面

1.系统构造

板状保温材料主要有聚苯乙烯泡沫塑料、泡沫玻璃、微孔混凝土、膨胀蛭石(珍珠岩) 制品等。上人板状材料保温屋面系统构造如图 7-15 所示。

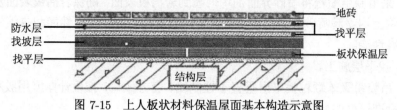

图 7-15　上人板状材料保温屋面基本构造示意图

2.施工工艺流程

板状保温材料保温屋面主要施工工艺流程同岩棉外墙外保温材料, 参见图 7-14。

3.施工要点

(1) 作业条件。参见松散材料保温屋面作业条件。

(2) 清理基层。参见松散材料保温屋面清理基层。

(3) 铺设保温层。

① 平铺板状保温层直接铺设在结构层或隔气层上,铺平、垫稳。分层铺设时,上下两层板块接缝应相互错开,板间的缝隙应用同类材料的碎屑嵌填密实。

② 粘贴的板状材料保温层应砌严、铺平,分层铺设的接缝要错开,胶粘剂应视保温材料的性能选用,板缝间或缺棱掉角处应用碎屑加胶结材料拌匀填补密实。

③ 用沥青胶结材料粘贴时,板状材料相互之间和基层之间均应满涂热沥青胶结材料,以便相互粘贴牢固,热沥青的温度为 160~200℃。

④ 用砂浆铺贴板状保温材料时,一般可用 1:2(体积比) 的水泥砂浆粘贴,板间缝隙用水泥或保温砂浆填实并勾缝。保温砂浆配合比一般为水泥:石灰:同类保温材料碎粒 =1:1:10(体积比)。保温砂浆中的石灰膏必须熟化 15h 以上,石灰膏中严禁含有未熟化的颗粒。

⑤ 细部处理。

(a) 屋面保温层在檐口、天沟处,宜延伸到外坡外侧或按设计要求施工。

(b) 排气管和构筑物穿过保温层的管壁周边和构筑物的四周,应预留排气口。

(c) 女儿墙根部与保温层间应设置温度缝,缝宽以 15~20mm 为宜,并应贯通到结构基层。

(4) 抹找平层。保温层施工并验收合格后,应立即进行找平层施工。

(5) 季节性施工。

① 冬期施工应编制屋面工程冬期施工方案。

② 施工环境温度。用沥青胶结材料粘贴板状材料时,气温不得低于 −10℃;用水泥砂浆铺贴板状材料时,气温不得低于 5℃。如气温低于上述温度,应采取保温措施。

③ 屋面保温层严禁在雨天、雪天和 5 级风以上的情况下施工。

4.成品保护

(1) 不得在已经铺好的保温层上行走、推小车,必要时搭设架子并铺设垫脚手板。

(2) 保温层施工完成后,应及时铺抹水泥砂浆找平层,以减少受潮和进水,尤其在雨期施工,应及时采取覆盖保护措施。

(3) 板状保温材料进场后,必须码放整齐,防潮、防雨,搬运时轻搬轻放,以防缺棱掉角,影响使用。

5.应注意的质量问题

(1) 板状保温材料使用前应严格按照有关标准进行选择,加强保管和处理,板状保温材料的质量指标应符合要求,对不符合要求的材料不得使用。

(2) 应注意避免保温层边角处质量问题 (如边角不直、边搓不齐整)，以免影响找坡、找平和排水。

(3) 施工应严格按照要求操作，严格验收管理，以避免板状保温材料铺贴不实，影响保温、防水效果，造成找平层裂缝。

7.3.2 种植屋面

1.系统构造

为了保证种植屋面上的植物正常生长，做到涂层湿润并排除积水，同时做到防水层不渗不漏，满足建筑工程的使用功能，种植屋面比一般屋面防水难度大，因此对种植屋面的构造必须高度重视。

种植保温屋面的基本构造如图 7-16 所示。

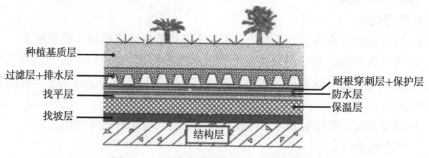

图 7-16   种植保温屋面基本构造示意图

2.施工工艺流程

种植屋面施工工艺流程如图 7-17 所示。

图 7-17   种植屋面施工工艺流程

3.施工要点

(1) 作业条件。

① 屋面的防水层及保护层已施工完毕。

② 屋面防水层的蓄水试验已完成，并经检验合格。

③ 施工所需的砂卵石、烧结普通砖、水泥、种植介质已按要求的规格、质量、数量准备就绪。

(2) 屋面防水层施工。根据设计图要求进行施工，具体可参考相关的防水工程施工技术。

(3) 保护层施工。当种植屋面采用柔性防水材料时，必须在其表面设置细石混凝土保护层，以抵抗植物根系的穿刺和种植工具对它的损坏。细石混凝土保护层的具体施工过程如下。

① 防水层表面清理。把屋面防水层上的垃圾、杂物及灰尘清理干净。

② 分格缝留置。按设计或不大于 6m 或 "间一分格" 进行分格，用上口宽为 30mm，下口宽为 20mm 的模板或泡沫板作为分格板。

③ 钢筋网铺设。按设计要求配置钢筋网片。

④ 细石混凝土施工。按设计配合比拌和好细石混凝土，按先远后近，先高后低的原则逐格进行施工。

按分格板高度摊开抹平，用平板振动器十字交叉来回振实，直至混凝土表面泛浆后再用木抹子将表面抹平压实，待混凝土初凝以前，再进行第二次压降抹光。

铺设、振动、振压混凝土时必须严格保证钢筋间距及位置准确。

混凝土初凝后，及时取出分格缝隔板，用铁抹子二次抹光，并及时修补分格缝缺损部分，做到平直整齐，待混凝土终凝前进行第三次压光。混凝土终凝后，必须立即进行养护，可蓄水养护或用稻草、麦草、锯末、草袋等覆盖后浇水养护不少于14 天，也可涂刷混凝土养护剂。

⑤ 分格缝嵌油膏。分格缝嵌油膏应于混凝土浇水养护完毕后用水冲洗干净且达到干燥 (含水率不大于 6%) 时进行，所有纵横分格缝相互贯通，清理干净，缺边损角要补好，用刷缝机或钢丝刷刷干净，再用吹风机吹干净。灌嵌油膏部分的混凝土表面均匀涂刷冷底子油，并于当天灌嵌好油膏。

(4) 砖砌挡墙高度要比种植介质高100mm。距离挡墙底部高100mm处按设计或标准图集留设泄水孔。采用预制槽型板作为分区挡墙和走道板，如图 7-18 所示。

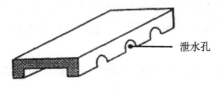
泄水孔

图 7-18 预制槽型板示意图

(5) 泄水孔前放置过水砂卵石。在每个泄水孔处先设置钢丝网片，泄水孔的四周堆放过水砂卵石，砂卵石应完全覆盖泄水孔，以免种植介质流失或堵塞泄水孔。

(6) 种植区内放置种植介质。根据设计要求的厚度放置种植介质。施工时介质材料、植被等应均匀堆放，不得损坏防水层，种植介质表面要求平整且低于四周挡墙 100mm。

7.4　门　窗　节　能

7.4.1　断桥铝合金窗

1. 施工工艺流程

断桥铝合金窗安装施工工艺流程见图 7-19。

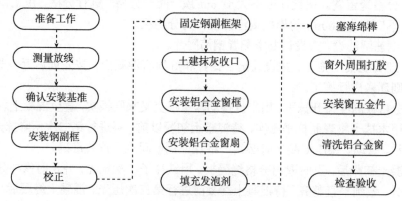

图 7-19　断桥铝合金窗施工工艺流程

2. 施工要点

1) 施工准备

安装前，首先检查窗洞口尺寸，墙面平整度、垂直度应符合施工规范要求，对土建提供的基准线进行复核。事先协商安装时间、技术要求等，做到相互配合，确保产品安装质量。

根据土建专业弹出的窗户安装标高控制线及平面中心位置线，测出每个窗洞口的平面位置、标高及洞口尺寸等偏差。要求洞口宽度、高度允许偏差为 ±10mm，洞口垂直水平度偏差不超过 10mm，否则由土建专业在窗副框安装前对超差洞口进行修补。

根据实测的窗洞口偏差值进行数据统计，根据统计结果最终确定每个窗户安装的平面位置及标高。

(1) 窗安装平面位置的确定。根据每层同一部位窗洞口平面位置偏差统计数据，计算出该部位窗户平面位置偏差值平均数；然后统计出窗洞口中心线位置偏差出现概率最大的偏差值 Q_1。当偏差值 Q_1 的出现概率小于等于 50%时，窗户安装平面位置为窗洞中心线理论位置加上窗洞平面位置偏差值的平均数 V_1；当偏差值 Q_1 的出现概率大于 50%时，窗户安装平面位置为窗洞中心线理论位置加上出现概率最大的偏差值 Q_1。

(2) 窗安装标高确定。飘窗与一字形窗设计高度不一样，只是在安装窗楣时取平。窗户的安装标高，每层确保同一层不同类型窗户的窗楣在同一标高。

由窗户的标高控制线测出窗洞上口标高偏差值，根据本楼层所有窗户标高偏差值求得偏差值平均数 V_2 及出现概率最大的偏差值 Q_2。当偏差值 Q_2 的出现概率小于等于 50% 时，本楼层窗户的安装标高为窗洞理论位置标高加上窗洞偏差值的平均数 V_2；当偏差值 Q_2 的出现概率大于 50% 时，本楼层窗户的安装标高为窗洞理论位置标高加上出现概率最大的偏差值 Q_2。

(3) 确定窗在墙体内进出的位置。工程中各种系列、形状的断桥铝合金窗主框安装好后距离机构墙体边线统一确定为 20mm。

(4) 逐个清理洞口。

2) 钢副框的安装

(1) 钢副框安装在外墙保温及室内抹灰施工前进行。按照作业计划将即将安装的钢副框运到指定位置，同时注意其表面的保护。

(2) 将固定片镶入组装好的钢副框，四角各一对，距端部 50~100mm。严格按照图纸设计安装点，采用膨胀螺栓和固定片安装。固定片按不同安装位置及工程要求，分别选用 150mm×20mm×1.5mm 及 75mm×20mm×1.5mm 两种，射钉为 M5×32 加强钉。

(3) 将副框放入洞口，按照调整后的安装基准线准确安装副框，并在正后方用对拔木楔在四角临时固定。将副框与主体结构用固定片和膨胀螺栓连接，安装点间距为 500mm(洞口高 1950mm 的窗户侧两端为固定片，安装点间距控制在 700mm 以内)。根据所用位置不同，膨胀螺栓分别用 M6×100 及 M6×80 两种，保证进入结构墙体的长度不小于 50mm。安装就位后，在膨胀螺栓钉帽处将膨胀螺栓与钢副框点焊连接，以防止膨胀螺栓在外力的作用下松动，并及时对膨胀螺栓钉帽焊缝用防锈漆进行防锈处理。

(4) 副框四周用水泥砂浆固定，间距约 500mm。

(5) 当封堵水泥砂浆强度达到 3.5MPa 以上时，取出木楔固定块。

(6) 钢副框与墙体间的缝隙用 1:2.5 水泥砂浆封堵，要求 100% 填充 (用水泥砂浆封堵该缝隙由土建专业完成)。

3) 铝合金主框、窗扇、五金安装

(1) 施工工艺流程。

施工工艺流程参见图 7-20。

(2) 铝合金主框在外保温施工完毕、外墙涂料施工前进行安装，窗扇随着铝合金主框一起安装；窗扇可以在地面组装好，也可以在主框安装完毕验收后再安装。

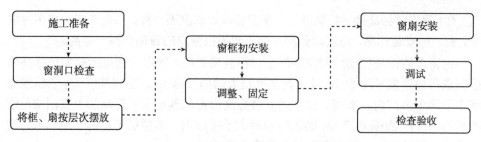

图 7-20　断桥铝合金窗施工工艺流程

(3) 根据钢副框的分格尺寸找出中心,确定上下左右位置,由中心向两边分格尺寸安装窗的主框,铝合金主框内侧 (朝向室内的一侧) 与钢副框内侧齐平,铝合金主框外侧 (朝向室外的一侧) 超出钢副框部位下打发泡剂,目的是使发泡剂与铝合金主框、钢副框、外窗台很好地粘结,以有效地防止该部位出现渗漏。

① 用垂直升降设备将框、窗、玻璃先后运输到需安装的各楼层,由工人运到安装部位。

② 现场安装时应先对清图号、框号,以确认安装位置,安装工作由顶部开始向下进行。

③ 上墙前对组装的铝窗进行复查,如发现组装不合格、严重碰划伤者或缺少附件等情况应及时加以处理。

④ 将主框放入洞口,严格按照设计安装点将主框通过安装螺母调整。

⑤ 用调整螺钉将主框与副框连接牢固,每组调整螺母与调整螺钉的间距为350mm。

⑥ 铝合金主框安装完毕后,根据图纸要求安装窗扇;主框与窗扇配合紧密、间隙均匀;窗扇与主框的搭接宽度允许偏差 ±1mm。

⑦ 窗附件必须安装齐全、位置准确、安装牢固、开启或旋转方向正确、启闭灵活、无噪声,承受反复运动的附件在结构上应便于更换。

4) 玻璃的安装及打胶

(1) 固定窗玻璃,在钢副框抹灰养护后,窗框安装完毕,用调整垫块将玻璃调整垫好。

(2) 安装前将合页调整好,控制玻璃两侧预留间隙基本一致,然后安装扣条。安装玻璃时,将玻璃上下用塑料垫块塞紧,防止窗扇变形;装配后应保证玻璃与镶嵌槽间有间隙,并在主要部位装有减震垫块,使其能缓冲启闭力的冲击。

(3) 清理和修型。

(4) 注发泡剂、塞海绵棒、打胶等密封工作在保温面层及主框施工完毕外墙涂料施工前进行。首先用压缩空气清理窗框周边预留槽内的所有垃圾,然后向槽内打发泡剂,并使发泡剂自然溢出槽口;清理溢出的发泡剂并使其沿主框周围呈

宽 × 深为 10mm×10mm(53 系列窗)、20mm×10mm(64 系列窗) 的凹槽。将海绵棒塞入槽内准确位置，然后将基层墙面尘土、杂物等清理干净，放好保护胶带后进行打胶。注胶完成后将保护纸撕掉、擦净窗主框窗台表面 (必要时可以用溶剂擦拭)。注胶后注意保养，胶在完全固化前不要粘灰和碰伤胶缝。最后，做好清理工作。

(5) 断桥铝合金窗安装允许偏差见表 7-1。

表 7-1　断桥铝合金窗装配各项允许偏差

分项名称	序号	检查项目	允许偏差/mm	检查方法
钢副框安装	1	钢副框槽口宽度、高度允许偏差	≤1500	用钢卷尺
			>1500	
	2	钢副框槽口对边尺寸之差	≤2000	
			>2000	
	3	钢副框槽口对角线尺寸之差	≤2000	
			>2000	
铝合金主框安装	1	主框槽口宽度、高度允许偏差	≤2000	
			>2000	
	2	主框槽口对边尺寸之差	≤2000	
			>2000	
	3	主框槽口对角线尺寸之差	≤2000	
			>2000	
框、扇等相邻构件	1	同一平面高低差		
	2	装配间隙		

7.4.2　塑钢门窗

1.塑钢门窗安装施工工艺流程

塑钢门窗安装施工工艺流程参见图 7-21。

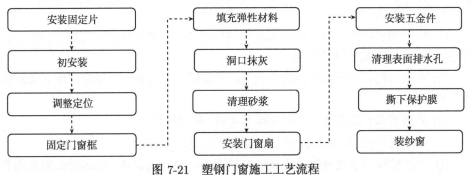

图 7-21　塑钢门窗施工工艺流程

2.施工要点

1) 施工前的准备 (以成品窗安装为例)

(1) 墙体洞口质量要求。门窗应用预留洞口法安装，不得采用边安装边砌口或先安装后砌口的施工方法。门窗洞口尺寸应符合国家标准《建筑门窗洞口尺寸系列》(GB5824-1986) 的有关规定 (洞口均为已粉刷好的洞口)。

① 对于同一类型的门窗，与相邻的上下左右洞口应保持通线，洞口应横平竖直。

② 对于高级装饰工程及放置过梁的洞口，应做出洞口样板。门窗安装的洞口尺寸按有关规定检验且合格，并做好工种间的交接手续。

③ 安装门窗时，其环境温度不宜低于 5°C。

(2) 施工前的准备。

① 门窗应放置在清洁、平整的地方，且避免日晒雨淋，不得与腐蚀物接触。门窗不应直接接触地面，下部应放置垫木，并均匀立放，立放角度不应小于 75°，并采取防倾倒措施。

② 储存门窗的环境温度应低于 50°C，与热源距离不小于 1m。门窗在安装现场放置的时间不应超过 2 个月。凡在环境温度为 0°C 的环境中存放的门窗，安装前应在室温 (20°C) 下放置 24h。

③ 装卸门窗时要轻拿轻放，不得撬、甩、摔。吊运门窗时，其表面应用非金属软质材料衬垫，并在门窗外缘选择牢靠平稳的着力点，不得抬杠起吊。

④ 安装用的主要机具、工具应完备，材料应齐全，量具应定期检查，如达不到要求，则应及时更换。

⑤ 洞口需设置预埋件时，应检查预埋件的数量、规格及位置，预埋件的数量应和固定片的数量一致，固定片的位置应与预埋件的位置相吻合。

⑥ 门窗安装前，应按设计图纸的要求检查待安装门窗的数量、规格、开启方向、外形尺寸等。门窗五金件、密封条、紧固件等应齐全，不合格者应予以更换。

2) 窗的安装工艺

(1) 将不同规格的塑料窗搬到相应的洞口旁竖放，如发现保护膜脱落，则应补贴保护膜，并在窗框的上下边画中线。

(2) 在安装时，注意窗的朝向、上下、固定框，未装滑轮的窗扇应保证橡胶条接口处向上。

(3) 如果玻璃已装在窗上，则应卸下玻璃，并进行标记。

(4) 用固定片安装，固定片安装应符合下列要求。

① 确定窗框上下边位置及内外朝向正确后，安装固定片，安装时必须先用直径为 3.2mm 的钻头钻孔，然后将十字槽盘头自攻螺钉 (M4+20) 拧入，不得直接锤击钉入。

② 固定片的位置应装在距离角及中横框、中竖框 230mm 处，固定片间距应不大于 600mm，不得将固定片直接装在中横框、中竖框的档头上。

(5) 对于多层建筑，应测出窗口中线，并应逐一进行标记。

(6) 将窗框装入洞口,其上下框中线应与洞口中线对齐。按设计图纸确定窗框在洞口墙体纵向的安装位置,并调整窗框的垂直度、水平度、直角度及对角线之差等,其允许偏差均应符合规定。

(7) 当窗与墙体固定时,应先固定上框,后固定边框。用固定片安装时,固定方法应符合下列要求。

① 混凝土墙洞口应用射钉或塑料膨胀螺钉固定。

② 砖墙洞口应用塑料膨胀螺钉或水泥钉固定,但不得固定在砖缝处。

③ 加气混凝土墙洞口应用木螺钉将固定片固定在胶粘圆木上。

④ 设有预埋铁件的洞口应采用焊接方法固定。

(8) 当需装窗台板时,应按设计要求将其插入窗框下,留适量安装缝隙,以备注胶密封。

(9) 安装组合窗。应使窗框在拼接后各个组合单元在同一平面上。

(10) 窗与窗的拼接。清除连接处窗角的焊渣,并将拼接件及窗连接处的杂物清除干净,拼接后用自攻螺钉从两边拧紧,螺钉间距小于 600mm,距两边为 200mm。

(11) 窗框与洞口间伸缩缝内腔用闭孔泡沫或者发泡聚苯乙烯等弹性材料分层填充。

(12) 对于保温、隔声等级要求较高的工程,应采用相应的隔热、隔声材料填塞。填塞后,撤掉临时固定用的木楔或垫板,其空隙也采用闭孔弹性材料填塞。

(13) 填密封胶时应均匀不间断,不超过边框。

(14) 窗 (框) 扇上如沾有水泥砂浆、发泡剂等杂物,应在其硬化前用湿布擦拭干净,不得使用硬质材料铲刮窗框、扇表面。

(15) 玻璃的安装应符合下列规定。

① 裁玻璃。按照门、窗扇的内口实际尺寸,合理计划用料,裁割玻璃,分类堆放整齐,底层垫实垫平。

② 安装玻璃。当玻璃单块尺寸较小时,可以用双手夹住就位。如果玻璃尺寸较大,可使用玻璃吸盘,玻璃应该摆在垫块上,内外两侧的间隙应不小于 2mm。

③ 玻璃不得与玻璃槽直接接触。在玻璃四边、玻璃与框扇的间隙垫上不同厚度的玻璃垫块。玻璃四周应分别放置承重垫块和定位垫块且加胶与框边固定,防止垫块移位。垫块表面需有垂直玻璃边的双面胶条,防止玻璃移位,使玻璃的平面性发挥作用。玻璃压条装配时长度应保持负公差,防止永久性应力的产生。玻璃垫板应用硬塑料块或橡胶块,不宜采用吸水性材料。

④ 边框上所加垫块应用胶加以固定。

⑤ 将玻璃装入框扇内,然后应用玻璃压条将其固定。

⑥ 玻璃表面应干燥清洁。

⑦ 密封窗采用中空玻璃 (浮法玻璃)、扇 (4mm+9mm+4mm)、固定框 (4mm+6mm+4mm)。

⑧ 安装五金件、纱窗胶条及锁扣，并整理纱网、压实压牢。

3) 门的安装工艺

门的安装应在地面工程施工前进行。

(1) 应将门搬到相应的洞口旁竖放，在门框及洞口上画出垂直中线。

(2) 在门上框及边框上应安装固定片。其安装方法与窗的固定片安装方法相同，固定片间距小于等于 600mm。

(3) 根据设计图纸及门的开启方向确定门框的安装位置，并把门装入洞口。安装时应采取防止门框变形的措施，无下框平开门应使两边框下角低于地面标高线，其高度差约为 30mm，带下框平开门或推拉门应使下框低于地面标高线，其高度差约为 10mm。然后将上框的一个固定片固定在墙体上，并调整门框的水平度、垂直度和角度。

(4) 将其与固定片固定在墙上，其固定方法与窗的固定方法大致相同。

(5) 在安装门连窗时，门与窗应采用拼樘料拼接，拼樘料下端应固定在窗台上，其安装方法同塑钢门窗的安装工艺。

(6) 门框与洞口的缝隙做好密封处理。

(7) 门表面及框槽内沾有水泥砂浆时，应在其硬化前清除。

(8) 门扇应待水泥砂浆硬化后安装，并进行调整。铰链部位与门框配合间隙的偏差应在允许范围内。

(9) 门锁与执手等五金配件应安装牢固，位置正确，开关灵活。

7.5　楼地面节能

7.5.1　楼地面节能系统构造

1. 楼板的保温节能构造

楼板分层间楼板 (底面不接触室外空气) 和底面接触室外空气的架空或外挑楼板 (底部自然通风架空楼板)，传热系数有不同的规定。保温层可直接设置在楼板上表面 (正置法) 或楼板底面 (反置法)，也可采取铺设木格栅 (空铺) 或无木格栅的实铺木地板。

(1) 保温层在楼板上面的正置法，可采用铺设硬质挤塑聚苯板、泡沫玻璃保温板等板材或强度符合地面要求的保温砂浆等材料，其厚度应满足建筑节能设计标准的要求。

(2) 保温层在楼板地面的反置法如同外墙外保温做法，采用符合国家、行业标准的保温浆体或板材外保温系统。

(3) 底面接触室外空气的架空或外挑楼板宜采用反置法的外保温系统。

(4) 铺设木格栅的空铺木地板宜在木格栅间嵌填板状保温材料，使楼板层的保温和隔声性能更好。

2. 底层地面的保温节能构造

底层地面的保温、隔热及防潮措施应根据地区的气候条件，结合建筑节能设计标准的规定采用不同的节能技术。

(1) 寒冷地区采暖建筑的地面应以保温为主，在持力层以上涂层的热阻已符合地面热阻规定值的条件下，最好在地面面层下铺设适当厚度的板状保温材料，进一步提高地面的保温和防潮性能。

(2) 夏热冬冷地区应兼顾冬天采暖时的保温和夏天制冷时的隔防潮，也宜在地面面层下铺设适当厚度的板状保温材料，提高地面的保温及隔热、防潮性能。

(3) 夏热冬暖地区底层地面应以防潮为主，宜在地面面层下铺设适当厚度的保温层或设置架空通风道以提高地面的隔热、防潮性能。

常规地面保温构造如图 7-22 所示。

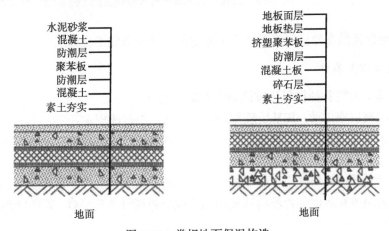

图 7-22　常规地面保温构造

3. 地面辐射采暖构造

地面辐射采暖是成熟的、健康的、卫生的节能供暖技术，在我国寒冷和夏热冬冷地区已推广应用，深受用户欢迎。

为提高地面辐射采暖技术的热效率，不宜将热管铺设在有木格栅的空气间层中，地板面层也不宜采用有木格栅的木地板。合理而有效的构造做法是将热管埋设在导热系数较大的密实材料中，面层材料宜直接铺设在埋有热管的基层上。

不能直接采用低温 (水媒) 地面辐射采暖技术在夏天通入冷水降温，必须有完善的通风除湿技术配合，并严格控制地面温度，使其高于室内空气露点温度，否则会形成地面大面积结露。低温热水地面辐射采暖构造如图 7-23 所示。

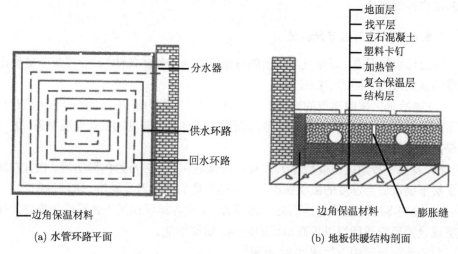

（a）水管环路平面　　　　　　　　　　　　（b）地板供暖结构剖面

图 7-23　低温热水地面辐射采暖构造

7.5.2　地面接触室外空气或毗邻不采暖空间的地面节能工程施工

1.施工作业条件

(1) 施工所需各种材料已按计划进入施工现场。

(2) 填充层施工前，其基层质量必须符合施工规范的规定。

(3) 预埋在填充层内的管线以及管线重叠较集中部位的标高，应用细石混凝土事先稳固。

(4) 填充层的材料采用干铺板状保温材料时，其环境温度不应低于 −20°C。

(5) 采用掺有水泥的拌和料或采用沥青胶结料铺设填充层时，其环境温度不应低于 5°C。

(6) 5 级以上的风天、雨天及雪天不宜进行填充层施工。所谓填充层是指在建筑地面上起隔声、保温、找坡或铺设管线作用的构造层。填充层应采用松散、板状、整体保温材料和吸声材料等铺设而成。填充层材料自重不应大于 9kN/m³，其厚度应按设计要求确定。填充层构造简图如图 7-24 所示。

2.松散保温材料铺设填充层

(1) 施工工艺流程。松散保温材料铺设填充层施工工艺流程如图 7-25 所示。

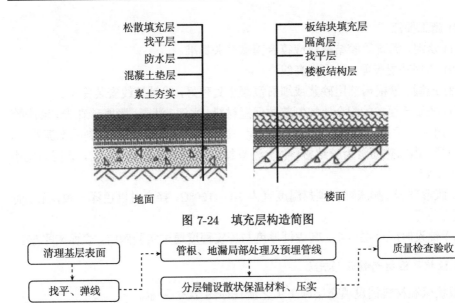

图 7-24 填充层构造简图

图 7-25 松散保温材料铺设填充层施工工艺流程

(2) 施工要点。

① 检查材料的质量,其表观密度、导热系数、粒径应符合相关规定。如粒径不符合要求可进行过筛,使其符合要求。

② 清理基层表面,弹出标高线。

③ 地漏、管根局部用砂浆或细石混凝土处理好,暗铺管线安装完毕。

④ 松散材料铺设前,预埋间距 800~1000mm 的木龙骨(防腐处理)、半砖矮隔断或抹水泥砂浆矮隔断一条,高度应符合填充层的设计厚度要求,控制填充层的厚度。

⑤ 虚铺厚度不宜大于 150mm,应根据其设计厚度确定需要铺设的层数,并根据实验确定每层的虚铺厚度和压实程度,分层铺设保温材料,每层均应铺平压实,压实采用压滚和木夯,填充层表面应平整。

3. 整体保温材料铺设填充层

1) 施工工艺流程

整体保温材料铺设填充层施工工艺流程如图 7-26 所示。

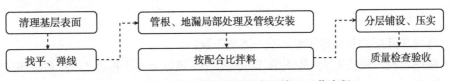

图 7-26 整体保温材料铺设填充层施工工艺流程

2) 施工要点

(1) 水泥、沥青等胶结材料应符合国家有关标准。

(2) 清理基层表面，弹出标高线。

(3) 地漏、管根局部用砂浆或细石混凝土处理好，暗铺管线安装完毕。

(4) 按设计要求的配合比拌制整体保温材料。水泥、沥青、膨胀珍珠岩、膨胀蛭石应采用人工搅拌，避免颗粒破碎。水泥为胶结材料时，应将水泥制成水泥浆后，边拨边搅。当以热沥青为胶结材料时，沥青加热温度不应高于 240°C，使用温度不宜低于 190°C。

膨胀珍珠岩、膨胀蛭石预热温度宜为 100~120°C，拌合时以色泽一致，无沥青团为宜。

(5) 铺设时应分层压实，其虚铺厚度与压实程度通过实验确定，表面应平整。

4.板状保温材料铺设填充层

板状保温材料铺设填充层施工工艺流程如图 7-27 所示。

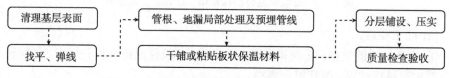

图 7-27　板状保温材料铺设填充层施工工艺流程

(1) 所用材料符合设计要求，水泥、沥青等胶结材料应符合国家有关标准。

(2) 清理基层表面，弹出标高线。

(3) 地漏、管根局部用砂浆或细石混凝土处理好，暗铺管线安装完毕。

(4) 板状保温材料应分层错缝铺贴，每层应采用同一厚度的板块，厚度应符合设计要求。

(5) 板状保温材料不应缺棱掉角，铺设时遇有缺棱掉角、破碎不齐的，应锯平拼接使用。

(6) 平铺板状保温材料时，应紧靠基层表面铺平、垫稳，分层铺设时，上下接缝应互相错开。

7.5.3　底面接触土壤的地面节能工程防潮层施工

1.卷材防潮层施工

卷材防潮层的基面应平整牢固，清洁干燥。

铺贴卷材严禁在雨天、雪天施工；5 级 (含) 风以上时不得施工；冷粘法施工气温不宜低于 5°C；热熔法施工气温不宜低于 −10°C。

铺贴卷材前，应在基面上涂刷基层处理剂，当基面较潮湿时，应涂刷湿固化型胶粘剂或潮湿界面隔离剂。

1) 基层处理剂配制与施工规定

(1) 基层处理剂应与卷材及胶粘剂的材性相容。

(2) 基层处理剂可采取喷涂法或涂刷法施工，喷涂应均匀一致、不露底，待表面干燥后，方可铺贴卷材。

铺贴高聚物改性沥青卷材时应采用热熔法施工，铺贴合成高分子卷材时采用冷粘法施工。

2) 采用热熔法或冷粘法铺贴卷材的规定

(1) 底板垫层混凝土平面部位的卷材宜采用空铺法或点粘法，其他与混凝结构相接触的部位应采用满粘法。

(2) 采用热熔法对高聚物改性沥青卷材施工时，幅宽内卷材底表面加热应均匀，不得过分加热或烧穿卷材。采用冷粘法施工合成高分子卷材时，必须采用与卷材材性相容的胶粘剂，并应涂刷均匀。

(3) 铺贴时应展平压实，卷材与基面和各层卷材间必须粘结紧密。

(4) 铺贴立面卷材防水层时，应采取防止卷材下滑的措施。

(5) 两副卷材短边和长边的搭接宽度均不应小于 100mm。采用合成树脂类的热塑性卷材时，搭接宽度宜为 50mm，并采用焊接法施工，焊缝有效焊接宽度不应小于 30mm。采用双层卷材时，上下两层和相邻两副卷材的接缝应错开 1/3~1/2 幅宽，且两层卷材不得相互垂直铺贴。

(6) 卷材接缝必须粘贴封严。接缝口应用材性相容的密封材料封严，宽度不应小于 10mm。

(7) 在立面与平面的转角处，卷材的接缝应留在平面上，距立面不应小于 600mm。

2.防水涂料防水层施工

(1) 基层表面的气孔、凹凸不平、蜂窝、缝隙、起砂等，应修补处理，基面必须干净、无浮浆、无水珠、不渗水。

(2) 涂料施工前，基层阴阳角应做成圆弧形，阴角直径宜大于 50mm，阳角直径宜大于 10mm。

(3) 涂料施工前应先对阴阳角、预埋件、穿墙管等部位进行密封或加强处理。

(4) 涂料的配制及施工必须严格按涂料的技术要求进行。

(5) 涂料防水层的总厚度应符合设计要求。涂刷或喷涂应待前一道涂层实干后进行；涂层必须均匀，不得漏刷漏涂。施工缝接缝宽度不小于 100mm。

(6) 有机防水涂料施工完后要及时做好保护层，保护层应符合下列规定。

① 底板、顶板应采用 20mm 厚 1:2.5 水泥砂浆层和 40~50mm 厚的细石混凝土保护，顶板防水层与保护层之间宜设置隔离层。

② 侧墙背水面应采用 20mm 厚 1:2.5 水泥砂浆层保护。

③ 侧墙迎水面宜选用软保护层或 20mm 厚 1:2.5 水泥砂浆层保护。

3. 水泥刚性防潮层施工

(1) 基层表面应平整、坚实、粗糙、清洁，并充分湿润、无积水。

(2) 基层表面的孔洞、缝隙应用防水层相同的砂浆堵塞抹平。

(3) 施工前应预埋件、穿墙管，预留凹槽内嵌填密封材料后，再施工制作防水砂浆层。

(4) 水泥砂浆防水层应分层铺抹或喷射，铺抹时应压实、抹平，最后一层表面应提浆压光。

(5) 聚合物水泥砂浆拌和后应在 1h 内用完，且施工中不得随意加水。

(6) 水泥砂浆防水层各层应紧密贴合，每层宜连续施工；如必须留茬，则采用阶梯坡型茬，但离阴阳角处不得小于 200mm；接茬应依层次顺序操作，层层搭接紧密。

(7) 水泥砂浆防水层不宜在雨天及 5 级以上大风中施工。冬期施工时，气温不应低于 5°C，且基层表面温度应保持在 0°C 以上。夏季施工时，不应在 35°C 以上或烈日照射下施工。

(8) 普通水泥砂浆防水层终凝后，应及时进行养护，养护温度不宜低于 5°C，养护时间不得少于 14 天，养护期间应保持湿润。

聚合物砂浆防水层未达到硬化状态时，不得浇水养护或直接受雨水冲刷，硬化后应采用干湿交替的养护方法。在潮湿环境中，可在自然条件下养护。

使用特种水泥、外加剂、掺和料的防水砂浆，养护应按产品有关规定执行。

7.6　常见质量问题及预防措施

门窗节能施工常见质量问题及预防措施见表 7-2，屋面节能施工常见质量问题及预防措施见表 7-3，地面节能施工常见质量问题及预防措施见表 7-4。

表 7-2　门窗节能施工常见质量问题及预防措施

序号	常见质量问题和现象	原因分析	预防措施
1	门窗框选用未达到节能要求	设计不合理	门窗选型时，应满足节能要求
2	配用玻璃未达到节能要求	设计不合理	玻璃选型时，应满足节能要求
3	门窗框隔断热桥措施未达到设计要求和产品标准规定	门窗框加工未严格按照设计要求和产品标准规定施工	门窗框加工时，监理应至生产厂家进行检查

序号	常见质量问题和现象	原因分析	预防措施
4	中空玻璃均压管未密封；镀膜玻璃安装方向错误，玻璃镀膜层损坏	(1) 中空玻璃四周未按要求密封 (2) 镀膜玻璃安装方向错误，玻璃镀膜层未保护完好	(1) 中空玻璃应采用双层密封 (2) 镀膜玻璃安装方向正确，玻璃搬运、使用过程中应加强保护
5	门窗框尺寸偏差、窗框变形、起翘	门窗框加工精度、质量不符合要求	控制门窗生产厂家的加工质量
6	门窗框安装不牢固	预埋件的数量、位置、埋设方式、与框的连接方式不符合要求	对门窗框安装进行隐蔽验收
7	门窗框安装允许偏差超差	安装时未严格控制正侧面垂直度、水平度、槽口对角线差等	对门窗框安装质量进行实测实量检查
8	门窗安装形成热桥	门窗框与墙体之间填塞砂浆	门窗框与墙体之间应填塞发泡密封胶
9	门窗框与墙体之间的缝隙填嵌不饱满，门窗框和副框之间存在缝隙	(1) 门窗框与墙体之间留缝隙过大或过小 (2) 发泡密封胶施工质量得不到保证 (3) 门窗框与副框之间未使用密封胶密封	(1) 对门窗框与墙体之间过大或过小的缝隙应进行处理 (2) 发泡密封胶应由专人施工，并控制质量 (3) 门窗框和副框之间应使用密封胶密封
10	洞口饰面完成后，窗框与墙体有缝隙	洞口饰面完成后未预留 5～8mm 槽口，并用防水密封胶密封	应按要求留槽口，并用防水密封胶密封
11	门窗扇开关不灵活、关闭不严密、倒翘	(1) 门窗扇安装不到位 (2) 橡胶密封条安装质量差，并有脱槽现象	(1) 控制门窗扇的安装质量 (2) 橡胶密封条应安装完好，不得脱槽
12	外窗遮阳设施的选型、安装角度和位置未达到节能要求	(1) 外窗遮阳设施的尺寸、颜色、透光性等不符合设计和产品标准要求 (2) 安装角度和位置未调节到位	(1) 外窗遮阳设施的尺寸、颜色和透光性能等应符合设计和产品标准要求 (2) 安装角度和位置应调节到位

表 7-3 屋面节能施工常见质量问题及预防措施

序号	常见质量问题和现象	原因分析	预防措施
1	保温材料隔热系数降低，不符合要求	受环境条件的影响，保温材料吸水或受潮后会破坏原材料的品质，耐水性下降，影响保温层质量	不得在冬季低温情况下施工，环境温度不得低于 5°C，5 级大风和大雾天气不得施工
2	女儿墙开裂	保温层施工用水未及时排出，屋面受到太阳的直射，表面温度高居首位，受热膨胀，对女儿墙产生外推力，保温层愈厚愈密实，对女儿墙的外推力就愈大	保温层的基层应平整、干燥和干净；松散保温材料施工中应注意排气道及排气孔的设置；保温层与女儿墙之间设置隔离缝，隔离缝可用柔性材料填充，以避免保温层膨胀时推挤女儿墙

续表

序号	常见质量问题和现象	原因分析	预防措施
3	屋面刚性防水层开裂、卷材防水层空鼓	在屋面保温层施工过程中,对松散材料压实过于疏松,使防水层没有坚实的基层而造成刚性防水层开裂、卷材防水层空鼓;不论板状保温层干铺还是粘贴铺,如板间缝隙嵌填不实或粘贴不严,都会造成卷材防水层变形;另外,板状保温材料未铺平与基层粘贴不牢,也会造成卷材防水层变形,使卷材防水层防水作用减小,一旦雨水进入板状保温材料,将使屋面变形更加严重	对松散材料压实程度与厚度应根据设计要求经实验确定,并采用钢丝插入的方法检查厚度,铺设板状材料保温层的基层应平整、干燥和干净。分层铺设的板块,上下层接缝应相互错开。干铺的板状保温材料应紧靠在需保温的基层表面,板间缝隙应采用同类材料,嵌填密实。粘贴的板状保温材料当采用玛蹄酯及其他胶结材料粘贴时,板状保温材料相互间及基层之间应满涂胶结材料,使之相互粘牢;当采用水泥砂浆时,板间缝隙应采用灰浆填实并勾缝、保温灰浆的配合比为 1:10(体积比)
4	保温隔热效果差	在屋面保温层施工过程中,对松散材料压实过于密实,造成保温层的保温隔热效果差	对松散材料的压实程度与厚度应根据设计要求经实验确定,并采用钢丝插入的方法检查厚度
5	屋面热桥部位保温隔热效果差	对于屋顶女儿墙与屋面板交接处以及顶层钢筋混凝土板等热桥部位,未采取保温隔热措施和细部处理,或者施工不当,造成屋面整体保温隔热性能降低	顶层女儿墙沿屋面板的底部、顶层外露钢筋混凝土以及两种不同材料在同一表面接缝处等热桥部位必须按设计要求采取保温隔热措施

表 7-4　地面节能施工常见质量问题及预防措施

序号	常见质量问题和现象	原因分析	预防措施
1	楼板下面的粉刷浆料保温层在粉刷过程中产生空鼓和脱落	保温浆料涂刷过厚	每层厚度不应超过 20mm
2	保温板脱落	保温层未与基层粘贴牢固	保温板与基层之间、各构造层之间的粘结应牢固,缝隙应严密
3	地面或墙面渗水	地面采暖系统水管有漏水现象	地面采暖系统施工时应在底部设置防水层,且应注意对成品的保护。安装加热管时应防止管道扭曲,弯曲管道时,圆弧的顶部应加以限制,并用管卡进行固定,不得出现死折,并在面层施工前进行测试,避免管道有漏水现象
4	地面开裂、保温隔热效果下降	保温材料受潮	保温层应设置在防水层下部

复习思考题

1. 岩棉外墙外保温体系构造及其施工要点有哪些?
2. 简述种植屋面的系统构造及施工工艺流程。
3. 地面的系统构造及施工要点有哪些?

第 8 章　可再生能源应用综述

8.1　可再生能源应用概论

可再生能源主要指太阳能、风能、生物质能、地热能、水能、海洋能以及潮汐能等。与不可再生能源相比，这些能源具有资源丰富、不污染环境、清洁安全和资源可再生的优点。在能源状况日益紧张的今天，充分利用可再生的材料和能源能够减少对环境的破坏，保护居住者的健康，充分体现了可持续发展和回归自然的理念。同时，在我国，暖通空调是耗能大户，占建筑总耗能的 32% 以上，积极寻求建筑节能的方法成为暖通工作者的主要任务之一。在暖通空调系统中应用可再生能源无疑是最好的选择。

我国疆域辽阔，地理环境多样，可再生能源分布不均。因此，利用可再生能源必须结合区域实际特点，贯彻因地制宜的方针，通过分析比较，选择适宜的可再生能源技术真正创造良好的节能效益和环境效益。目前，可再生能源在暖通空调系统中的应用技术主要包括太阳能的应用、自然通风的应用、地道风供冷、地下水的应用、地热 (冷) 的应用、海洋能的应用和生物质能的应用等。

《浦东新区节能降耗"十二五"规划 (初稿)》指出，应加大可再生能源在建筑中的应用。重点推广太阳能光热建筑一体化技术，并通过建筑节能示范工程建设促进太阳能光伏和地源热泵等可再生能源的应用。"十二五"期间，新建 6 层以下居住建筑和有热水需求的公共建筑必须采用太阳能热水技术，鼓励新建 7 层以上居住建筑设计安装太阳能热水系统，逐步有序地推进既有太阳能热水系统的应用。

8.2　太阳能技术

8.2.1　太阳能技术简介

太阳能是取之不尽的可再生能源，可利用量巨大。太阳每秒钟放射的能量大约是 $1.6 \times 10^{23} kW$，其中到达地球的能量高达 $8 \times 10^{13} kW$，相当于 $6 \times 10^9 t$ 标准煤的能量。按此计算，一年内到达地球表面的太阳能总量折合标准煤约 $1.892 \times 10^{13} t$，是目前世界上主要能源探明储量的 10000 倍。研究表明，在太阳能利用方面具有经济价值的地区是年辐射量高于 2200h 的地区，我国大部分地区建筑物都具备推广应用太阳能技术的良好条件，尤其是西北干旱地带、青藏高原等地区。

目前，太阳能在建筑领域中的应用可归纳为太阳能热发电 (能源产出) 和建筑用能 (终端直接用能)，包括采暖、空调和热水。其中，当前应用最活跃并已形成产业的当属太阳能热水系统和太阳能发电系统。

8.2.2 太阳能热水系统

太阳能热水系统是以太阳辐射能为热源，将吸收的太阳能转化为热能以加热水的装置，包括太阳能集热装置、储热装置、循环管路装置等。由于太阳能热水系统在全年运行中受天气的影响很大，其独立应用存在间歇性、不稳定性和地区差异，在太阳能应用中除利用集热器将太阳能转换成热能外，一般还应采取热水保障系统 (辅助加热系统) 和储热措施来确保太阳能热水系统全天候稳定供应热水。

太阳能热水系统按其集热、储热和辅助加热方式分为 3 种：① 单机太阳能热水器，即分户集热、储热、辅助加热；② 集中式中央太阳能热水系统，即集中集热、储热、集中辅助加热或分户辅助加热；③ 半集中方式，即集中集热、分户储热和辅助加热。

1.单机入户系统

家用太阳能热水器的特点是用户单独安装、独立使用，太阳能热水系统相对简单且互不干扰。由于不存在计费问题，物业管理方便。但用户辅助加热部分耗能大，综合造价与同档次的中央热水系统相比相对较高；因无可靠的回水系统，供水管理存水变凉造成热能浪费，热水资源无法共享使系统资源不能充分利用；系统管道较多，与建筑配合难度大。该系统一般适用于统一安装的多层建筑。

单机入户的供水系统有两种形式：一种是集热器与水箱一体，白天水在集热器中加热后存储在水箱中，用水时采用落水法或顶水法取水；另一种为分体式系统，换热介质通过循环泵在集热器和水箱换热盘管中循环，将太阳能传递到水箱中，用水时靠自来水水压将热水顶出。该种形式水箱与集热器分离，容易与建筑配合实现与建筑的一体化。

2.集中集热储热系统

集中式中央太阳能热水系统的特点是集成化程度高，集中储热方式利于降低造价并减少热损失，辅助加热系统集中利于补热；热水系统供应管路简单，合理的干管循环回水保证了供水品质，实现了各用水终端即开即热；对于住宅小区，集中式系统相对分户系统有初期投资少、集成化程度高的优势，模块化的集热器与建筑结合也比较美观。但该类系统集中运行一旦出现故障，用户热水将不能得到保证。该系统在用水时间上可能受系统运行方式的影响，当 24h 供热水费用太高时，改用定时供热水将使用户用热水受到限制。

为解决以上问题,可在上述系统中将集中辅助加热方式改成分户加热方式。该方式运行成本低,能实现太阳能热水的免费供应,但同时也会出现个别用户大量使用热水造成其他用户的热水量减少的现象,需采用经济手段解决用水平衡问题。该方式在用水时间上不受限制,能实现 24h 供热水,而且集热系统出现故障也不会对用户造成影响。

3.半集中式系统

该系统类似于中央空调系统。集热器集中集热,循环泵将热水输送到每个用户的承压水箱中,通过换热盘管对水箱中的水加热。当需要用水时,若水箱中的水温没有达到设定温度时就启用辅助加热;各户单独使用,热水资源分配均匀,且白天部分用户用掉箱中热水后,水箱的冷水还可以得到一定的热能;集热部分可承压运行,系统闭式循环可避免因水质引起管路和集热器结垢,运行控制方式简单。该系统的最大特点是将热水储存于每户中,这样可减少水箱占用屋面或地下室面积,整个系统的管路在建筑中也不影响建筑美观。此系统目前尚无应用实例,属创新概念。

太阳能集热器的优越性早为人们所认同,并有多年的使用经验。但在住宅建筑中往往将其作为一种设备支架或挂附在建筑物的墙面、屋面上,其特立独行的模样影响了建筑的观瞻,以至于许多地区从整顿市容的角度出发要求拆除群众自发安装的太阳能集热装置。怎样解决好上述问题,既能有效利用太阳能又能美化建筑环境,这已引起业内人士的广泛关注。

太阳能与建筑一体化是太阳能利用健康发展的必由之路。国家发改委、建设部对此十分关注和支持,相继在全国范围内建立了一批太阳能与建筑一体化试点工程项目,对这一事业的发展起到了积极的推动作用。做好太阳能热水系统与建筑的一体化设计,应从太阳能集热器的选择和安装方式两方面着手,以下分别阐述。

1) 太阳能集热器的选择

集热器产品主要有平板式、全玻璃真空管式、热管式、U 形管式等,应根据当地气候特点及安装要求来选择适当的集热器。

(1) 平板式集热器。平板式集热器具有整体性好、寿命长、故障少、安全隐患低、成本造价低等优点,其热性能也很稳定;采用紧凑式或无间隙方式安装,在生产热水的同时还具有保温、隔热、遮光、防水的传统屋面功能,这就为取代部分或全部屋面构件提供了基础。集热器的形状结构可灵活设计,尺寸可与材料的建筑模数和建筑结构达到较好的相容性。此外,平板式集热器对安装方向和角度有较高的要求。平板式集热器由于盖板内为非真空,保温性能差,故环境温度较低时集热性能较差。对于广东、福建、海南、广西、云南等冬天不结冰的南方地区用户,选用平板式太阳能集热器是非常合适的。

(2) 全玻璃真空管式集热器。全玻璃真空管式集热器效率高，四季均可提供生活热水，对长江、黄河流域地区的用户比较适合。真空管对安装角度无特殊要求，水平安装可实现按季节跟踪日光，竖向安装可实现一天内跟踪阳光，但与平板式集热器比较存在一定的安全隐患，有可能出现爆管的现象，且系统不能承压运行。

(3) 热管式集热器。热管式集热器能抗 $-40°C$ 低温，而平板式、全玻璃真空管式都无法抵抗如此低温，故东北三省、内蒙古、新疆、西藏地区的用户可以选用热管式太阳能集热器，但热管式集热器造价高昂。

(4) U 形管式集热器。对于工业用途的热水，一般要求 $70\sim900°C$ 的较高温度，并且要求承压，因此选用 U 形管式是比较合适的，它可承压，产水温度高且无安全隐患，系统稳定性好，价格也比热管式低。

2) 太阳能集热器的安装方式

城市建筑多属多层以上建筑，其中多层建筑屋顶集热面积一般能满足太阳能热水系统的需求，故安装形式以屋顶安装为主。高层建筑由于建筑面积大，相对屋顶面积过小，故不能满足集热需求，可利用东、南、西 3 个建筑立面的阳台、窗间墙等部位解决集热面积不足的问题。

(1) 坡屋面安装方式。坡屋面多采用集热器与屋面结合，平铺在屋面上的集热器能很好地与屋面一体化。

(2) 平屋面安装方式。在平屋面建筑中，屋面安装是一种风险较小、较安全的方式，故一般尽可能地将集热器安装在屋面上。在安装中，如果直接将集热器布置在屋面上将占用住户活动的空间并影响屋面的使用。而将集热器安装在屋面上的架空钢架上，则不影响原楼面的利用 (绿化、晒被褥、休闲等)，甚至可以起到美化和遮阳的作用。架空安装在一定程度上能增加集热面积，其遮阳效果还能降低顶层房间的空调能耗，但必须考虑安全性能以及维修是否方便。

(3) 立面安装方式。在高层建筑中，有时即使屋面全部利用了还不能解决集热面积不足的问题，这时可采用立面安装形式。立面安装应尽量使集热器多接收太阳光，避免遮挡，且应特别重视安全问题。

全玻璃真空管式集热器在立面安装使用时，由于存在爆管问题，一般以内插 U 形管式集热器或热管式集热器代替，采用承压运行方式。平板式集热器由于对安装位置角度要求较严，在立面安装使用时应尽量与墙面成一定角度。目前立面利用太阳能多采用分体式单机系统，每户单独安装，水箱置于阳台或卫生间内。在与建筑一体化方面，可将集热器与建筑遮阳结合，在集热的同时起到遮阳和挡雨的作用；可在立面垂直安装，利用阳台栏杆或者窗间墙等作为集热器布置空间或直接将集热器作为阳台护栏。此外，集热器还可以安装在南立面空调机外侧，这样可起到遮挡空调机的目的。

随着多种太阳能产品的成熟应用，能满足不同安装形式的产品日益增多，太阳能热水系统与建筑一体化将能更好地得到实现。在设计过程中，首先应由建筑师根据需求确定太阳集热器面积，在建筑设计中根据不同形式集热器的特点，预先留有集热器安装位置并安排预埋件，同时预留相应的孔洞，方便管理的安排。其他专业 (如给水专业) 根据使用要求确定系统运行方式，进行管路的布置和水力计算，再由太阳能设备厂家完成安装施工。

8.2.3　太阳能发电系统

太阳能作为世界上最清洁的能源有着广泛的用途，但由于质量、价格的限制，太阳能发电在国内的利用还处在低水平上，与中国的经济发展形成很大的反差。随着人民生活水平的提高，解决偏远地区居民用电问题也提上了政府的议事日程；同时各类无人值守地点也适合采用太阳能发电系统，如各类微波传送站、无线发射点、水文监测点等，随着国家对环保要求的不断提高，对太阳能发电的需要越来越大，迫切需要一些价廉物美的太阳能发电系统。

太阳能光伏发电系统是利用太阳能电池半导体材料的光伏效应，将太阳辐射能直接转换为电能的一种新型发电系统，有独立运行和并网运行两种方式。独立运行的光伏发电系统需要有蓄电池作为储能装置，主要用于无电网的边远地区和人口分散地区，整个系统造价很高；在有公共电网的地区，光伏发电系统与电网连接并网运行，省去蓄电池，不仅可以大幅度降低造价，而且具有更高的发电效率和更好的环保性能。

一套基本的太阳能发电系统是由太阳能电池板、充电控制器、逆变器和蓄电池构成的，下面对各部分的功能作简单介绍。

1. 太阳能电池板

太阳能电池板的作用是将太阳辐射能直接转换成直流电，供负载使用或存储于蓄电池内备用。一般根据用户需要，将若干太阳能电池板按一定方式连接，组成太阳能电池方阵，再配上适当的支架及接线盒使用。

2. 充电控制器

充电控制器主要由电子元器件、仪表、继电器、开关等组成，是对蓄电池进行自动充电、放电的监控装置。太阳能电池将太阳的光能转化为电能后，通过充电控制器的控制，一方面直接提供给相应的电路或负荷用电，另一方面将多余的电能存储在蓄电池中，可供夜间或太阳能电池电力不足时使用。

当蓄电池充满电时，充电控制器将自动切断充电回路或转换为浮充电模式，使蓄电池不致过充电；当蓄电池产生过度放电时，它会及时发出报警提示以及采用相关的保护动作，从而保证蓄电池能够长期可靠地运行。当蓄电池电量恢复后，系统自动恢复正常状态。充电控制器还具有反向放电保护、极性反接电路保护等功能。

如果用户使用直流负载, 通过充电控制器还能为负载提供稳定的直流电(由于天气原因, 太阳能电池方阵发出的直流电的电压和电流不是很稳定)。

3. 逆变器

逆变器的作用是将太阳能电池方阵和蓄电池提供的低压直流电逆变成 220V 交流电, 供给交流负载使用。

4. 蓄电池组

蓄电池组是将太阳能电池方阵发出的直流电池储存起来, 供负载使用。在光伏发电系统中, 蓄电池处于浮充/放电状态, 夏天日照量大, 除了供给负载用电外, 还对蓄电池充电; 冬天日照量少, 这部分储存的电能逐步放出。白天太阳能电池方阵给蓄电池充电(同时方阵还有给负载用电), 晚上负载用电全部由蓄电池供给。因此, 要求蓄电池的自放电要小, 而且充电效率要高, 同时还要考虑价格和使用是否方便等因素。常用的蓄电池有铅酸蓄电池和硅胶蓄电池, 要求较高的场合也有价格比较昂贵的镍镉蓄电池。

如图 8-1 所示为一个典型的太阳能发电系统示意图。

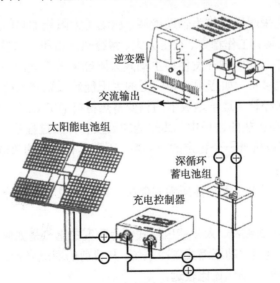

图 8-1 太阳能发电系统示意图

8.2.4 太阳能空调

太阳能是取之不尽、用之不竭、随处可得、廉价、无污染且安全的能源, 以太阳能作为能源的空调系统, 太阳辐射能越强烈, 环境气温越高, 太阳能空调越能满足空调环境的制冷要求。同时, 除循环用电能外没有其他电能输入, 城市大气温度的热岛效应远小于现在普遍使用的电能驱动空调系统。另一方面，太阳能空调系统中的应用主要有被动式和主动式两种类型，其中主动式包括太阳能采暖和太阳制冷两个方面。

1. 太阳能被动式热利用

被动式太阳房是通过建筑朝向和周围环境的合理布置，内部空间和外部形体的巧妙处理，以及建筑材料和结构、构造的适当选择，在冬季集取、保持、储存、分布太阳热能，从而解决建筑物的采暖问题。被动式太阳房具有结构简单、造价低廉、维护简便的优点，但也有室内温度波动较大、舒适度差、在夜晚室外温度较低或连续阴天时需要辅助热源来维持室温等缺点。

2. 太阳能主动式热利用

主动式太阳房一般由集热器、传热流体、蓄热器、控制系统及适当的辅助能源系统构成。它需要热交换器、水泵和风机等设备，电源也是必不可少的。其造价较高，但具有适用范围广、布置灵活、舒适性好和调节性能好等优点。

1) 太阳能采暖

主动式太阳能采暖用电作为辅助能源，驱动用太阳能加热的水在管道中循环流动向房间供热。具有工作稳定、承压力大、耐冷热冲击和抗冰雹等优点的热管式真空管太阳能集热器的研制开发使得主动式太阳能采暖系统的应用成为可能。太阳能采暖系统形式多样，如应用较为广泛的太阳能地板采暖系统是把白天太阳能集热器得到的热水经管子送给地板下的相变蓄热材料 (PCM) 储存起来，供晚上使用，PCM 在蓄热和放热的过程中，其热能的吸收和释放过程是一个等温过程，室内温度波动小，可以维持一个稳定的热环境，因而具有较好的热舒适性。

2) 太阳能制冷

太阳能制冷主要包括太阳能压缩式制冷、太阳能吸收式制冷和太阳能吸附式制冷。

(1) 太阳能压缩式制冷。太阳能压缩式制冷研究的重点是如何将太阳能有效地转换成电能，再用电能驱动压缩式制冷系统。从目前的情况来看，由于光电转换技术的成本太高，距离市场化还比较远。

(2) 太阳能吸收式制冷。以太阳能作为热源的吸收式制冷技术是利用吸收剂的吸收和蒸发特性进行制冷的技术，根据溶液在一定条件下能析出低沸点组分的蒸汽，在另一条件下又能强烈吸收低沸点组分的蒸汽这一特征完成制冷循环。根据吸收剂的不同，分为氨-水吸收式制冷和溴化锂-水吸收式制冷两种。它以太阳能集热器收集太阳能产生热水或热空气，再用太阳能热水或热空气代替锅炉热水输入制冷机中制冷。由于造价、工艺、效率等方面的原因，这种制冷机不宜做得太小。所以，采用这种技术的太阳能空调系统一般适用于中央空调，系统需要有一定的规模。例如，中国科学院广州能源研究所研制成功的实用型吸收式太阳能空调系统，采用 500m² 高效率平板式集热器，制冷用热水温度为 65~75°C，通过一台 100kW 两级吸收式制冷机可满足超过 600m² 的空调负荷。图 8-2 为吸收式太阳能空调示意图。

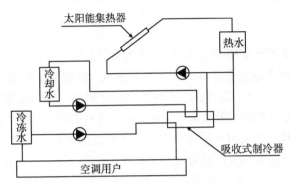

图 8-2 吸收式太阳能空调示意图

(3) 太阳能吸附式制冷。太阳能吸附式制冷是利用固体吸附剂 (如沸石分子筛、硅胶、活性炭、氯化钙等) 对制冷剂 (水、甲醇、氨等) 的吸附 (或化学吸收) 和解吸作用实现制冷循环的。吸附剂的再生温度可为 80~150°C，适合于太阳能的利用。太阳能吸附式制冷循环系统为间歇性运行，结构简单，没有运动部件，能制作成小型装置。上海交通大学制冷与低温工程研究所对吸附式制冷系统做了大量的研究工作，所研制的连续回热性活性炭–甲醇吸附式热泵空调系统，在 100°C 的热源驱动下，单位质量吸附剂空调工况制冷量达到 150W/kg，并且系统性能系数达到了0.4~0.5。图 8-3 为吸附式太阳能空调示意图。

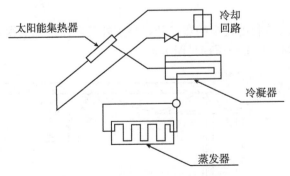

图 8-3 吸附式太阳能空调示意图

总的来说，太阳能空调系统多建立在太阳能集热器基础上，因此普遍效率低、价格高，并且受时效影响，需要很好的蓄热系统。对于居住相对集中的楼房来说，如果楼房的设计没有考虑到太阳能空调，集热器的安装将受到很大的限制。经过几十年的发展，随着科技的进步和经济的发展，人们对能源与环境提出了更高的要求，太阳能空调技术已经开始迈入实用化阶段，并逐渐走入了市场。随着太阳能空调系统设计制造的软硬件系统、技术标准、配套设备的发展，紧紧依托绿色建筑这个发展着的建筑市场，太阳能空调一定会有更大的发展。

8.2.5 太阳能导光技术

太阳能导光技术就是利用构造、材料等把自然光输入室内某使用房间的技术。

能源和环境问题是当前全球共同关注的焦点。照明用电随着社会的发展已占总电量消耗的 10%~20%，我国目前正在推进绿色照明工程的实施和发展，绿色照明的目标之一就是充分利用天然采光，减少人工照明用电。在建筑物中使用太阳能导光技术把更多的天然光引入室内有益于室内环境的改善，有利于人体健康。

下面分别介绍主要的太阳能导光技术。

1. 采光板采光

采光板对大进深建筑的采光效果改善明显，即使最简单的内外平板式采光板，也能全天有效地增加室内距离窗口 4~9m 处的照度，提高整个房间的采光均匀性。在室外自然光照度较低的清晨、傍晚以及夏季太阳光高度角较高时，效率尤为明显。与普通建筑相比，安装采光板的建筑室内采光效果更好，自然光线的利用效率更高。

采光板利用的上部开窗面积较小，不会大幅度增加空调负荷；而且采光板在通过上部开窗将阳光引入室内的同时，对于大面积的下部开窗起到了遮阳的作用。当采用优化的采光板时，节能效果将会更加明显。

1) 设计原理

采光板的作用是利用较小的窗户开口将室外及窗口附加的太阳光通过反射引入室内较深的区域，其工作原理见图 8-4。

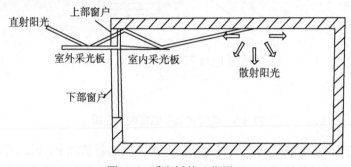

图 8-4 采光板的工作原理

通常情况下，直射辐射强度是散射辐射强度的 4～7 倍，采光板主要利用直射光线。室外直射辐射通过较小的上部窗户开口采光板反射到室内顶棚，经过顶棚的散射均匀地照亮离窗口较远处。在窗口面积不变的情况下，离窗口较远的位置得到充分的照明，提高了室内采光的均匀度和视觉舒适度；上部开口的面积较小，虽然有反射辐射进入，但不会严重增大室内的空调负荷；而且室外的采光板在一定程度上起到了外遮阳的作用，有利于提高窗户附近的热舒适性，减少空调负荷及直射眩光。

2) 优化设计

太阳位置随时间、季节的变化不断变化，不同的纬度，太阳运行轨迹也各不相同。采光板的设计重点就在于如何在不同的入射角度下最有效地利用太阳辐射，以期达到全年建筑整体能耗最小的目标。

为了在不同的地点、朝向上达到最优的使用效果以及同建筑外立面的结合，采光板衍生出不同的结构。不同纬度的地区，采光板的开口角度也不同，纬度地区的太阳高度角高，宜采用单层采光板或双层采光板；对于纬度较高的地区，宜采用多层采光板。

3) 材料选择

内外采光板的表面比较光滑，易于阳光的反射，表面涂有反射效率较高的材料，让更多的光线进入室内，通过上部窗户进入室内的太阳辐射量较大。因此，在上部窗户上使用具有光谱选择性的镀膜玻璃允许可见光透过，能把红外辐射阻隔在室外，有更好的节能效果。

2. 导光管采光

天然光是一种取之不尽、用之不竭的绿色能源，导光管技术的出现为人类合理利用天然光资源开辟了新的途径，导光管照明是一种健康、环保、无能耗的绿色照明方式。从黎明到黄昏，甚至是阴雨天气，导光管照明系统都可以高效地将太阳光导入室内 (图 8-5)。系统的使用寿命可达 30 年以上，无须维护。

1) 研究现状

随着人类保护环境意识的不断加强，各国科研机构已把太阳能的利用作为重点发展项目，而利用自然光照明的研究则是其中的一个主要课题，在欧美及日本等发达国家，已开发出一系列自然光照明系统，并在公共设施及工业与民用建筑中广泛应用。目前，自然光照明系统的技术及产品正在快速发展中。

图 8-5　导光管

由于这种自然光导光管照明系统结构简单，安装方便，成本较低，实际照明效果很好,所以在国外发展十分迅速,应用也十分广泛,许多跨国公司生产这种产品,如加拿大的 Solatube 公司、美国的 ODL 公司等。目前,在国外,这个系统已广泛应用于家庭、工业、农业、商业等领域。

我国在利用导光管进行天然采光方面的研究开始较晚,从 20 世纪八九十年代开始,有一些科研所和企业从事类似的自然光导光管照明系统的研究。中国科学院建筑物理研究所曾在利用导光管进行天然光照明系统方面进行了研究,并取得了一定的成果。该所科研人员研制的导光管采光系统在一个 3.3m×3.9m×2.75m 的无窗房间应用时,经测量最大照度为 388lx,照明平均值为 156lx,整个采光系统的效率为 10%。

2) 系统类型

从采光方式上划分,导光管有主动式和被动式两种。主动式是一个能够跟踪太阳的聚光器,用以采集太阳光。这种类型的导光管采集太阳光的效果很好,但是聚光器的造价昂贵,目前很少在建筑中使用。目前应用最多的是被动式采光导光管,聚光罩和导光管本身连接在一起固定不动,聚光罩多由聚碳酸酯 (PC) 或有机玻璃注塑而成,表面有三角形全反射聚光棱。这种类型的导光管主要由聚光罩、防雨板、可调光导管、延伸光导管、密封环、支撑环和散光板等组成。

导光管依据传输光的方式主要分两种类型:有缝导光管和棱镜导光管。有缝导光管的外形为长圆柱形,内表面涂有镜面反射涂层,并留有一条长的出光缝,使光线射到工作面上。这种导光管加工工艺复杂,光在传播的过程中损失较大,造成整个导光管装置效率不高,因此这种类型的导光管在采集太阳光的导光系统中很少采用。棱镜薄膜空心导光管是根据光辐射在光密介质中的全反射原理制造的。薄膜的一个面是平的,另一个面具有均匀分布的纵向波纹。这些波纹的截面是顶角为 90° 的三角形棱镜,这种薄膜的特点是入射到其平行的一面上的光线如果不被反射就会射进材料内部,把棱镜薄膜卷成圆柱形管子,沿管长方向射来的一束光线就可以通过导光管断面进入,经过多次反射到达管子的另一端。棱镜薄膜空心导光管薄膜材料的选择和制作工艺是关键问题,不标准的化学表面和不纯的光线材料会导致光在传播过程中的损失增加,甚至部分光线从导光管中散射出去,而且传播路径越长损失越大。

3) 基本结构组成

建筑用导光管系统主要分三部分,① 采光部分;② 导光部分,一般由 3 段导光管组成,导光管内壁为高反射材料,反射率一般在 95% 以上,导光管可以旋转、弯曲、重叠来改变导光角度和长度;③ 散光部分,为了使室内光线分布均匀,系统底部装有散光部件,可避免眩光现象的发生。

导光管系统主要由采光罩、导光管以及漫射器三部分组件构成 (见图 8-6),具体结构如下。

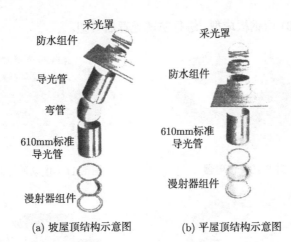

(a) 坡屋顶结构示意图　　　　(b) 平屋顶结构示意图

图 8-6　导光管的基本结构

(1) 采光罩一般为半球形或多棱柱体形 (见图 8-7)，材料使用进口 PC 注塑或热成型，采光罩安装在室外，用于太阳光的采集，聚碳酸酯俗称打不碎，抗冲击，结实耐用，采光性能佳。

(2) 导光管的功能是将采集的太阳光进行传导，导光管采用内壁涂有纯银作为高反射材料涂层的铝板，卷成卷状，其内壁的反射率在 98% 以上，使用这种材料的导光管具有导光效率高、导光管表面亮度均匀，漫射性能好，照明时无眩光，利于保护视力等优点。导光管可以旋转、弯曲、重叠来改变导光的角度和长度，导光管 (见图 8-8 和图 8-9) 是系统的核心。

图 8-7　采光罩

图 8-8　610mm 长的标准导光管

图 8-9　45° 或 30° 弯管

(3) 漫射器 (或称散射器) 部分的材料为亚克力，热成型，主要使光线在室内均匀分布，防止眩光现象，漫射器见图 8-10。

此外，导光管照明系统还可以根据需要安装一套电动遥控装置 (见图 8-11)，用于调节光线的强弱或关闭导光管照明。防护栅栏 (见图 8-12) 起防盗保护作用。防

水组件 (见图 8-13) 由钢板成型，进行防锈处理后喷塑。

图 8-10　漫射器

图 8-11　电动遥控装置

图 8-12　防护栅栏

图 8-13　防水组件

4) 照明原理

通过室外的采光罩将天然光采集到系统内，光线穿过表面镀有纯银材料的高反射率导光管得到传输和强化，再经过室内的漫射装置，将光线在室内均匀分布，原理如图 8-14 所示。

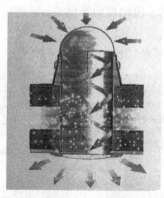

图 8-14　照明原理

8.3　地源热泵技术

从表面上说，地源热泵只是简单地利用了土壤、地下水、地表水或污水等热源，而从更深层次上说，它是非常典型的可再生能源利用技术，为此，明确浅层地热与地表热能的概念，并在此基础上分析其节能原理是非常必要的。

8.3.1 浅层地热能与地表热能

地源热泵技术在 1995 年被 ASHRAE 归纳为地热资源 3 种利用方式之一，通常指小于 32°C 的地源热泵应用技术。事实上，地源热泵技术应用明显不同于其他两种热源资源利用方式 (高于 150°C 的高温地热发电和低于 150°C 的中低温地热直接应用)，其运行温度相对较低。因此，有必要对这种与地源热泵密切相关的低品位能源进行全面科学的定义、评价与认识，以利于推动这种可再生能源在更广泛的领域实现更大规模的应用。

地表温度通常在 15°C 左右，这是因为地区接收到的 2.6×10^{24}J 太阳能中，约有 50% 被地球吸收。其中一半能量以长波形式辐射出去，余下的成为水循环、空气循环、植物生长的动力。相反，目前全球人口所消耗的总能量仅为 2.827×10^{20}J，由此可见，太阳能以及表面储存能量的数量相当可观。

地球主要由地壳、地幔和地核等几部分组成。按照温度的变化特性，地球表面的地壳层可分为 3 个带，即可变温度带、恒温带和增温带。可变温度带由于受太阳辐射的影响，其温度有着昼夜、年份、世纪甚至更长的周期性变化，其厚度一般为 15~20m；恒温带的温度变化幅度几乎等于零，其深度一般为 20~30m。美国的国内统计数据表明，无地热异常地区的浅层地下水温度约比当地年平均大气温度高 5°C，即指恒温带温度。在恒温带，温度随深度的增加而升高，其热量主要来自地球内部释放的热能。增温带温度增加的幅度称为地温梯度，一般地区地温梯度约为 3°C/100m；明显高于这样地温梯度的地区就是地热异常地区。地热异常地区在地球上分布并不普遍。因此，传统的深层地热能并不具备普遍存在的特性，而浅层地热能与地表能无疑是普遍存在且可再生的。如图 8-15 所示，从地下 15~200m 到地面，称混合热源，它既受深处地热流的影响，也受当地太阳辐射热的影响。图 8-15 定性地说明了有关概念。

为了利用浅层地热，一些国家和国际机构根据一些地区地下埋设换热器的测试资料，编制了地埋管换热器的设计程序，但必须通过实测获得当地的相关数据，才能保证计算结果的可靠性。

图 8-16 是由德国 Welzlar 的一个钻井测得的地下温度数据。在地下 16m 处，温度稳定在 9°C；16m 以上的地层温度随季节即随太阳辐射热和大气温度的变化而变化。

根据目前国内外的实际情况，对于非地热异常地区，本书将地下 200m 范围内，温度在 21°C 以下的土壤、岩石、地下水中所包含的热量定义为浅层地热能。根据不同地域情况，深度范围可以扩大，例如，天津市部分地源热泵项目利用的是 400m 深含水层的浅层地热。

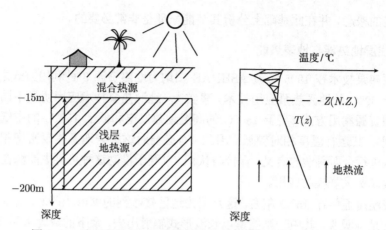

图 8-15　浅层地热能 (包括浅层地热源和混合热源) 与温度分布

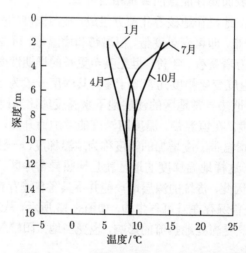

图 8-16　德国 Welzlar 钻孔实测数据曲线 (数据测于 1988 年)

　　对于存在地热异常的地区, 尤其是在有温泉或蒸汽泉的情况下, 浅层地热能的定义并不完全适用。

　　对于地表热能, 本书定义为江河湖海、城市污水和工业废水中蕴含的低品位的热能, 也可以扩大到包括深层地热尾水的范围。

　　根据热力学原理, 浅层地热能与土壤/岩石的性质、地下水情况关系密切, 特别是土壤/岩石的导热系数、含水率、原始温度、水在浅层的运移方向 (例如, 降雨时, 水分往往向下渗透; 天晴时, 往往向上渗透到地面并吸收热量而蒸发) 以及地面覆盖物 (植物、冰雪等)。

8.3.2 地源热泵工作原理与节能本质

1.地源热泵工作原理 (能量转换与利用的量的评价)

图 8-17 为 4 种供热方案的能流图,图中都以采暖需要 10kW·h 的热量作为比较基础。通过对能量数量转换的对比,可以理解地源热泵的工作原理及其与其他方案比较的优劣。

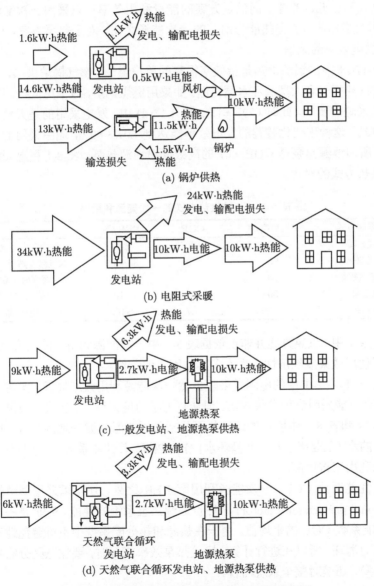

图 8-17 地源热泵与其他各种供热方式的能流图

通常电动压缩式热泵消耗的是电能，得到的是热能，其供热效率用性能系数 COP 表示，且

$$\text{COP} = \frac{\text{热泵机组提供的热量 (kW·h)}}{\text{机组耗电量 (kW·h)}}$$

一般来说，地源热泵系统的 COP≥3.0，即消耗 1kW·h 的电能，可以得到 3kW·h 以上的供热用热能。但是，一般燃煤火力发电效率只有 30%~38%，加上输配电损失，供电效率更低。考查不同供热方案的能量利用效率可以采用一次能源利用率 (PER) 作为指标，即所得热能与消耗的一次能源之比，对于热泵方案，PER 等于 COP 与供电效率的乘积。

图 8-17(a) 中的锅炉供热是指效率很高的单户燃油、燃气锅炉供热，没有区域供热管网的热损失和大型循环水泵耗电。如果用燃煤锅炉，效率更低些。图 8-17(b) 是电阻式采暖的情况，此时 COP=1.0。图 8-17(d) 中，发电采用的是天然气的联合循环发电站，这种现代化装置的发电效率能达到 50%~60%，图中采用的供电效率是 45%；所用地源热泵是 COP=3.7 的高效低温地源热泵。表 8-1 更直观地显示了这几种供热方式的对比。

表 8-1　各种供热方式的一次能源利用率

供热或采暖方式	供电效率/%	COP	PER/%	备注
电阻式采暖	30	<100%	<30	一般火力发电
电动空气源热泵	30	2.0	30~60	大气温度高于 −10°C
燃油、燃气锅炉	30		<70	燃煤时 <65%
地源热泵	30	3.7	110	一般火力发电站
地源热泵	>45	3.7	>160	天然气联合循环发电

实际应用中，供热方案并非仅依据表 8-1 中一次能源利用率的高低确定，各方案的实际使用效果或经济性还受许多其他因素的制约。

图 8-18 和表 8-1 中的电阻式采暖虽然一次能源利用效率最低，但在一些特殊场合，仍有可能采用这种供热方案。但从热力学角度来讲，不宜大力发展直接电采暖。图 8-18 和表 8-1 中所说的地源热泵是指使用低温热源的地源热泵，如果采用温度较高的水 (工业废水和工业循环水) 作为热源，其性能系数 COP 可达 4.0~6.0，一次能源利用率将更高。

除了性能系数 COP、一次能源利用率 PER 之外，还可以采用季节性能系数 SPF(seasonal performance factor) 来评价地源热泵系统的性能。SPF 是整个供热季节内，性能系数 COP 的平均值。由于在热源和热分配系统中不可避免地存在着热损失和动力消耗，所以在进行计算、比较热泵效率指标时，要注意区分它指的是热泵机组本身，还是对整个系统而言。

热泵的 COP 和 PER 与其温升 (热源温度和热泵输出温度的差值) 紧密相关。

理想状况下热泵的 COP 主要取决于冷凝温度和温升 (即冷凝温度与蒸发温度的差值)。国外实践证明,当热源温度高于 0°C 时,地源热泵的性能系数 COP 一般大于 3.0。热源温度越高,性能系数越大。

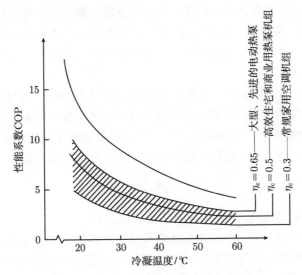

图 8-18 热源温度为 0°C 时,各种热泵 COP 与冷凝温度的关系

图 8-18 给出了理想热泵的 COP 与冷凝温度之间的关系,同时也给出了不同形式、不同容量的热泵在不同冷凝温度下, COP 的实际变化范围。热泵的实际 COP 和理论 COP 的比值定义为卡诺效率。对于小型电动热泵,卡诺效率 (图 8-18 中的 η_c) 在 0.3~0.5 范围内变化,而对于大型、高效的电动热泵系统,其范围为 0.5~0.7。图 8-18 是来自国际能源机构热泵中心的资料 —— 热泵性能 (heat pump performance)。

2. 能量质量的评价 —— 节能的本质

能量质量的评价将从能量转换的更深层面上理解地源热泵的工作原理,并进而明确节能的真正意义。

地表热能和大气环境中包含的热能一直不被视为热能,这就存在什么是能源,节能的本质是什么的问题。因此,不得不涉及能量的质量概念。国际能源机构热泵中心的宣传材料中有一段通俗的关于能量质量的描述:能量不会消失,它总是完整地存在着。这是热力学第一定律的一种说法,但从一般经验看来,这似乎与下列事实矛盾:如果将 1kW·h 电力用于洗衣机工作,按热力学第一定律, 这 1kW·h 电力没有 "消失",但是很明显,它再也不能使洗衣机工作。然而,事实上, 这 1kW·h 的能量还存在,只是改变了存在的方式,即它转变成热能并使室内环境温度升高了，然后扩散到室外。虽然，这 1kW·h 的能量仍存在于环境中，但是失去了做功的能力。

热力学认为，能力可否转换为功，是衡量能量品位的最佳方法。热力学第二定律规定，功可以完全转换为热 (或其他形式的能量)，但热只能部分转化为功。能量可转化为功的这一部分称为火用或有用能，其余的部分称为火无或无用能。热力学第二定律意味着，在任何能量的转换中，火用被认为是能量的最好状态，而且火用实际上总是在减少。

电能是纯粹 100%的火用，因为它能完全转换为功。燃料的价值也可认为是纯粹的火用。按照热力学第二定律，热能的热力学价值更有限。热能可以定义为一种受温度差驱使的能流，一个理解是，它的价值或质量随这种能流温度的升高而提高。热能在一定温度下，真正的火用值含量可用下面的公式计算

$$火用 = (T_r - T_a)/T_r$$

式中，T_r—— 热能的温度，K；T_a—— 环境温度，K。

上述火用的公式显示，热能的火用值不仅与其本身的温度有关，也与周围环境温度有关。只有当热量的温度高于或低于周围环境温度时，它才能 "干某种事情"。释放到屋内的 1kW·h 的能量，当它散失到室外温度下的环境中时，就丧失了它的价值。热力学第二定律使能源系统的设计有了一个重要的依据，那就是必须承认能量是有价值的。人们需要的是能够提供纯粹火用值的燃料，而且这个火用必须最大限度地得到应用。所以，节约能量真正的意义是节约有质量的能量。

在这个称为能量质量概念的基础上，出现了能源系统设计的两个重要原则：能量的梯级利用和能级的提升。

能量的梯级利用避免了热能不必要的降级，高质量的热能首先被用于高质量的目的。能级的提升可以使低质量的能量用于需要较高温度热能的地方，这是用热泵的方法实现的，不同于常规加热系统。热泵不是自然 "降级" 成热能，而是用一部分火用，把低质量的能量提升到所需的温度。例如，10kJ、50℃ 的热量中只包含1.5kJ 的火用。理论上，只需要用一台地源热泵，从燃料或电能向 "无用" 热能供应1.5kJ 的火用，其余 8.5kJ 的无用能就可以从低温热源，如土壤或浅层地下水 (约为15℃ 左右) 中吸取。虽然，实际上需要更多的火用，但热泵还是能达到非常高的能源效率。

一个最优化的能量系统无论是单一工艺过程，还是建筑物，或者是一个区域，乃至整个社会始终要使能量降级的梯级最小，并在必要时配套使用能级提升技术，这就是热泵技术在整个能量系统中的地位。而且，在人类目前掌握的技术中，热泵技术是唯一一种实用的能级提升技术。

和水泵的扬程越大耗电量越大的道理一样，热泵的温度升程 (从热源到供热目

的地的温度差) 越大, 耗电量就越大。由于利用的浅层地热能在冬季时温度总是高于大气温度, 夏季又低于大气温度, 而且地源热泵所服务的对象一般属于低温热能效应, 所以地源热泵运行的总体温度升程相对较低, 保证其花费少量的高品位能量满足供热和制冷的需要, 是非常有效的节约常规能源的技术。

8.3.3 地源热泵系统的组成、分类和评述

1. 地源热泵系统的组成

地源热泵系统一般由 3 个子系统组成: 热 (冷) 源系统、热泵机组、热 (冷) 分配系统 (包括需要的热水供应系统)。例如, 用于建筑采暖空调的地源热泵系统主要包括室外地源换热系统、水环管路与水源热泵机组以及室内采暖空调末端系统。

热 (冷) 源系统包括地下水、江河湖海水、岩石和土壤、城市污水、工业污水。美国中部和东部各州政府要求, 地下水温度低达 4°C 时, 仍可作为地源热泵的热源。一般来说, 地下水、江河湖海水、岩石和土壤夏季温度都低于当地大气温度, 作为冷源肯定优于室外大气。城市污水夏季作为冷源也没有问题。工业污水和排放液温度变化范围很大, 夏季当其温度接近或高于当地大气温度时 (如油田污水), 则不宜作为热泵夏季工作的冷源, 应另设冷源。

地源热泵系统中采用的热泵机组都是水源式, 既能制冷, 也能供热, 当然也可以做成只制冷或只供热的单一功能。除了机组内水–制冷剂侧换热器与空气源热泵不同外, 其他部件 (压缩机、输出换热器、节流装置、换向阀等) 在很大程度上是通用的 (工作温度不同, 控制装置、压缩机部件略有差异)。如今由于制冷机的广泛应用, 这些部件的设计、制造技术已经取得了很大进步, 并且还在不断改进中 (如采用先进的压缩机、变速拖动、多段蒸发、内螺纹换热管等)。此外, 热泵机组中的制冷剂也是一个值得讨论的问题。

室内末端输配系统包括加压送风系统或地板盘管、风机盘管等形式。近年来在国内又开始应用顶板辐射和毛细管辐射等末端输配方式。

2. 地源热泵系统的分类

热泵装置本身有多种分类方法。

(1) 按热源分为空气源、土壤/地下水源、太阳能以及工业、生活废热等。

(2) 按压缩机中路分为活塞式、螺杆式、涡旋式、离心式。

(3) 按热泵的功能分为单纯供热、交替制冷供热、同时制冷供热。

(4) 按驱动方式分为电力压缩式、发动机拖动压缩式、热力吸收式 (包括吸附式)。

(5) 按供热温度分为低温为低于 70°C, 中高温为 70~100°C, 高温为高于 100°C。

　　此外，按热源和冷热媒介的组合方式划分，热泵还可以分为空气-气式热泵、空气-水式热泵、水-水式热泵、水-空气式热泵等类型。

　　热泵系统实际上是热泵机组、冷热源系统和热分配系统的总和，是一个广义的术语。热泵装置作为该系统的核心部件，上述分类有些也可以应用于地源热泵的分类，如按冷热媒介不同，可分为水-水式、水-空气式等。实际应用中人们经常将地下水或其他水源的热泵统称为水源热泵，这与本书的规范说法并不一致。因为地源热泵系统中一般都包括以水 (或以水为主的液体) 作为热源介质的热泵装置，可以说采用的都是水源热泵机组。

　　鉴于室外地下热源系统在地源热泵系统中的关键作用，以下重点根据其形式的不同对热源热泵系统进行分类。根据地下换热系统形式的不同，地源热泵可以分成 3 种类型：闭环系统、开环系统与直接膨胀系统。对于一定地区，地下换热方式的选择主要取决于水文地质结构、有效的土地面积和系统生命周期费用。

　　1) 闭环系统

　　闭环系统指的是通过水或防冻液在预埋地下的塑料管中进行循环流动来传递热量的地下换热系统。闭环系统的具体形式有垂直环路、水平环路、螺旋盘管环路与池塘湖泊环路，还有一种与建筑桩基相结合的桩埋管环路。

　　(1) 垂直环路。垂直环路由高密度聚氨乙烯管组成，这些管环放在直径 100~150mm 的垂直管孔中，井内埋设 U 形管或者同心套管，具体长度取决于土壤的热特性，所以垂直管孔要用膨胀土 (黏土) 灌浆。可采用两种系统类型：并联式系统和串联式系统。并联式系统所用管径较小，管环较短，所需水泵扬程较低，可用较小的水泵，运行费用较少。一般来讲，大多数用户都选择并联式系统。

　　垂直环路系统更多地用于土地面积有限、水位较深以及地下为岩石层或岩石地层的地方，是商业用途中最常用的系统形式。

　　(2) 水平环路。将横管放在深度为 1.2~3.0m 深的水平管沟内，比垂直埋管可节省 25%~30%的费用。由于受地表温度波动的影响，环路的长度需增加 15%~20%。管沟长度取决于土壤条件和管沟中的管子数量。该方式常用于住宅，适用于土地丰富而且具有较高地下水水位的地区。

　　(3) 螺旋盘管环路。一种形式是多管水平环路的改进，通常称为 slinky；另一种形式是在窄小的垂直管沟中沿高度方向布置螺旋盘管，通常适用于冷量较小的系统。如果工程设计恰当，将与垂直环路和水平环路一样有效。

　　(4) 池塘湖泊环路。一般来说，为使系统运行良好，池塘的大小必须在 4000m³ 以上，深度超过 4.6m，这种系统的安装费用不高，管环为盘状管，连接到公共联箱上，然后让它漂在池塘或湖泊中，充水后即会沉入水底。这种系统即使水面冬季结冰，仍能正常运行。

　　(5) 桩埋管环路。桩埋管环路指利用建筑桩基或在混凝土构件中充满液体的管道系统,奥地利在 20 世纪 80 年代末期已将该技术用于建筑采暖和降温。

2) 开环系统

开环系统通常指利用传统的地下水井传递地下水或地下土壤中热量的地源热泵系统。此外,地表水热泵中的池塘或湖水直接利用系统也属开环系统。开环系统有许多特殊因素需要考虑,如水质、水量、回灌或排放问题。

资料显示,一把要求地下水的取水量为每 1kW·h 制冷量为 0.04~0.06kg/s。需要注意的是,地下水源的应用要获得当地水资源管理部门的许可。尽管存在这些问题,开环系统仍在很多地区得到了合理的应用。对 50~100 冷吨 (175~350kW) 以上的大部分系统,地下水系统的造价应比地埋管系统低。在接近地表有丰富地下水的区域,由于地下温度恒定,在这里系统都有很高的效率。开环系统的日常维护工作比闭环系统多,通常需要定期清洗换热器,保持水产量。

3) 直接膨胀系统

该系统直接将装有制冷剂的铜管埋入地下取热,铜管可以垂直埋也可以水平埋,垂直埋时每 1kW 制冷量需要 2.6~4.0m² 土地面积,深约 2.7~3.7m;后者每1kW制冷量需 11.9~14.5m² 地面积,1.5~3.0m 深。在砂质、黏质或较干土壤中不宜采用垂直埋设。由于地下埋管是金属管,容易腐蚀,系统供热/制冷量为 7.0~17.6kW。

根据不同的建筑对象,地源热泵可分为家用 (住宅) 和商用 (公共建筑) 两大类;按照输送冷热量的方式,又可分为集中式和分散式 (水环路方式)。

集中式系统热泵布置在机房内,冷热量集中通过风道或水路分配系统送到各房间。分散式系统用中央水泵,采用水环路方式将水送到各用户作为冷热源,用户单独使用自己的热泵机组调节空气。一般用于办公室、学校、商用建筑等,此系统可将用户使用的冷热量完全反映在用电量上,便于计量,适合目前的独立热计量发展趋势。

按照热源系统的组成方式,地源热泵系统还可以分为纯地源系统与混合式系统。混合式系统是将地源与冷却塔或加热锅炉联合使用,其与分散系统非常相似,只是冷热源系统增加了冷却塔或锅炉。此外,地源与太阳能、工业余热等热源联合使用的系统也是混合式地源热泵系统的一种类型。

在南方地区,冷负荷大,热负荷小,夏季适合 "地源热泵 + 冷却塔" 的联合方式,冬季只使用地源热泵;而在北方地区,热负荷大,冷负荷小,冬季适合 "地源热泵 + 锅炉" 的联合方式,夏季只使用地源热泵。这样,混合式系统可以减少地源的容量和尺寸,节省投资。

此外,国内也有地热热泵的称谓,通常是指利用常规热能供应后的排尾水的中高温热泵,与严格的地源热泵定义并不是一个概念,考虑到它在部分地区的实际应用,本书将其视为特殊的地源热泵形式。

3.地源热泵系统的评述

美国环境保护署 (EPA) 在对 6 个具有代表性的美国气候区实例进行分析的基础上，得出结论：地源热泵技术在为居民创造舒适家居环境的同时，以其可靠和高效节能的特点，将成为降低国家能源消耗和环境污染的一股主要力量。1998 年 ASHRAE 的技术奖就授予了地源热泵系统。地源热泵系统为什么能获得如此评价？

(1) 较低的能量消耗，经济实用。美国环境保护署资料显示，地源热泵系统在适宜的热源条件下，与空气源热泵系统相比，可以减少能源消耗量 (和相应的污染排放量)44%，而与住宅电采暖和标准空气源空调设备组成的系统相比，节省能源72%。具有与传统空调相当的初投资，而运行费用降低了 50%的地源热泵技术对于用户来说更经济实用。

(2) 免费或低费用的生活用水。与任何其他的供热/制冷系统不同，地源热泵在夏季可以免费提供热水，在冬季获得热水的费用可以节省一半。

(3) 改善建筑外观。地源热泵系统通常没有室外压缩机或冷却塔，因此，消除或降低了破坏建筑外观的可能性。

(4) 环境影响小。与燃煤锅炉相比，用等量燃料产生电驱动地源热泵的 CO_2 排放量可减少 30%，有些情况下，甚至可减少 50%的 CO_2 的排放量。所需制冷剂比传统空调机组减少 50%。通过改善热泵性能，降低工质泄漏与使用新工质，其推广应用可以降低电力消耗、缓解热岛现象。

(5) 较低的维护费用。根据美国地源热泵协会的研究，其平均维护费用约为传统系统的 1/3。

(6) 运用灵活、经久耐用。无论是地下热源 (热汇) 系统还是水源热泵机组本身，其运行自动化控制水平都很高，随着负荷及用户要求的增加，系统的变负荷能力增强，易于管理。地源热泵系统具有相对少的运行部件，同时大多数部件都安装在室内，因此，系统可靠性高。地下管路寿命为 25~50 年，而热泵机组本身的寿命通常在 20 年以上。

(7) 全年满足温湿度要求。由于机组及系统不受外管网的影响，供热/制冷的时间可独立控制，这对于一些有特殊要求的建筑物 (如医院) 是非常有利的。

(8) 可分区供热和制冷。分散式水环路地源热泵系统可以实现不同区域同时供热和制冷，或者某些区域单独实现供热或制冷，这为用户的灵活使用提供了方便。

(9) 设计特性明显。地源热泵系统设计上具有很大的灵活性，可以安装在新建筑中，也可以用于既有建筑的改造，可以利用单一地源系统，也可以利用混合型热源系统，如与工业余热结合，或与太阳能系统相结合等。机房占地面积比常规中央空调系统更小。通常可以利用建筑中现存的管理同时提供热量和冷量，而不需要采用四管系统。

(10) 应用场合广泛、功能多样。从严寒地区至热带地区均可采用地源热泵系统,为办公楼、学校、宾馆、医院、疗养院、机场、车站饭店、商店、超市、幼儿园、别墅、居民小区等各种用途的建筑提供供冷暖两用设备,同时还能供应生活热水,此外,还可以用于道路除冰融雪和体育场草坪加热等。

影响地源热泵系统有效使用的最大障碍是不恰当的设计和安装,致使以上优点不能充分发挥,甚至会出现技术经济性能不佳、事故频发的情况。因此,训练有素、富有经验而且责任心强的设计师和安装人员的工作是非常重要的。

8.3.4 地源热泵技术的发展历程与未来

1. 地源热泵技术的发展历史

热泵技术的概念是英国人首先提出来的,1852 年汤姆森发表的一篇论文描述了一种连接压缩机和膨胀机的装置,可用来向建筑采暖或供冷。随着制冷装置多年来的不断发展,热泵最早的应用出现在 20 世纪 20 年代,开姆勒和奥格勒斯拜的热泵专著列举了 1940 年以前在美国安装的 15 台商业用热泵,大部分是以地下水作为热源的。

利用地埋管换热器的地源热泵的历史最早可以追溯到 1912 年瑞士的 Zoelly 的一个专利中,但该技术的真正应用却是在 1950 年左右,美国和英国分别研究了利用地下盘管作为热源的家庭用热泵。美国从 1964 年开始对该类型的地源热泵进行了 12 个主要项目的研究。1964 年,美国第一台地源热泵系统在俄勒冈州的波兰特市中心区安装成功。

对于利用地下水的地源热泵系统,美国从 20 世纪 30 年代即有成功应用的例子。1948 年俄勒冈州的工程师 Krocker 开创了地下水热泵在商用建筑中的应用,许多地下水热泵空调系统至今仍在运行着。

地源热泵在美国应用最多的还是学校和办公楼。据美国地源热泵协会 (GHPC) 统计,美国已有 600 多所学校使用了地源热泵技术。在美国,地源热泵增长主要集中在中西部和东部地区。据美国地热中心估计,仅 1997 年一年就安装了 45000 套折合 12kW 制热量的地源热泵机组,其中 46% 的系统采用垂直闭环回路,38% 采用水平闭环回路,还有 15% 采用开环回路。预计未来每年的增长率约为 10%。截至 2010 年,已增加 110 万套机组,其总数达到约 150 万套。在 COP=3.0 的供热工况下,以 40 万套机组年满负荷运行小时数为 1000h 来计算,约能从地下吸取 12000 百万兆焦/年 (EJ/年) 的热量。这还不包括制冷工况下节约的能量,因为制冷工况是将热量排入地下。

表 8-2 是截至 2000 年全世界地源热泵装机数量 (据不完全统计)。在美国,大部分机组是按制冷的峰值负荷确定机组容量的,而用于供热时容量显得过大 (除非在北方各州),按此估算,每年平均满负荷供热只有 1000h(容量系数为 0.11)。在欧

洲，大部分机组容量按供热负荷确定，而且通常有意识地只提供基本负荷所需热量，峰值负荷由化石燃料或电热供给。其结果是，这些机组每年满负荷运行小时数可达 2000~6000h(容量系数为 0.23~0.68)。表 8-2 中，除了满负荷运行小时数已知外，几个欧洲国家的能量年使用量 (EJ/年) 都是基于年满负荷运行 2200h 确定的，如芬兰已安装约 1 万套机组，70%安装的是水平回路，那里的地下温度约为 10°C。

表 8-2　截至 2000 年全世界地源热泵装机数

国家和地区	MW$_t$	EJ/年	GW$_t$/年	实际数量	相当 (12kW) 数量
澳大利亚	24	57.6	16	2000	2000
奥地利	228	1094	303.9	19000	19000
保加利亚	13.3	162	45	16	1108
加拿大	360	891	247.5	30000	30000
捷克	8	38.2	10.6	390	667
丹麦	3	20.8	5.8	250	250
芬兰	80.5	484	134.5	10000	6708
法国	48	255	70.8	120	4000
德国	344	1149	319.2	18000	28667
希腊	0.4	3.1	0.9	3	33
匈牙利	3.8	20.2	5.6	317	317
冰岛	4	20	5.6	3	333
意大利	1.2	6.4	1.8	100	100
日本	3.9	64	17.8	323	325
立陶宛	21	598.8	166.3	13	1750
荷兰	10.8	57.4	15.9	900	900
挪威	6	31.9	8.9	500	500
俄罗斯	1.2	11.5	3.2	100	100
波兰	26.2	108.4	30.1	4000	2183
塞尔维亚	6	40	11.1	500	500
斯洛伐克	1.4	12.1	3.4	8	117
斯洛文尼亚	2.6	46.8	13.0	63	217
瑞典	377	4128	1146.8	55000	31417
瑞士	500	1980	550.0	21000	41667
土耳其	0.5	4.0	1.1	23	42
英国	0.6	2.7	0.8	49	50
美国	4800	12000	3333.6	350000	400000
总计	6875.4	23268.9	6453.1	512678	572950

地源热泵技术起源于欧洲，却在近 20 年内在北美获得成功。总体上说，北美对地源热泵的应用偏重于全球冷热联供，通常采用闭式水环热泵系统。欧洲国家偏重于冬季采暖，采用热泵站方式集中供热/供冷。在欧洲末端通常是水系统，而在美国末端主要为空气系统。我国气候条件与美国比较相似，很多方面美国的成功经

验值得借鉴。

相对而言，我国的热泵科研与应用基础并不算晚，早在 20 世纪 50 年代，天津大学热能研究所的吕灿仁教授就开展了我国热泵的最早研究。自 20 世纪 80 年代末以来，很多高等学校及科研单位对地源热泵进行了较深入的研究。2001 年 10 月在宁波召开了全国热泵和空调技术交流会，会议中地源热泵是最受关注的一个专业领域。

近些年，在工程应用方面，利用地埋管换热器的地源热泵技术在国内发展速度很快，尤其在北京、天津、河南、山东、辽宁、河北、江苏等地，呈现成倍增长的趋势。同时，利用江湖海水以及地热尾水的地源热泵项目也备受瞩目。国家建设部、科技部、财政部等部门及省市地方各级政府积极倡导并制定政策大力推广该项技术，2006 年 1 月 1 日起实施国家标准《地源热泵系统工程技术规范》(GB 50366-2005)，这些必将进一步挖掘该项目节能技术的应用，使其在建筑节能中的作用不断扩大。

2. 地源热泵技术的未来

目前，包括地源、空气源以及废热源（生活污水）等在内的环境热源热泵还没有占据建筑供热与节能市场的主要部分。据国际能源机构热泵中心统计，在多数国家，热泵只覆盖了住宅用能需求的很小一部分。虽然地源热泵系统销售量呈 10% 以上的增长势头，但仍然没有占据市场的主流，这是一个值得讨论的问题。

应当承认，地源热泵需要对冷热源及其系统进行因地制宜的专门设计、安装和调试，根据不同的情况，其通用性受到不同程度的限制。此外，在有些条件下，如房屋的绝热性能较差、冷热负荷太大时，其经济竞争力没有明显的优势。而地源热泵在节能、保护环境和平抑电网尖端负荷方面的优势则更应引起重视。遗憾的是，这些优势并不能完全被用户所认知。因此，就我国目前的情况而言，除了继续做好应用基础研究和示范项目外，政府的政策引导和社会各界的大力宣传就成为地源热泵发展的关键要素。

各国的实践经验证明，没有政府和社会的强制和激励措施，地源热泵技术的广泛使用几乎不可能，至少目前还没有这样的国家。一些成功推广了地源热泵技术的国家采用的强制和激励方法有资金补贴、税收优惠、技术宣传、咨询和服务、电价优惠、标准和规范强制等。例如，在地源热泵技术发展最快的美国，以能源部为首的政府部门和研究机构首先采取了政策和科研方面的支持，国家级、地区级和大学的热泵研究、应用机构和相关协会、学会等相继成立，得到美国能源部、美国环境保护署等政府部门和电力部门的政策、财政支持。与地源热泵系统有关的企业和财团纷纷投入发展和激励资金，形成了从研究开发、技术咨询、标准制定、制造安装、人员培训到售后服务的一整套体系，使美国地源热泵年安装数量的增长率近年来一直保持在 10%以上。此外，美国的几个公用电力部门用财政激励政策鼓励房屋业主将地源热泵用于制冷/采暖，以降低电网的尖峰负荷。如 20 世纪 80 年代，美国印第安纳州公共服务公司就为住宅开发商支付地源热泵系统安装超过空气源热泵安装的投资，该做法也受到了美国其他公用部门的重视。最近美国能源部的地热办公室确定了发展地热能的 5 个战略目标，作为替代污染能源的首选方式（USDOEOGT，1998），其地源热泵的战略目标是到 2010 年，扩大地热直接利用和地源热泵应用范围，为 700 万个家庭提供采暖、制冷和热水供应。

欧洲地源热泵发展最快的国家是瑞士，对小型（<18kW）的纯环境地源热泵供热达到最低标准效率的，给予 300 瑞士法郎（约合 200 美元）的政府补贴。今后对于经济高效的房屋设计，必须采用热泵，而且低能耗住宅的年热需求将低于 $200MJ/m^2(55.56(kW\cdot h)/m^2)$。20 世纪 90 年代初，挪威政府对容量大于 5kW 的环境地源热泵提供了 30%的津贴。奥地利的许多地方政府为独立的环境地源热泵系统提供低息贷款（一般是提供投资额 50%的贷款）；意大利政府对采用地源热泵代替常规系统的工程提供了投资额 40%的津贴；日本把地源热泵技术的投资税金从减少 10%提高到减少 40%；加拿大安大略省的电路部门对燃料气难以到达的地区，采用地源热泵的家庭提供每套补贴 1500 加元（约合 1200 美元）的资金激励。

一些工业发达的国家已经或准备对电力用户（包括个人用户）征收 CO_2 排放税，这无疑有利于可再生能源的利用。学者认为，能源供应和价格主要与社会、经济因素有关。地源热泵目前主要采用的是电动热泵，电力供应是否允许、电力价格与其他采暖能源价格的比值，都将影响地源热泵的推广。

所以，从世界各发达国家几十年的经验看，几乎可以肯定的是，只有政府把地源热泵的应用纳入能源、环境保护政策，当地的电力部门认识到地源热泵对削减电网尖峰负荷的作用，才有可能使地源热泵得到蓬勃发展。中国能否成为地源热泵的使用大国，跨越发达国家先使用空气源热泵后大力发展地源热泵的过程，关键的不仅仅是技术，更重要的是政府（能源和环保部门）的政策和电力部门的认识水平。

地源热泵的应用涉及所有用户的利益和比较大的初投资，能够在几年之内用比较低的运行费用回收。但这绝对不是几篇文章和几个工程实例就能让人心悦诚服的。不厌其烦的宣传、组织各种工程示范是美国等取得成功的国家发展地源热泵的经验。也许可以说，在人类技术发展史上，还没有哪一项技术需要这样的宣传和政策力度，促使其实现大幅度的发展。

对地源热泵技术的认识也与各个国家的气候和人们的生活水平有关。美国本土地处温带，大部分地区的房屋夏季需要制冷，冬季需要采暖，人们对舒适度的要求比较高，一般房屋都有热水供应。采用可逆式地源热泵可替代传统的制冷、采暖系统，若地源热泵系统兼有热水器功能，还可以取代传统的热水供应系统。这种三合一的总和系统大大增加了地源热泵系统在初投资方面的竞争力。欧洲大部分地

区夏季气候凉爽 (特别是中北欧)，房屋夏季制冷需求并不迫切，传统房屋不设制冷系统，应用地源热泵主要是解决房屋采暖的问题。

传统采暖系统采用的高温散热器系统是地源热泵供热技术在既有建筑中使用的一大障碍，所以欧洲有人主张开发中高温热泵，以适应这种采暖系统的需求，而且已取得相当大的进展。不过，从热泵原理分析来看，由于中高温热泵势必增大温度升程，热泵作为节能技术的优势需要认真评估，但毕竟也是一种适应市场需求的方式，在适用的条件下，该方式还是能够在建筑节能领域中发挥重要作用的。

附　录

附表 1　采取节能措施前后的 K_e 值

地区	计算用采暖期		K_e 值	
	天数 Z/天	室外平均温度 t_e/°C	锅炉及管道采取节能措施前	锅炉及管道采取节能措施后
北京市	125	−1.6	0.789	0.602
天津市	119	−1.2	0.751	0.573
河北省				
石家庄	112	−0.6	0.707	0.54
张家口	153	−4.8	0.965	0.738
秦皇岛	135	−2.4	0.852	0.651
保定	119	−1.2	0.751	0.573
邯郸	108	0.1	0.681	0.521
唐山	127	−2.9	0.801	0.612
承德	144	−4.5	0.909	0.694
丰宁	163	−5.6	1.029	0.756
山西省				
太原	135	−2.7	0.852	0.651
大同	162	−5.2	1.022	0.781
长治	135	−2.7	0.852	0.651
阳泉	124	−1.3	0.782	0.598
临汾	113	−1.1	0.713	0.545
晋城	121	−0.9	0.764	0.583
运城	102	−0.0	0.644	0.492
蒙古自治区				
呼和浩特	166	−6.2	1.048	0.800
锡林浩特	190	−10.5	1.199	0.916
海拉尔	209	−14.3	1.319	1.007
通辽	165	−7.4	1.041	0.795
赤峰	160	−6.0	1.010	0.771
满洲里	211	−12.8	1.331	1.017
博克图	210	−11.3	1.325	1.012
二连浩特	180	−9.9	1.136	0.868
多伦	192	−9.2	1.212	0.925
白云鄂博	191	−8.2	1.205	0.921
辽宁省				
沈阳	152	−5.7	0.959	0.733
丹东	144	−3.5	0.909	0.694
大连	131	−1.6	0.827	0.631
阜新	156	−6.0	0.984	0.752
抚顺	162	−6.6	0.022	0.781

地区	计算用采暖期		K_e 值	
	天数 Z/天	室外平均 温度 t_e/°C	锅炉及管道采取 节能措施前	锅炉及管道采取 节能措施后
朝阳	148	−5.2	0.934	0.713
本溪	151	−5.7	0.953	0.728
锦州	144	−4.1	0.909	0.694
鞍山	144	−4.8	0.909	0.694
锦西	143	−4.2	0.902	0.689
吉林省				
长春	170	−8.3	1.073	0.819
吉林	171	−9.0	1.079	0.824
延吉	170	−7.1	1.073	0.819
通化	168	−7.7	1.060	0.810
双辽	167	−7.8	1.054	0.805
四平	163	−7.4	1.029	0.786
白城	175	−9.0	1.111	0.844
黑龙江省				
哈尔滨	176	−10.0	1.111	0.848
嫩江	197	−13.5	1.243	0.950
齐齐哈尔	182	−10.2	1.148	0.877
富锦	184	−10.6	1.161	0.887
牡丹江	178	−9.4	1.123	0.858
呼玛	210	−14.5	1.325	1.012
佳木斯	180	−10.3	1.136	0.868
安达	180	−10.4	1.136	0.868
伊春	193	−12.4	1.256	0.930
克山	191	−12.1	1.205	0.921
江苏省				
徐州	94	1.4	0.593	0.453
连云港	96	1.4	0.606	0.463
宿迁	94	1.4	0.593	0.453
淮阴	95	1.7	0.600	0.458
盐城	90	2.1	0.568	0.434
山东省				
济南	101	0.6	0.637	0.487
青岛	110	0.9	0.694	0.530
烟台	111	0.5	0.700	0.535
德州	113	−0.8	0.713	0.545
淄博	111	−0.5	0.700	0.535
兖州	106	−0.4	0.669	0.511
潍坊	114	−0.7	0.719	0.550

续表

地区	计算用采暖期		K_e 值	
	天数 Z/天	室外平均温度 t_e/°C	锅炉及管道采取节能措施前	锅炉及管道采取节能措施后
河南省				
郑州	98	1.4	0.618	0.472
安阳	105	0.3	0.663	0.506
濮阳	107	0.2	0.675	0.516
新乡	100	1.2	0.631	0.482
洛阳	91	1.8	0.574	0.439
商丘	101	1.1	0.637	0.487
开封	102	1.3	0.644	0.492
四川省				
阿坝	189	−2.8	1.193	0.911
甘孜	165	−0.9	1.041	0.795
康定	139	0.2	0.877	0.670
西藏自治区				
拉萨	142	0.5	0.896	0.684
噶尔	240	−5.5	1.514	1.157
日喀则	158	−0.5	0.977	0.762
陕西省				
西安	100	0.9	0.631	0.482
榆林	148	−4.4	0.934	0.713
延安	130	−2.6	0.820	0.627
宝鸡	101	1.1	0.637	0.487
甘肃省				
兰州	132	−2.8	0.833	0.636
酒泉	155	−4.4	0.978	0.747
敦煌	138	−4.1	0.871	0.665
张掖	156	−4.5	0.984	0.752
山丹	165	−5.1	1.041	0.795
平凉	137	−1.7	0.864	0.660
天水	116	−0.3	0.795	0.559
青海省				
西宁	162	−3.3	1.022	0.781
玛多	284	−7.2	1.792	1.369
大柴旦	205	−6.8	1.294	0.988
共和	182	−4.9	1.148	0.877
格尔木	179	−5.0	1.130	0.863
玉树	194	−3.1	1.224	0.935
宁夏回族自治区				
银川	145	−3.8	0.915	0.699
中宁	137	−3.1	0.865	0.660

地区	计算用采暖期		K_e 值	
	天数 Z/天	室外平均温度 t_e/°C	锅炉及管道采取节能措施前	锅炉及管道采取节能措施后
固原	162	−3.3	1.022	0.781
石嘴山	149	−4.1	0.940	0.718
新疆维吾尔自治区				
乌鲁木齐	162	−8.5	1.022	0.781
塔城	163	−6.5	1.029	0.786
哈密	137	−5.9	0.865	0.660
伊宁	139	−4.8	0.877	0.670
喀什	118	−2.7	0.745	0.569
富蕴	178	−12.6	0.123	0.858
克拉玛依	146	−9.2	0.921	0.704
吐鲁番	117	−5.0	0.738	0.564
库车	123	−3.6	0.779	0.593
和田	112	−2.1	0.707	0.540

附表 2　　围护结构冬季室外计算参数及最冷最热月平均温度

地区	冬季室外计算温度 10°C				设计计算用采暖期				冬季室外平均风速 /(m·s⁻¹)	最冷月平均温度 /°C	最热月平均温度 /°C
	I	II	III	IV	天数 Z/天	平均温度/°C	平均相对湿度 φ/%	度日数 D/[J/(°C·d)]			
北京市	−9	−12	−14	−16	125(129)	−1.6	50	2083	2.8	−4.5	25.9
天津市	−9	−11	−12	−13	119(122)	−1.2	57	3488	2.9	−4.0	26.5
河北省											
石家庄	−8	−12	−14	−17	112(117)	−0.6	56	2083	1.8	−2.9	26.6
张家口	−15	−18	−21	−23	153(155)	−4.8	42	3488	3.5	−9.6	23.3
秦皇岛	−11	−13	−15	−17	135	−2.4	51	2754	3.0	−6.0	24.5
保定	−9	−11	−13	−14	119(124)	−1.2	60	2285	2.1	−4.1	26.6
邯郸	−7	−9	−11	−13	108	0.1	60	1933	2.5	−2.1	26.9
唐山	−10	−12	−14	−15	127(137)	−2.9	55	2654	2.5	−5.6	25.5
承德	−14	−16	−18	−20	144(147)	−4.5	44	3240	1.3	−9.4	24.5
丰宁	−17	−20	−23	−25	163	−5.6	44	3847	2.7	−11.9	22.1
山西省											
太原	−12	−14	−16	−18	135(144)	−2.7	53	2795	2.4	−6.5	23.5
大同	−17	−20	−22	−24	162(165)	−5.2	49	3758	3.0	−11.3	21.8
长治	−13	−17	−19	−22	135	−2.7	58	2795	1.4	−6.8	22.8
五台山	−28	−32	−34	−37	273	−8.2	62	7153	12.5	−18.3	9.5
阳泉	−11	−12	−15	−16	124(129)	−1.3	46	2393	2.4	−4.2	24.0
临汾	−9	−13	−15	−18	113	−1.1	54	2658	2.0	−3.9	26.0
晋城	−9	−12	−15	−17	121	−0.9	53	2287	2.4	−3.7	24.0
运城	−7	−9	−11	−13	102	0.0	57	1863	2.6	−2.0	27.2

地区	冬季室外计算温度 10°C				设计计算用采暖期				冬季室外	最冷月平	最热月平
	I	II	III	IV	天数 Z/天	平均温度/°C	平均相对湿度 φ/%	度日数 D/[J/(°C·d)]	平均风速/(m·s⁻¹)	均温度/°C	均温度/°C
内蒙古自治区											
呼和浩特	−19	−21	−23	−25	166(171)	−6.2	53	4017	1.6	−12.9	21.9
锡林浩特	−27	−29	−31	−33	190	−10.5	60	5415	3.3	−19.8	20.9
海拉尔	−34	−38	−40	−43	209(203)	−14.3	69	6751	2.4	−26.7	19.6
通辽	−20	−23	−25	−27	165(167)	−7.4	48	4191	3.5	−14.3	23.9
赤峰	−18	−21	−23	−25	160	−6.0	40	3840	2.4	−11.7	23.5
满洲里	−31	−34	−36	−38	211	−12.8	64	6499	3.9	−23.8	19.4
博克图	−28	−31	−34	−36	210	−11.3	63	6153	3.3	−21.3	17.7
二连浩特	−26	−30	−32	−35	180(184)	−9.9	53	5022	3.9	−18.6	22.9
多伦	−26	−29	−31	−33	192	−9.2	62	5222	3.8	−18.2	18.7
白云鄂博	−23	−26	−28	−30	191	−8.2	52	5004	6.2	−16.0	19.5
辽宁省											
沈阳	−19	−21	−23	−25	152	−5.7	3602		3.0	−12.0	24.6	23.2
丹东	−14	−17	−19	−21	144(151)	−3.5	60	3096	3.7	−8.4	23.9
大连	−11	−14	−17	−19	131(132)	−1.6	58	2568	5.9	−4.9	24.3
阜新	−17	−19	−21	−23	156	−6.0	50	3744	2.2	−11.6	23.6
抚顺	−21	−24	−27	−29	162(160)	−6.6	65	3985	2.7	−14.2	24.7
朝阳	−16	−18	−20	−22	148(154)	−5.2	42	3434	2.7	−10.7	24.2
本溪	−19	−21	−23	−25	151(144)	−5.7	62	3579	2.6	−12.2	24.3
锦州	−18	−17	−19	−20	147	−4.1	47	3182	3.8	−8.9	24.8
鞍山	−18	−21	−23	−25	144(148)	−4.8	59	3283	3.4	−10.1	24.2
锦西	−14	−16	−18	−19	143	−4.2	50	3175	3.4	−9.0	
吉林省											
长春	−23	−26	−28	−30	170(174)	−8.3	63	4471	4.2	−16.4	23.0
吉林	−25	−29	−31	−34	171(175)	−9.0	68	4617	3.0	−18.1	22.9
延吉	−20	−22	−24	−26	170(174)	−7.1	58	4267	2.9	−14.4	21.3
通化	−24	−26	−26	−30	168(173)	−7.7	69	4318	1.3	−16.1	22.2
双辽	−21	−23	−25	−27	167	−7.8	61	4309	3.4	−15.5	23.7
四平	−22	−24	−26	−28	163(162)	−7.4	61	4140	3.0	−14.8	23.6
白城	−23	−25	−27	−28	175	−9.0	54	4725	3.5	−17.7	23.3
黑龙江省											
哈尔滨	−26	−29	−31	−33	176(179)	−10.0	66	4928	3.6	−19.4	22.8
嫩江	−33	−36	−39	−41	197	−13.5	66	6206	2.5	−25.2	20.6
齐齐哈尔	−25	−28	−30	−32	182(186)	−10.2	62	5132	2.9	−19.4	22.8
富锦	−25	−28	−30	−32	184	−10.6	65	5262	3.9	−20.2	21.9
牡丹江	−24	−27	−29	−31	178(180)	−9.4	65	4977	2.3	−18.3	22.0
呼玛	−39	−42	−45	−47	210	−14.5	69	6825	1.7	−17.4	20.2
佳木斯	−26	−29	−32	−34	180(183)	−10.3	68	5094	3.4	−19.7	22.1
安达	−26	−29	−32	−34	180(182)	−10.4	64	5112	3.5	−19.9	22.9
伊春	−30	−33	−35	−37	193(197)	−12.4	70	5867	2.0	−23.6	20.6
克山	−29	−31	−33	−35	191	−12.1	66	5749	2.4	−22.7	21.4

续表

地区	冬季室外计算温度 10°C				设计计算用采暖期				冬季室外平均风速 /(m·s⁻¹)	最冷月平均温度 /°C	最热月平均温度 /°C
	I	II	III	IV	天数 Z/天	平均温度/°C	平均相对湿度 φ/%	度日数 D/[J/(°C·d)]			
上海市	−2	−4	−6	−7	54(62)	3.7	76	772	3.0	3.5	27.8
江苏省											
南京	−3	−5	−7	−9	75(83)	3.0	74	1125	2.6	1.9	27.9
徐州	−5	−8	−10	−12	94(97)	1.4	63	1560	2.7	0.0	27.0
连云港	−5	−7	−9	−11	96(105)	1.4	68	1594	2.9	−0.2	26.8
浙江省											
杭州	−1	−3	−5	−6	51(61)	4.0	80	714	2.3	3.7	28.5
宁波	0	−2	−3	−4	42(50)	4.3	80	575	2.8	4.1	28.1
安徽省											
合肥	−3	−7	−10	−13	70(75)	2.9	73	1057	2.6	2.0	28.2
阜阳	−6	−9	−12	−14	85	2.1	66	1352	2.8	0.8	27.7
蚌埠	−4	−7	−10	−12	83(77)	2.3	68	1303	2.5	1.0	28.0
黄山	−11	−15	−17	−20	121	−3.4	64	2589	6.2	−3.1	17.7
福建省											
福州	6	4	3	2	0	—	—	—	2.6	10.4	28.8
江西省											
南昌	0	−2	−4	−6	17(53)	4.7	74	226	3.6	4.9	29.5
天目山	−10	−13	−15	−17	136	−2.0	618	2720	6.3	−2.9	20.2
庐山	−8	−11	−13	−15	106	1.7		1728	5.5	−0.2	22.5
山东省											
济南	−7	−10	−12	−14	101(106)	0.6	52	1757	3.1	−1.4	27.4
青岛	−6	−9	−11	−13	110(111)	0.9	66	1881	5.6	−1.2	25.2
烟台	−6	−8	−10	−12	111(112)	0.5	60	1943	4.6	−1.6	25.0
德州	−8	−12	−14	−17	113(118)	−0.8	63	2124	2.6	−3.4	26.9
淄博	−9	−12	−14	−16	111(116)	−0.5	61	2054	2.6	−3.0	26.8
泰山	−16	−19	−22	−24	166	−3.7	52	3602	7.3	−8.6	17.8
兖州	−7	−9	−11	−12	106	−0.4	62	1950	2.9	−1.9	26.9
潍坊	−8	−11	−13	−15	114(118)	−0.7	61	2132	3.5	−3.3	25.9
河南省											
郑州	−5	−7	−9	−11	98(102)	1.4	58	1627	3.4	−0.3	27.2
安阳	−7	−11	−13	−15	105(109)	0.3	59	1859	2.3	−1.8	26.9
濮阳	−7	−9	−11	−12	107	0.2	69	1905	3.1	−2.2	26.9
新乡	−5	−8	−11	−13	100(105)	1.2	63	1680	2.6	−0.7	27.0
洛阳	−5	−8	−10	−12	91(95)	1.8	55	1474	2.4	0.3	27.4
南阳	−4	−8	−11	−14	84(89)	2.2	67	1327	2.5	0.9	27.3
信阳	−4	−7	−10	−12	78	2.6	72	1201	2.2	1.6	27.6
商丘	−6	−9	−12	−14	101(106)	1.1	67	1707	3.0	−0.9	27.0
开封	−5	−7	−9	−10	102(106)	1.3	63	1703	3.5	−0.5	27.0

续表

地区	冬季室外计算温度 10°C				设计计算用采暖期				冬季室外平均风速 /(m·s⁻¹)	最冷月平均温度 /°C	最热月平均温度 /°C
	I	II	III	IV	天数 Z/天	平均温度/°C	平均相对湿度 φ/%	度日数 D/[J/(°C·d)]	冬季室外平均风速 /(m·s⁻¹)	最冷月平均温度 /°C	最热月平均温度 /°C
湖北省											
武汉	−2	−6	−8	−11	58(67)	3.4	77	847	2.6	3.0	28.7
湖南省											
长沙	0	−3	−5	−7	30(45)	4.6	81	402	2.7	4.6	29.3
南岳	−7	−10	−13	−15	86	1.3	80	1436	5.7	0.1	21.6
广东省											
广州	7	5	4	3	0	—	—	—	2.2	13.3	28.4
广西壮族自治区											
南宁	7	5	3	2	0	—	—	—	1.7	12.7	28.3
四川省											
成都	2	1	0	−1	0	—	—	—	0.9	5.4	25.5
阿坝	−12	−16	−20	−23	189	−2.8	57	3931	1.2	−7.9	12.5
甘孜	−10	−14	−18	−21	165(169)	−0.9	43	3119	1.6	−4.4	14.0
康定	−7	−9	−11	−12	139	0.2	65	2474	3.1	−2.6	15.6
峨眉山	−12	−14	−15	−16	202	−1.5	83	3939	3.6	−6.0	11.8
贵州省											
贵阳	−1	−2	−4	−6	20(42)	5.0	78	260	2.2	4.9	24.1
毕节	−2	−5	−5	−7	70(81)	3.2	85	1036	0.9	2.4	21.8
安顺	−2	−3	−6	−6	43(48)	4.1	82	598	2.4	4.1	22.0
威宁	−5	−7	−11	−11	80(98)	3.0	78	1200	3.4	1.9	17.7
云南省											
昆明	13	11	10	9	0	—	—	—	2.5	7.7	19.8
西藏自治区											
拉萨	−6	−8	−9	−10	142(149)	0.5	35	2485	2.2	−2.3	15.5
噶尔	−17	−21	−24	−27	240	−5.5	28	5640	3.0	−12.4	13.6
日喀则	−8	−12	−14	−17	158(160)	−0.5	28	2923	1.8	−3.9	14.6
陕西省											
西安	−5	−8	−10	−12	100(101)	0.9	66	1710	1.7	−0.9	26.4
榆林	−16	−20	−23	−26	148(145)	−4.4	56	3315	1.8	−10.2	23.3
延安	−12	−14	−16	−18	130(133)	−2.6	57	2678	2.1	−6.3	22.9
宝鸡	−5	−7	−9	−11	101(104)	1.1	65	1707	1.0	−0.7	25.4
华山	−14	−17	−20	−22	164	−2.8	57	3411	5.4	−6.7	17.5
汉中	−1	−2	−4	−15	75(83)	3.1	76	1118	0.9	2.1	25.4
甘肃省											
兰州	−11	−13	−15	−16	132(135)	−2.8	60	2746	0.5	−6.7	22.2
酒泉	−16	−19	−21	−23	155(154)	−4.4	52	3472	2.1	9.9	21.8
敦煌	−14	−18	−20	−23	138(140)	−4.1	49	3053	2.1	−9.1	24.6
张掖	−16	−19	−21	−23	156	−4.5	55	3510	21.9	10.1	21.4
山丹	−17	−21	−25	−28	165(172)	−5.1	55	3812	2.3	11.3	20.3

地区	冬季室外计算温度 10°C				设计计算用采暖期				冬季室外平均风速 /(m·s⁻¹)	最冷月平均温度 /°C	最热月平均温度 /°C
	I	II	III	IV	天数 Z/天	平均温度/°C	平均相对湿度 φ/%	度日数 D/[J/(°C·d)]			
平凉	−10	−13	−15	−17	137(41)	−1.7	59	2699	2.1	−5.5	21.0
天水	−7	−10	−12	−14	116(117)	−0.3	67	2123	1.3	−2.9	22.5
西宁	−13	−16	−18	−20	162(165)	−3.3	50	3451	1.7	−8.2	17.2
玛多	−23	−29	−34	−38	284	−7.2	56	7159	2.9	−16.7	7.5
大柴旦	−19	−22	−24	−26	205	−6.8	34	5084	1.4	−14.0	15.1
共和	−15	−17	−19	−21	182	−4.9	44	4168	1.6	−10.9	15.2
格尔木	−15	−18	−21	−23	179(189)	−5.0	35	4117	2.5	−10.6	17.6
玉树	−13	−15	−17	−19	194	−3.1	46	4093	1.2	−7.8	12.5
宁夏回族自治区											
银川	−15	−18	−21	−23	145(149)	−3.8	57	3161	1.7	−8.9	23.4
中宁	−12	−16	−19	−X	137	−3.1	52	2891	2.9	−7.6	23.3
固原	−14	−17	−20	−22	162	−3.3	57	3451	2.8	−8.3	18.8
石嘴山	−15	−18	−20	−X	149(152)	−4.1	49	3293	2.6	−9.2	23.5
新疆维吾尔自治区											
乌鲁木齐	−22	−26	−30	−33	162(157)	−8.5	75	4293	1.7	−14.6	23.5
塔城	−23	−27	−30	−33	163	−6.5	71	3994	2.1	−12.1	22.3
哈密	−19	−22	−24	−26	137	−5.9	48	3274	2.2	−12.1	27.1
伊宁	−20	−26	−30	−34	139(143)	−4.8	75	3169	1.6	−9.7	22.7
喀什	−12	−14	−6	−18	118(122)	−2.7	63	2443	1.2	−6.4	25.8
富蕴	−36	−40	−42	−45	178	−126	73	5447	0.5	−21.7	21.4
克拉玛依	−14	−28	−31	−33	146(149)	−9.2	68	3971	1.5	−16.4	27.5
吐鲁番	−15	−19	−21	−24	117(121)	−5.0	50	2691	0.9	−9.3	32.6
库车	−15	−18	−20	−22	123	−3.6	56	2657	1.9	−8.2	25.8
和田	−10	−13	−16	−18	112(114)	−2.1	50	2251	1.6	−5.5	25.5
台湾											
台北	11	9	8	7	0	—	—	—	3.7	14.8	28.6
香港	10	8	7	6	0	—	—	—	6.3	15.6	28.6

注：① 表中设计计算用采暖期仅供建筑热工设计计算采用，各地实际的采暖期应按当地行政或主管部门的规定计

② 在"设计计算用采暖期"的"天数"一栏中，不带括号的数值指累年日平均温度低于或等于5°C的天数；带括号的数值指累年日平均温度稳定低于或等于5°C的天数。在设计计算中，这两种采暖期天数均可采用

附表 3   导热系数 λ 及蓄热系数 S 的修正系数 α

序号	材料、构造、施工、地区及使用情况	α
1	作为夹芯层浇筑在混凝土墙体及屋面构件中的块状多孔保温材料 (如加气混凝土、泡沫混凝土及水泥膨胀珍珠岩等),因干燥缓慢及灰缝影响	1.6
2	铺设在密闭屋面中的多孔保温材料 (如加气混凝土、泡沫混凝土、水泥膨胀珍珠岩、石灰炉渣等),因干燥缓慢	1.5
3	铺设在密闭屋面中及作为夹芯层浇筑在混凝土构件中的半硬质矿棉、岩棉、玻璃棉板等,因压缩及吸湿	1.2
4	作为夹芯层浇筑在混凝土构件中的泡沫塑料等,因压缩	1.2
5	开孔型保温材料 (如水泥刨花板、木丝板、稻草板等),且表面抹灰或与混凝土浇筑在一起,因灰浆掺入	1.3
6	加气混凝土、泡沫混凝土砌块墙体及加气混凝土条板墙体、屋面,因灰缝影响	1.25
7	填充在空心墙体及屋面构件中的松散保温材料 (如稻壳、木屑、矿棉、岩棉等),因下沉	1.20
8	矿渣混凝土、炉渣混凝土、浮石混凝土、粉煤灰陶粒混凝土、加气混凝土等实体墙体及屋面构件,在严寒地区,且在室内平均相对湿度超过 65%的采暖房间内使用,因干燥缓慢	1.15